计算机网络实验教程

Experimental Course of Computer Network

邱静怡　陈立志　吴彩虹　巩文科 / 编

广东高等教育出版社
Guangdong Higher Education Press
·广州·

图书在版编目（CIP）数据

计算机网络实验教程/邱静怡等编. —广州：广东高等教育出版社，2017. 4
ISBN 978 -7 -5361 -5603 -6

Ⅰ. ①计… Ⅱ. ①邱… Ⅲ. ①计算机网络 - 高等学校 - 教材 Ⅳ. ①TP393

中国版本图书馆 CIP 数据核字（2017）第 074522 号

计算机网络实验教程
JISUANJI WANGLUO SHIYAN JIAOCHENG

出版发行 广东高等教育出版社
地址：广州市天河区林和西横路
邮政编码：510500 电话：（020）87554152
http://www. gdgjs. com. cn
印　　刷 广州市穗彩印务有限公司
开　　本 787 毫米 ×1 092 毫米 1/16
印　　张 16. 75
字　　数 387 千
版　　次 2017 年 4 月第 1 版
印　　次 2017 年 4 月第 1 次印刷
定　　价 32. 00 元

◇前　言◇

当前，网络技术和网络安全已经渗透到社会领域的各个方面，“棱镜门”事件使得网络安全已经上升到国家战略层面，国家各个部门愈加关注信息的安全，习近平主席指出，“没有网络安全就没有国家安全，没有信息化就没有现代化”。建设网络强国，要有自己的技术，有过硬的技术；要有丰富全面的信息服务，繁荣发展的网络文化；要有良好的信息基础设施，形成实力雄厚的信息经济；要有高素质的网络安全和信息化人才队伍。

本书是针对计算机网络专业本科生开设的计算机网络和网络信息安全课程设置的实验教材。书中分两大部分内容：网络协议分析和网络信息安全。网络协议分析是基于TCP/IP协议之上，整理出14个典型的TCP/IP协议不同层次的具体任务，形成了网络协议仿真系统库，按照数据链路层、网络层、传输层和应用层等4个部分形成实验材料。网络信息安全部分从网络安全问题分类、密码算法、密码协议和系统安全等4个方面向学生介绍了计算机系统安全领域的各种知识和技术。为提高课程教学质量，通过“课程讲解”—“实验教学”—“思考与拓展（讲座、课外阅读等）”的教学方式来提高学生的实战应用能力，整理出7个典型的网络信息安全实验任务。

书中的所有实验步骤均能在中软吉大网络协议与信息安全仿真实验平台完成，学生通过该平台上的实验操作过程，来学习并掌握网络技术与网络安全的重要知识点。这种体验式课程实验可以让学生从感性的、抽象的简单协议学习转化到具体的、可见的操作和实践，从过去单纯的、以考试为目的理论讲解转化为以掌握和贯通网络思想的具体实践，能激发学生对网络技术和网络安全课程的兴趣，提升课堂教学质量。

本书将直接服务于计算机网络、网络信息安全以及后续信息安全实验、学生信息安全实训实习为一体的教学工厂，书中所支持的所有实验内容，均基于真实的网络操作环境，既满足专业实践教学的刚性需求，又有利于学生将所学理论知识用于实际应用中，是培养高素质且具备实践经验的网络技术与安全人才。

本书由有多年一线工作经验的教师联合编辑，涵盖的网络知识更加全面，而且理论知识与实践动手并进的方式，可以大大提高学生的实战应用能力。本书分为两大部分，共21个实验，由邱静怡、陈立志担任主编，吴彩虹、巩文科等参与编写。本书在编写和出版过程中得到了广东高等教育出版社的大力支持和帮助，同时也得到了广东外语外贸大学信息科学与技术学院计算机网络系师生们和中软吉大信息科技有限公司的鼎力协助，在此表示衷心的感谢！

本书可以作为高校以及各类培训机构相关课程的实验教材或者实验教学参考书，计算机网络自学人员和开发人员的实验参考书。由于作者水平和时间有限，难以尽善尽美，欢迎各位专家读者批评指正。编者邮箱：erupt918@163.com。

邱静怡

2016年5月17日

◇目　　录◇

第一部分　网络协议分析

实验一　以太网帧的构成 …… 13
实验二　地址解析协议 ARP …… 17
实验三　网际协议 IP …… 21
实验四　用户数据报协议 UDP …… 28
实验五　传输控制协议 TCP …… 32
实验六　简单网络管理协议 SNMP …… 37
实验七　动态主机配置协议 DHCP …… 46
实验八　域名服务协议 DNS …… 50
实验九　网络地址转换 NAT …… 56
实验十　超文本传输协议 HTTP …… 60
实验十一　路由协议 …… 64
实验十二　网络攻防 …… 76
实验十三　网络故障分析 …… 91
实验十四　综合实验 …… 95

第二部分　网络安全

实验一　古典密码算法 …… 101
实验二　对称密码算法 …… 108
实验三　非对称密码算法 …… 141
实验四　Hash 算法 …… 154
实验五　密码应用 …… 168
实验六　PKI 技术 …… 201
实验七　信息隐藏 …… 238

◇第一部分◇
网络协议分析

实验准备

网络协议仿真教学系统结合高校教育的实际情况，将网络方面的理论知识通过软件来实现，让学生在实践的过程中更深入地掌握网络方面的基础理论知识。本系统能够使学生清楚地理解和掌握网络的内部结构和协议，通过编辑各种协议的数据包深入学习计算机网络的内部原理，同时也可以很好地辅助网络编程的调试。网络协议作为一门独立的课程体系，以实验为主，强调学生的主动性和设计型，能够拓宽学生的思路，达到真正的教学互动。

实验环境

每个实验均要求以下实验环境：

1. 服务器 1 台：装有 HTTP、FTP、TELNET、MAIL、DHCP、DNS 等服务。
2. 中心设备 1 台。
3. 组控设备若干。
4. 实验机：运行网络协议仿真教学系统通用版程序。
5. Visual Studio 2003（C ++，C#）。

网络硬件结构图

网络协议分析实验分成三种网络结构，针对不同的实验内容使用不同的网络结构。网络结构因中心的交换模块和共享模块的放置方式不同而形成形式不同的网络结构。

交换模块：专为网络协议仿真教学系统研制，是组控设备的主要组成部分，具有数据交换、转发和 MAC 地址学习等功能，是支撑系统网络拓扑结构的硬件设备。

共享模块：专为网络协议仿真教学系统研制，是组控设备的主要组成部分，可实现网络数据采集功能，是支撑系统网络拓扑结构的硬件设备。

一、网络结构一

网络结构一如图 1－1 所示。

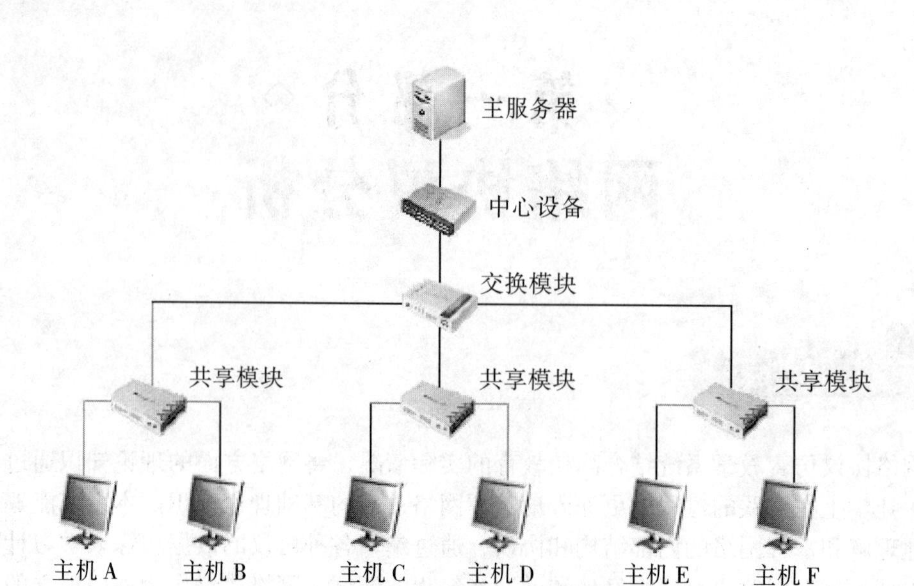

图 1 – 1　网络结构一示意图

【说明】IP 地址分配规则为主机使用原有 IP 地址，保证所有主机在同一网段内。

二、网络结构二

网络结构二如图 1 – 2 所示。

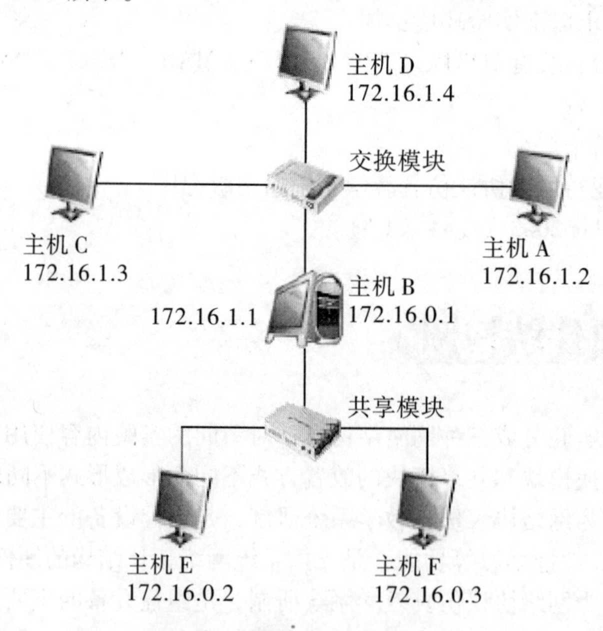

图 1 – 2　网络结构二示意图

【说明】主机 A、C、D 的默认网关是 172. 16. 1. 1；主机 E、F 的默认网关是 172. 16. 0. 1。

三、网络结构三

网络结构三如图 1－3 所示。

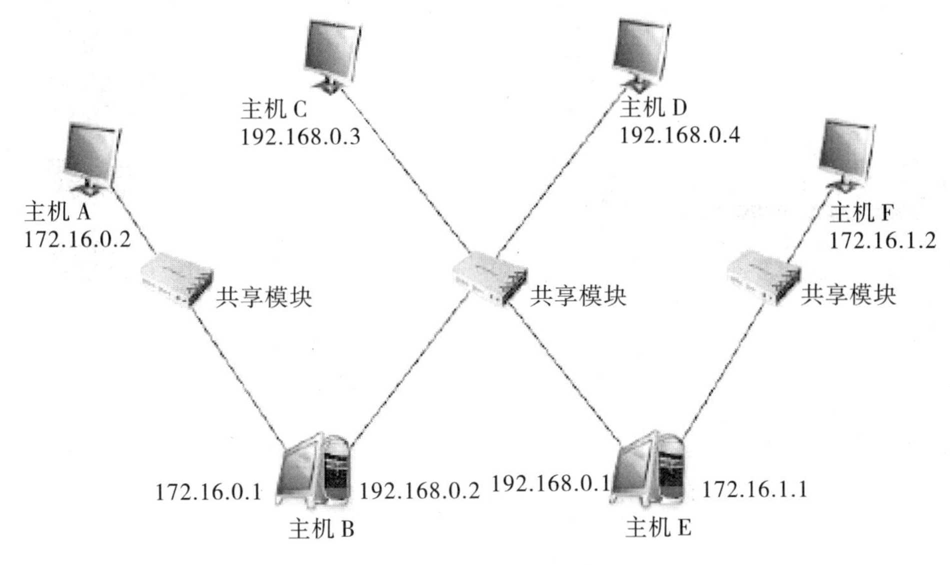

图 1－3　网络结构三示意图

【说明】主机 D 为网关，配置两个 IP 地址，其中 172. 16. 0. 1 是主机 A 的默认网关；主机 E 为网关，配置两个 IP 地址，其中 172. 16. 1. 1 是主机 F 的默认网关；192. 168. 0. 2 是主机 D 的默认网关。主机 B 和主机 E 不设置默认网关。

仿真软件介绍

仿真软件为实验课程主要使用的仿真平台，利用该平台能直观展示网络协议运行的整个过程。

一、仿真编辑器简介

仿真编辑器主界面如图 1－4 所示。

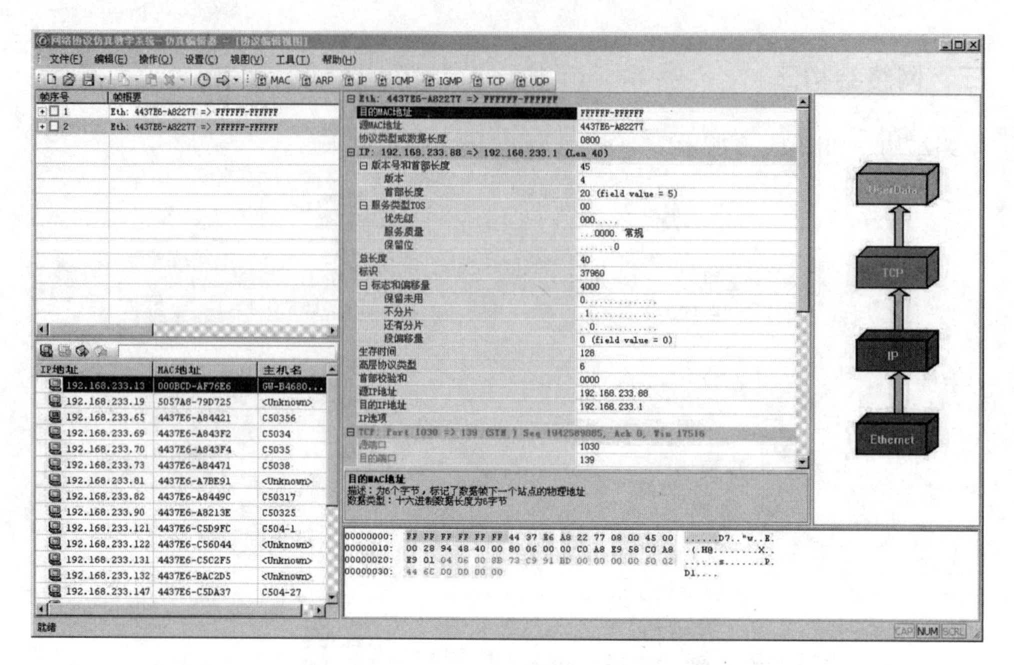

图 1－4　仿真编辑器主界面

本系统的初始界面分为五个部分：多帧编辑区、单帧编辑区、协议模型图、地址本和十六进制显示区。

（一）多帧编辑区

多帧编辑区界面设计如图 1－5 所示。

帧序号	帧概要
+ 1	Eth: 0000E8-2215D2 => FFFFFF-FFFFFF
+ 2	Eth: 0000E8-2215D2 => FFFFFF-FFFFFF
− 3	Eth: 0000E8-2215D2 => FFFFFF-FFFFFF
	ARP　ARP请求: who has 172.16.0.1 tell 172.16.0.34
间隔(ms)	1000
次数	1

图 1－5　多帧编辑区

（1）第一列为帧序号，此序号无其他特殊含义，即为各帧顺序向下的计数号。

点击“+”可展开为多行，相邻两帧发送的时间间隔默认值为 1000 ms，如果点击展开的为第一帧，则为发送延迟时间。发送次数默认为 1 次。

（2）第二列为帧的概要信息：

MAC　源地址、目的地址、协议类型（在协议类型下拉框中进行选择）。

LLC　LLC Unnumbered/LLC Information/LLC Supervisor，DSAP，Ctrl。

ARP　请求：标明请求的源 IP 和目的 IP。

ARP　应答：标明应答主机 IP 和 MAC 地址的对应情况。

IP　源 IP、目的 IP、IP 总长度、协议类型（在协议类型下拉框中进行选择），Flagment 偏移量（如果分片或偏移量≠0）：偏移量 +（总长度 - 首部长度 -1）。

TCP　源端口、目的端口、TCP 类型（SYN，FIN，ACK，RST）、序号、ACK 确认序号和窗口大小。

UDP　源端口、目的端口。

（3）具体帧的位置排序，可以手工自由拖动。拖动的单帧将插入到当前要插入的单帧上方；如果想将一个单帧拖动到最后的位置，则需要点击这个单帧将它拖动到帧序列的最后位置上。

（二）单帧编辑区

单帧编辑区界面如图 1 -6 所示。

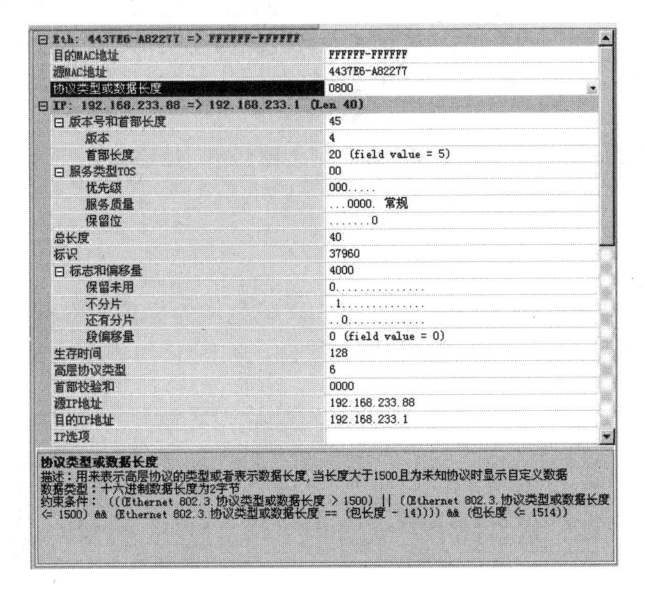

图 1 -6　单帧编辑区

单帧编辑区分为帧编辑区和提示区两部分，其中帧编辑区可以对协议属性进行编辑，提示区可以根据选中的协议属性给出相应的提示，便于学生了解各属性的含义或范围。

（三）协议模型图

在协议模型图中，以图形化模型显示该协议的封装层次，并与单帧编辑区对应的协议层相互联动，当前选中为 TCP 层时，协议模型图如图 1 -7 所示。

（四）地址本

地址本包括两项功能：主机扫描和端口扫描。点击 主机扫描按钮，系统在当前网络内进行主机扫描，并在地址本中列出扫描到的所有主机。选中一台主机后，可以点击端口扫描按钮，对该主机进行 TCP 端口扫描。地址本的主机扫描结果分为三列：IP 地址、MAC 地址和主机名。每台主机的端口扫描结果也分为三列：端口号、端口类型和服务名称。如图 1-8 所示。

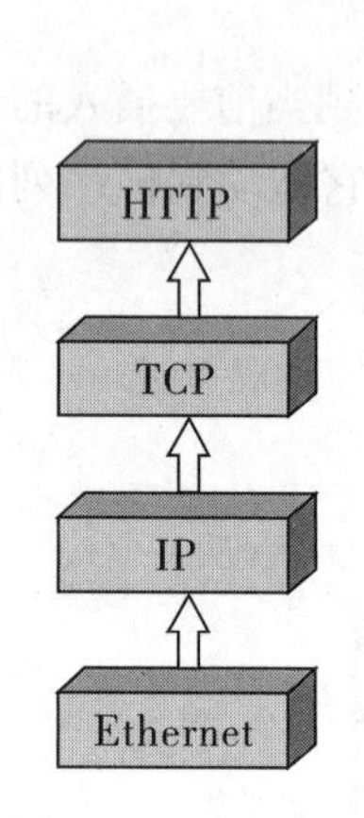

图 1-7　协议模型

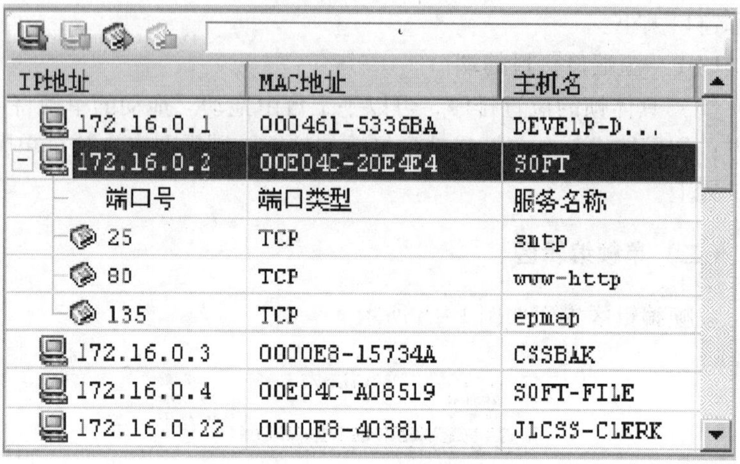

IP地址	MAC地址	主机名
172.16.0.1	000461-5336BA	DEVELP-D...
172.16.0.2	00E04C-20E4E4	SOFT
端口号	端口类型	服务名称
25	TCP	smtp
80	TCP	www-http
135	TCP	epmap
172.16.0.3	0000E8-15734A	CSSBAK
172.16.0.4	00E04C-A08519	SOFT-FILE
172.16.0.22	0000E8-403811	JLCSS-CLERK

图 1-8　地址本

（五）十六进制显示区

十六进制显示区与单帧编辑区是联动的，以绿色作为标识，右键可进行计算校验和、拷贝字符串、拷贝 16 进制、计算数据长度等操作。如图 1-9 所示。

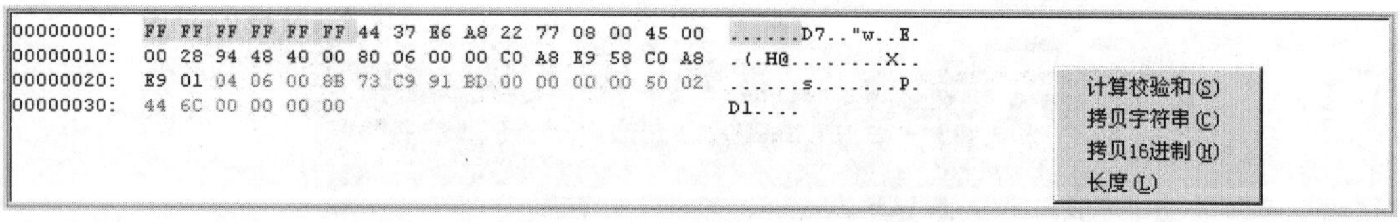

```
00000000:  FF FF FF FF FF FF 44 37 E6 A8 22 77 08 00 45 00   ......D7.."w..E.
00000010:  00 28 94 48 40 00 80 06 00 00 C0 A8 E9 58 C0 A8   .(.H@........X..
00000020:  E9 01 04 06 00 8B 73 C9 91 BD 00 00 00 00 50 02   ......s.......P.
00000030:  44 6C 00 00 00 00                                 Dl....
```

计算校验和(S)
拷贝字符串(C)
拷贝16进制(H)
长度(L)

图 1-9　十六进制显示区

（六）仿真编辑器菜单栏

菜单栏包括“文件”“编辑”“操作”“设置”“视图”“工具”“帮助”七项。

（1）文件菜单：如图 1-10 所示。

新建文件：建立一个新文件。

打开文件：打开原有的文件。

保存文件：保存被选中的帧。

保存选中帧：对选中的帧进行保存。

退出：退出仿真编辑器。

（2）编辑菜单：如图 1－11 所示。

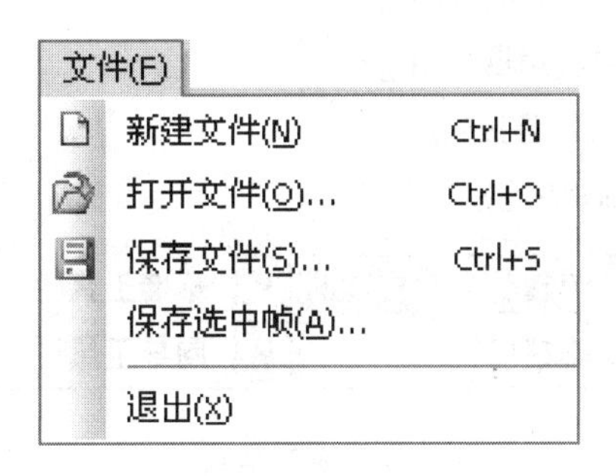

图 1－10　文件菜单

图 1－11　编辑菜单

新建帧：在帧序列的末尾新建一个帧。

插入帧：在当前帧之前插入一个帧。

删除当前帧：删除当前正在编辑的帧。

删除选中帧：删除所有选中的帧。

复制当前帧：将当前帧复制到剪贴板中。

复制选中帧：将所有选中的帧复制到剪贴板中。

粘贴帧：将剪贴板中的帧粘贴到当前位置。

（3）操作菜单：如图 1－12 所示。

全部选中：选中当前所有帧。

反向选择：对当前被选中的帧进行反向选择。

取消选择：取消当前选中的帧。

设置时间间隔：对全部帧或选中帧设置发送时间间隔。

发送全部帧：发送多帧编辑区中所有帧。

发送选中帧：发送多帧编辑区中被选中的帧。

定制发送：自定义发送。确认是否修改 IP 标识号和源 IP 地址，并重新计算校验和，设置发送时间间隔和发送次数，定制发送数据帧。

取消发送：停止发送帧。

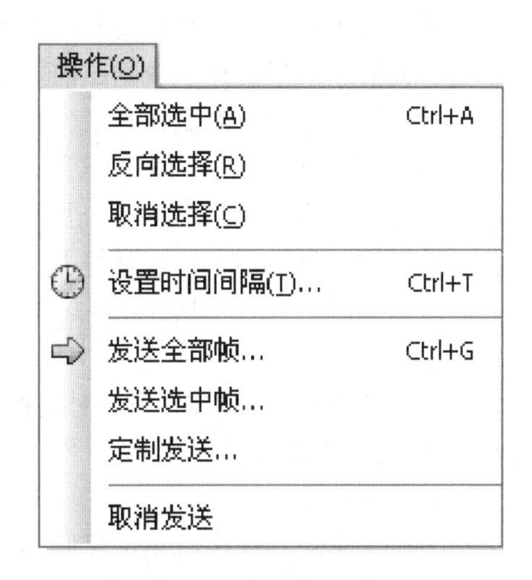

图 1－12　操作菜单

（4）设置菜单：如图 1－13 所示。

适配器选择：机器有两个以上适配器时，选择用来发送数据帧的适配器。

主机扫描设置：设置网络中主机扫描的范围。

端口扫描设置：对要进行扫描的主机端口进行添加、删除、修改、复位等设置，并可以将自定义的端口信息进行导出和导入。

本机信息设置：选择本地的 MAC、IP 地址，作为默认的 MAC、IP 地址，在新建数据包时采用。

协议颜色设置：可以定义不同协议的显示颜色。

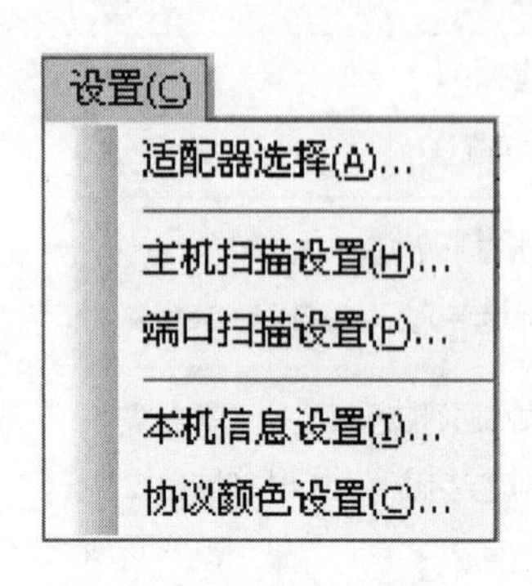

图 1-13　设置菜单

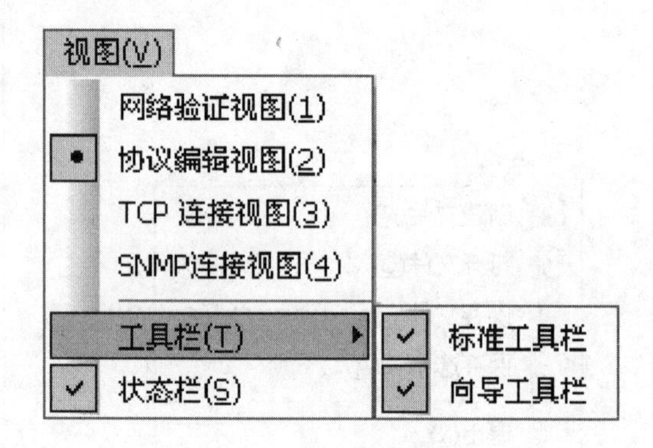

图 1-14　视图菜单

（5）视图菜单：如图 1-14 所示。

网络验证视图：进入验证网络拓扑结构正确性的主界面。

协议编辑视图：进入数据帧仿真编辑的主界面。

TCP 连接视图：支持多种应用层协议，并给出协议对应的命令字及提示。

SNMP 连接视图：学习 SNMP 协议的工具。

工具栏：

①标准工具栏：显示或隐藏标准工具栏。

②向导工具栏：显示或隐藏向导工具栏。

状态栏：显示或隐藏状态栏。

（6）工具菜单：如图 1-15 所示。

命令行：弹出 Windows 命令行窗口。

计算器：弹出 Windows 计算器。

组播工具：打开组播工具对话框，利用该工具加入多播组。

UDP 工具：打开 UDP 工具对话框，利用该工具可模拟 UDP 数据传输过程。

TCP 屏蔽：

①启动屏蔽：使本机拒绝接收对方发送的 TCP 协议数据包，即将 TCP 协议数据屏蔽掉。

②停止屏蔽：停止对 TCP 的屏蔽设置，使本机能够接收 TCP 协议数据包。

图 1-15　工具菜单

二、协议分析器

协议分析器负责捕获网络上的各种数据帧，分析其中包含的各层协议，提供辅助教学功能。主要有两个功能模块：会话分析和协议解析。

进入协议分析器，单击“开始捕获”按钮，进行数据捕获。刷新显示后，在会话分析和协议解析视图显示对数据的分析。

（一）会话分析

会话分析功能将捕获到的常用协议的数据帧加入会话列表，并且有会话次序和数据传输方向的图示，使学生能够直观地看出一次完整的会话过程，如图 1－16 所示。

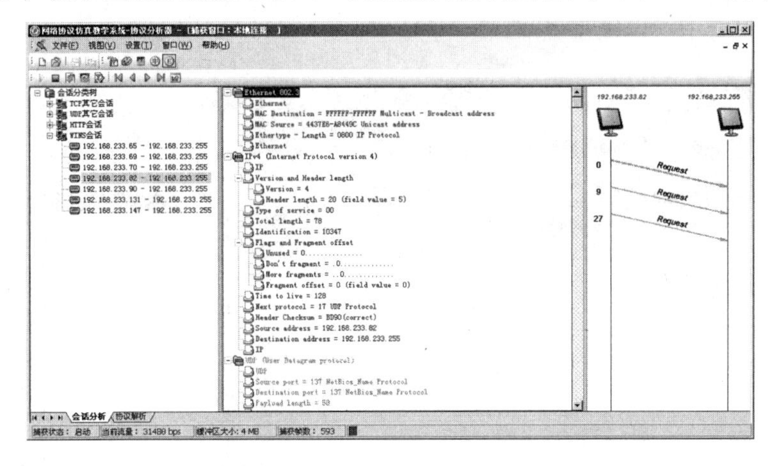

图 1－16　会话分析界面

会话分析功能主要用于有完整会话过程的协议，例如：ARP、ICMP、HTTP、DNS、SMTP、POP3 等。会话列表包含有通信双方的 IP 地址、端口号、会话类别。通过一次完整会话的分析，使学生加深对协议原理的理解。

（二）协议解析

协议解析界面显示如图 1－17 所示。该窗口主要有三个显示区：概要解码显示区、详细解码区和原始数据显示区，原始数据显示区包括十六进制数据显示和字符显示两种状态。

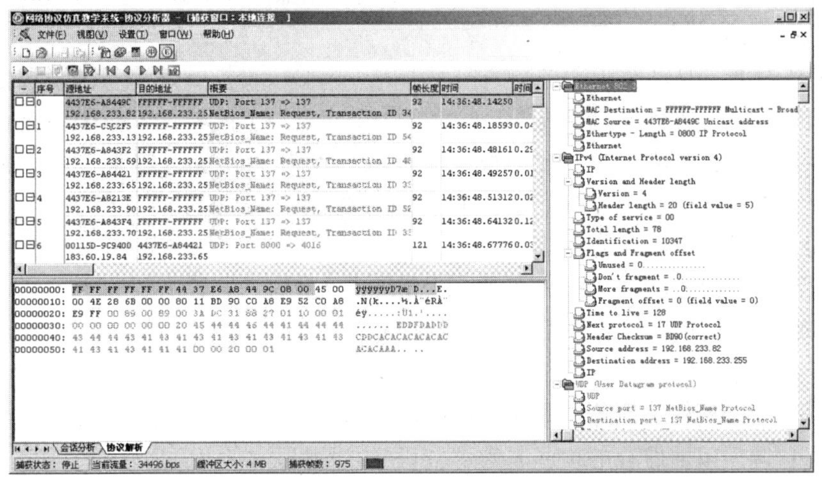

图 1－17　协议解析界面

学生可以从详细协议解码显示中获得非常详细的解释和说明，并且不同栏目的数据和解释可以按照学生的选择实现动态跟踪显示，方便学生对数据进行分析。定义过滤条件，可保存为过滤器配置。当应用程序重新启动时，不加载上一次保存的过滤器配置，只能使用默认的过滤器。过滤器可以实现网络地址、数据模式和协议过滤三种过滤方式。

(1) 网络地址过滤。

网络地址过滤中可以使用 IP 地址、MAC 地址，如图 1－18 所示。

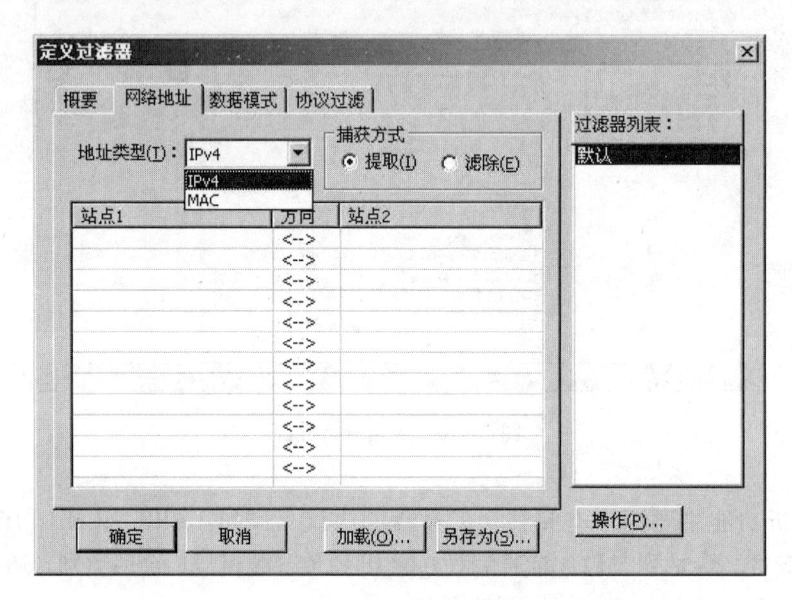

图 1－18　网络地址过滤设置

填写网络地址，中间的编辑框表示数据方向，在这里可以选择需要过滤地址数据的传输方向，“站点 1”中填写传输的一端地址，“站点 2”中填写传输的另一端地址，如果不填写“站点 2”，系统则缺省设为“Any”，表示过滤站点 1 到任意地址的数据。

(2) 数据模式过滤。

数据模式过滤，是针对十六进制数据而言的。起始位置指的是十六进制数据中的第几个字节，数据长度是指从起始位置算起共有多少个字节。下面的文本框中要输入过滤的十六进制内容，长度要与填入的“数据长度”一致。点击“确定”按钮之后，加入的过滤条件会生效，在数据捕获时会将符合条件的内容过滤出来，如图 1－19 所示。

(3) 协议过滤。

协议过滤可以针对具体某个协议进行设置，如果针对该协议有封装类型复选框，则需要进行选择，如不做选择，过滤设置无效，如图 1－20 所示。

按钮主要功能：

“操作”：可以新建、删除、重命名过滤器。

“加载”：调入以前保存的扩展名为“. flt”的过滤器文件。

“另存为”：将新设置的过滤器存储为扩展名为“. flt”的文件。

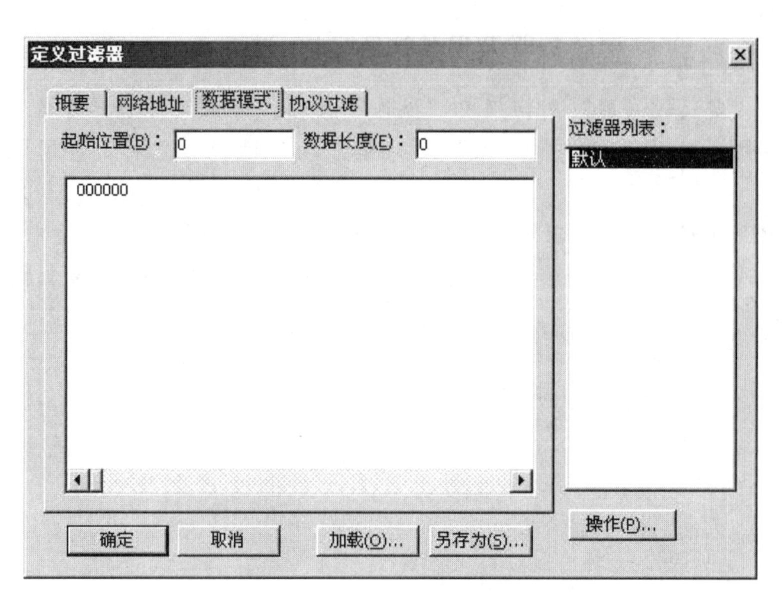

图 1－19　数据模式过滤

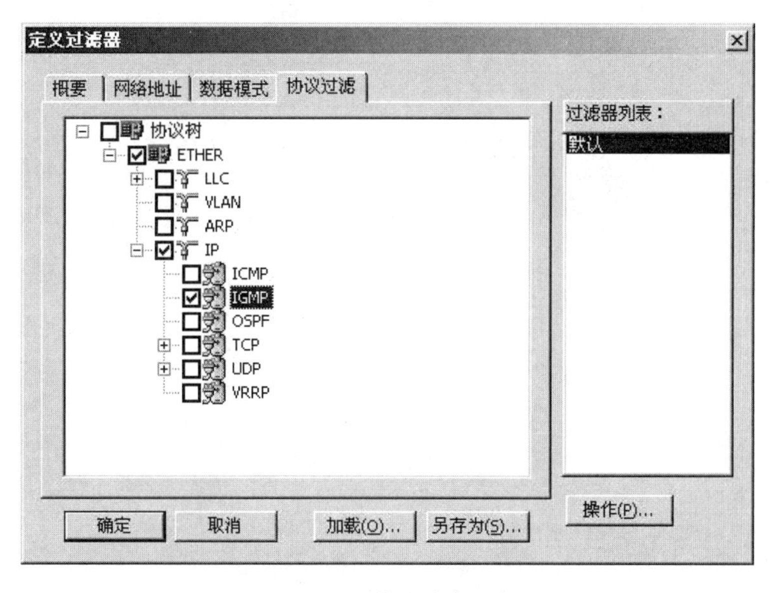

图 1－20　协议过滤设置

在过滤器“操作”中点击“新建”按钮，在“过滤器名称”中输入过滤条件名称，然后进行过滤条件设置；也可以通过“删除”“重命名”按钮对学生自定义的过滤条件进行删除、重命名等操作，但不能对“缺省过滤条件”（即“默认”）进行这样的操作。

在定义过滤器窗口中，单击“另存为”按钮可保存该过滤条件，通过“加载”按钮可打开保存过的过滤条件，方便学生使用。例如：

提取 TCP 协议且按本机过滤

（1）单击“定义过滤器”对话框中“操作”按钮，弹出“过滤器操作”对话框并点击“新建”按钮，弹出“新建过滤器”对话框，在“过滤器名称”中输入 TCP，点击“确定”按钮。

（2）选中刚刚创建的过滤器名称，然后选择协议过滤，在协议树中选中 TCP 协议。

（3）选择网络地址，地址类型中选择 IPv4，在“站点 1”中输入本机的 IP，点击“确定”按钮。

实验一
以太网帧的构成

【实验目的】

1. 掌握以太网的报文格式。
2. 掌握 MAC 地址的作用。
3. 掌握 MAC 广播地址的作用。
4. 掌握 LLC 帧报文格式。
5. 掌握仿真编辑器和协议分析器的使用方法。

【实验学时】

建议 4 学时。

【实验环境配置】

该实验采用网络结构一。

【实验原理】

一、两种不同的 MAC 帧格式

常用的以太网 MAC 帧格式有两种标准：一种是 DIX Ethernet V2 标准，另一种是 IEEE 的 802.3 标准。目前 MAC 帧最常用的是以太网 V2 的格式。图 1－1－1 画出了这两种不同的 MAC 帧格式。

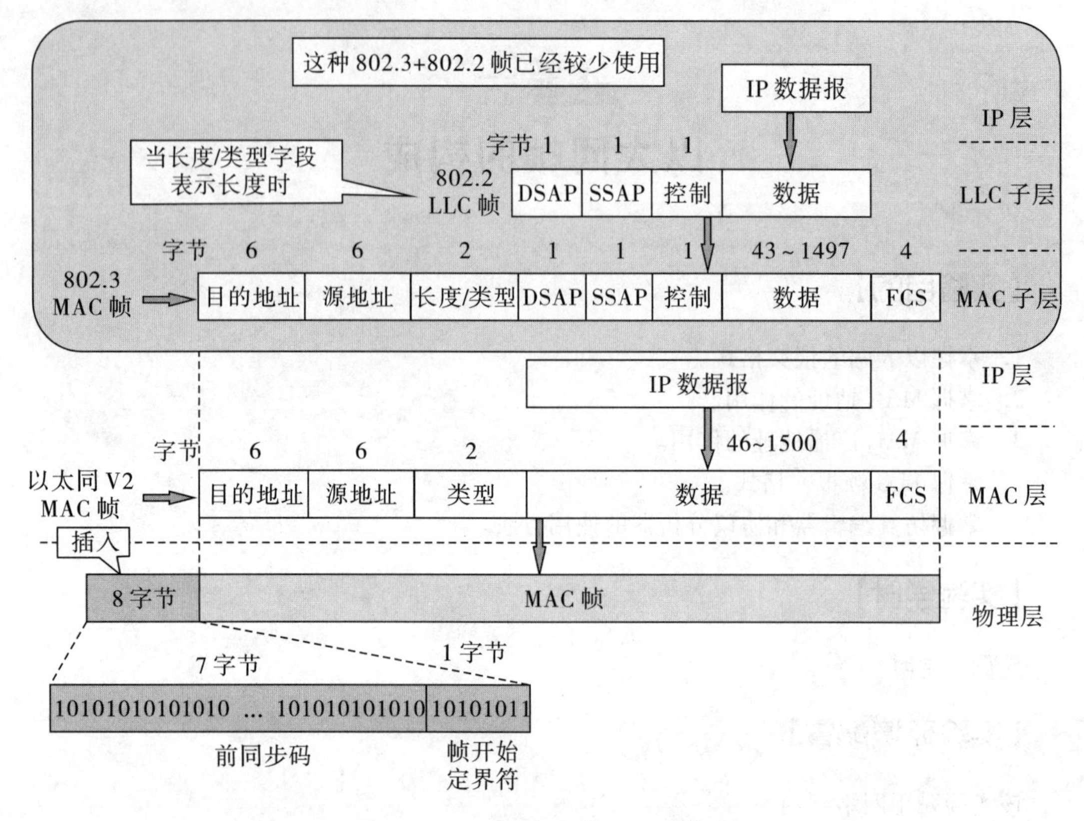

图 1－1－1 两种不同的 MAC 帧格式

二、MAC 层的硬件地址

1. 在局域网中，硬件地址又称物理地址或 MAC 地址，它是数据帧在 MAC 层传输的一个非常重要的标识符。

2. 网卡从网络上收到一个 MAC 帧后，首先检查其 MAC 地址，如果是发往本站的帧就收下，否则就将此帧丢弃。这里“发往本站的帧”包括以下三种帧：

（1）单播（unicast）帧（一对一），即一个站点发送给另一个站点的帧。

（2）多播（multicast）帧（一对多），即发送给一部分站点的帧。

（3）广播（broadcast）帧（一对全体），即发送给所有站点的帧（全 1 地址）。

【实验步骤】

按照拓扑结构图连接网络，使用拓扑验证检查连接的正确性。

练习一 编辑并发送 LLC 帧

本练习将主机 A 和 B 作为一组，主机 C 和 D 作为一组，主机 E 和 F 作为一组。现仅以主机 A 和 B 为例，说明实验步骤。

1. 主机 A 启动仿真编辑器，并编写一个 LLC 帧。

目的 MAC 地址：主机 B 的 MAC 地址。

源 MAC 地址：主机 A 的 MAC 地址。

协议类型和数据长度：001F。

控制字段：填写 02。

用户定义数据/数据字段：AAAAAAABBBBBBBCCCCCCCDDDDDDD。

2. 主机 B 重新开始捕获数据。

3. 主机 A 发送编辑好的 LLC 帧。

4. 主机 B 停止捕获数据，在捕获到的数据中查找主机 A 所发送的 LLC 帧，分析该帧内容。

●记录实验结果。

表 1-1-1　实验结果

帧类型	发送序号 N (S)	接受序号 N (R)

●简述“协议类型和数据长度”字段的两种含义。

5. 将第 1 步中主机 A 已编辑好的数据帧修改为“未编号帧”，重做第 2、3、4 步。

练习二　编辑并发送 MAC 广播帧

1. 主机 E 启动仿真编辑器。

2. 主机 E 编辑一个 MAC 帧：

目的 MAC 地址：FFFFFF-FFFFFF。

源 MAC 地址：主机 E 的 MAC 地址。

协议类型或数据长度：大于 0x0600。

数据字段：编辑长度在 46~1500 字节之间的数据。

3. 主机 A、B、C、D、F 启动协议分析器，打开捕获窗口进行数据捕获并设置过滤条件（源 MAC 地址为主机 E 的 MAC 地址）。

4. 主机 E 发送已编辑好的数据帧。

5. 主机 A、B、C、D、F 停止捕获数据，查看捕获到的数据中是否含有主机 E 所发送的数据帧。

●结合练习二的实验结果，简述 FFFFFF-FFFFFF 作为目的 MAC 地址的作用。

练习三　领略真实的 MAC 帧

本练习将主机 A 和 B 作为一组，主机 C 和 D 作为一组，主机 E 和 F 作为一组。现仅以主机 A 和 B 为例，说明实验步骤。

1. 主机 B 启动协议分析器，新建捕获窗口进行数据捕获并设置过滤条件（提取 ICMP Internet 控制报文协议）。

2. 主机 A ping 主机 B，查看主机 B 协议分析器捕获的数据包，分析 MAC 帧格式。

3. 将主机 B 的过滤器恢复为默认状态。

练习四　理解 MAC 地址的作用

1. 主机 B、D、E、F 启动协议分析器，打开捕获窗口进行数据捕获并设置过滤条件（源 MAC 地址为主机 A 的 MAC 地址）。

2. 主机 A ping 主机 C。

3. 主机 B、D、E、F 上停止捕获数据，在捕获的数据中查找主机 A 所发送的数据帧，并分析该帧内容。

●记录实验结果。

表 1－1－2　实验结果

主机	本机 MAC 地址	源 MAC 地址	目的 MAC 地址	是否收到，为什么
主机 B				
主机 D				
主机 E				
主机 F				

思考与探究

1. 为什么 IEEE 802 标准将数据链路层分割为 MAC 子层和 LLC 子层？

2. 为什么以太网有最短帧长度的要求？

实验二

地址解析协议 ARP

【实验目的】

1. 掌握 ARP 协议的报文格式。
2. 掌握 ARP 协议的工作原理。
3. 理解 ARP 高速缓存的作用。

【实验学时】

建议 2 学时。

【实验环境配置】

该实验采用网络结构二。

【实验原理】

一、使用 IP 协议的以太网中 ARP 报文格式

以太网中 ARP 报文格式如图 1－2－1 所示。

<table>
<tr><td colspan="2">硬件类型（1）</td><td colspan="2">协议类型（0800）</td></tr>
<tr><td>硬件长度</td><td>协议长度</td><td colspan="2">操作类型（1；2）</td></tr>
<tr><td colspan="4">发送方 MAC（八位组 0－3）</td></tr>
<tr><td colspan="2">发送方 MAC（八位组 4－5）</td><td colspan="2">发送方 IP 地址（八位组 0－1）</td></tr>
<tr><td colspan="2">发送方 IP 地址（八位组 2－3）</td><td colspan="2">目的 MAC（八位组 0－1）</td></tr>
<tr><td colspan="4">目的 MAC（八位组 2－5）</td></tr>
<tr><td colspan="4">目的 IP 地址（八位组 0－3）</td></tr>
</table>

图 1－2－1　以太网中 ARP 报文格式

字段说明：
硬件类型：表示硬件类型，例如：1 表示以太网。
协议类型：表示要映射的协议类型，例如 0x0800 表示 IP 地址。
硬件长度：指明硬件地址长度，单位是字节，MAC 是 48 位，长度是 6 个字节。

协议长度：高层协议地址的长度，对于 IP 地址，长度是 4 个字节。

操作字段：共有两种操作类型，1 表示 ARP 请求，2 表示 ARP 应答。

发送方 MAC：6 个字节的发送方 MAC 地址。

发送方 IP：4 个字节的发送方 IP 地址。

目的 MAC：6 个字节的目的 MAC 地址。

目的 IP：4 个字节的目的 IP 地址。

二、ARP 地址解析过程

图 1－2－2 展示了 ARP 地址解析的全部过程。

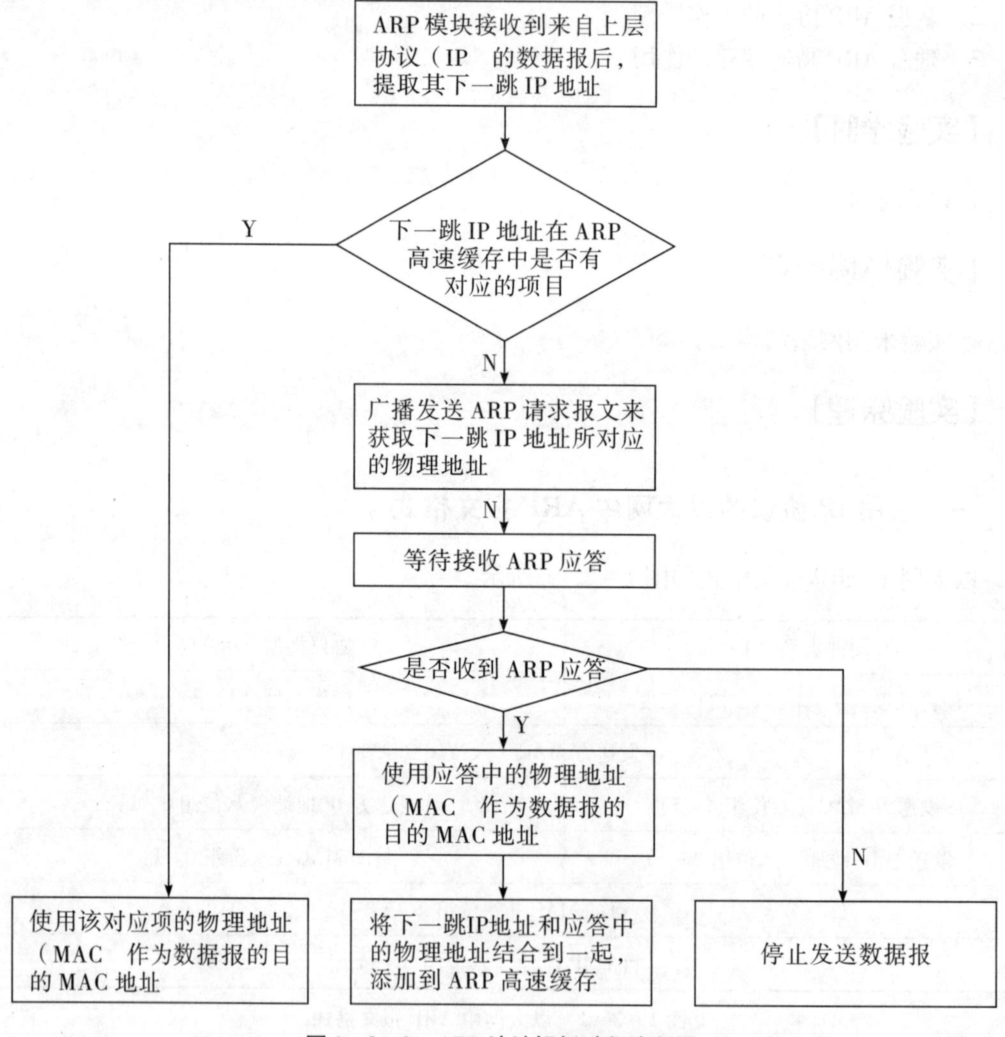

图 1－2－2　ARP 地址解析过程流程图

【实验步骤】

主机B启动静态路由服务（方法：在命令行方式下，输入“staticroute_config”）。按照拓扑结构图连接网络，使用拓扑验证检查连接的正确性。

练习一　领略真实的ARP（同一子网）

1. 主机A、B、C、D、E、F在命令行下运行“arp　-a”命令，查看ARP高速缓存表，并回答以下问题：ARP高速缓存表由哪几项组成？

2. 主机A、B、C、D启动协议分析器，打开捕获窗口进行数据捕获并设置过滤条件（提取ARP、ICMP）。

3. 主机A、B、C、D在命令行下运行“arp　-d”命令，清空ARP高速缓存。

4. 主机A ping主机D（172.16.1.4）。

5. 主机A、B、C、D停止捕获数据，并立即在命令行下运行“arp　-a”命令查看ARP高速缓存。

●结合协议分析器上采集到的ARP报文和ARP高速缓存表中新增加的条目，简述ARP协议的报文交互过程以及ARP高速缓存表的更新过程。

练习二　编辑并发送ARP报文（同一子网）

1. 在主机E上启动仿真编辑器，并编辑一个ARP请求报文。其中：

MAC层：

目的MAC地址：设置为FFFFFF－FFFFFF。

源MAC地址：设置为主机E的MAC地址。

协议类型或数据长度：0806。

ARP层：

发送端MAC地址：设置为主机E的MAC地址。

发送端IP地址：设置为主机E的IP地址（172.16.0.2）。

目的端MAC地址：设置为000000－000000。

目的端IP地址：设置为主机F的IP地址（172.16.0.3）。

2. 主机B、F启动协议分析器，打开捕获窗口进行数据捕获并设置过滤条件（提取ARP协议）。

3. 主机E、B、F在命令行下运行“arp　-d”命令，清空ARP高速缓存。

4. 主机E发送已编辑好的ARP报文。

5. 主机E立即在命令行下运行“arp　-a”命令查看ARP高速缓存。

6. 主机B、F停止捕获数据，分析捕获到的数据，进一步体会ARP报文交互过程。

练习三　跨路由地址解析（不同子网）

1. 主机A、B、C、D、E、F在命令行下运行“arp　-d”命令，清空ARP高速缓存。

2. 主机A、B、C、D、E、F重新启动协议分析器，打开捕获窗口进行数据捕获并设

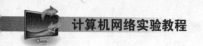

置过滤条件（提取 ARP、ICMP）。

3. 主机 A ping 主机 E（172.16.0.2）。

4. 主机 A、B、C、D、E、F 停止数据捕获，查看协议分析器中采集到的 ARP 报文，并回答以下问题：

①单一 ARP 请求报文是否能够跨越子网进行地址解析？为什么？

②ARP 地址解析在跨越子网的通信中所起到的作用是什么？

思考与探究

1. ARP 分组的长度是固定的吗？试加以解释。

2. 试解释为什么 ARP 高速缓存每存入一个项目就要设置 10～20 分钟的超时计时器。这个时间设置得太长或太短会出现什么问题？

3. 至少举出两种不需要发送 ARP 请求分组的情况。

实验三
网际协议 IP

【实验目的】

1. 掌握 IP 数据报的报文格式。
2. 掌握 IP 校验和计算方法。
3. 掌握子网掩码和路由转发。
4. 理解特殊 IP 地址的含义。
5. 理解 IP 分片过程。

【实验学时】

建议 4 学时。

【实验环境配置】

该实验采用网络结构二。

【实验原理】

一、IP 报文格式

IP 数据报是由 IP 首部加数据组成的，IP 首部的最大长度不超过 60 字节。IP 数据报文格式如图 1－3－1 所示，其工作过程如图 1－3－2 所示。

<table>
<tr><td>4 位版本</td><td>4 位首部长度</td><td>8 位服务类型</td><td colspan="2">16 位总长度（字节数）</td></tr>
<tr><td colspan="3">16 位标识</td><td>3 位标志</td><td>13 位片偏移</td></tr>
<tr><td colspan="2">8 位生存时间</td><td>8 位协议类型</td><td colspan="2">16 位首部检验和</td></tr>
<tr><td colspan="5">32 位源 IP 地址</td></tr>
<tr><td colspan="5">32 位目的 IP 地址</td></tr>
<tr><td colspan="5">选项（如果有）</td></tr>
<tr><td colspan="5">数据</td></tr>
</table>

图 1－3－1　IP 数据报文格式

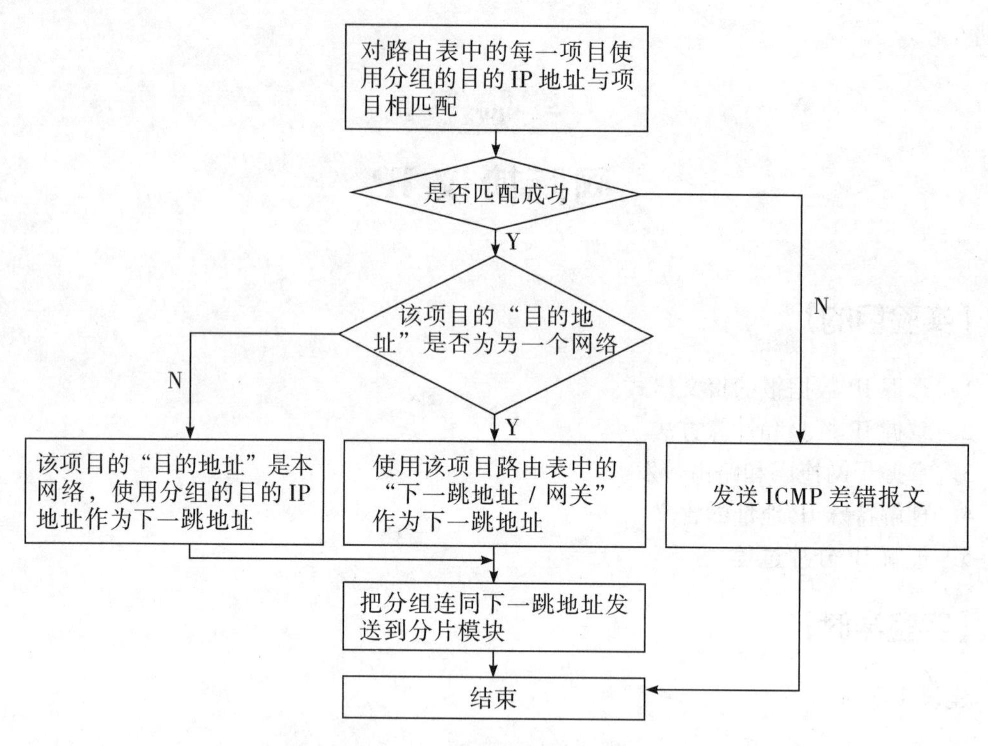

图 1－3－2　路由选择模块的工作过程

二、IP 分片

链路层具有最大传输单元（MTU）这个特性，它限制了数据帧的最大长度。不同的网络类型都有一个上限值。以太网通常是 1500 字节。如果 IP 层有数据包要传输，而数据包的长度超过了 MTU，那么 IP 层就要对数据包进行分片操作，使每一片长度都小于 MTU。IP 首部中“16 位标识”“3 位标志”和“13 位片偏移”包含了分片和重组所需的信息。另外，当数据被分片后，每个片的“16 位总长度”值要改为该片的长度值。

三、IP 路由表

大部分网络层设备（包括 PC 机、三层交换机、路由器等）都存储着一张记录路由信息的表格，称为路由表。一张路由表由许多表项组成。网络层设备收到数据报后，根据其目的 IP 地址查找路由表确定数据报传输的最佳路径（下一跳）。然后利用网络层的协议重新封装数据报，利用下层提供的服务把数据报转发出去。

路由表的项目一般含有五个基本字段：目的地址、网络掩码、下一跳地址、接口、度量。

路由表匹配顺序如下：

（1）直接交付：路由表项的“目的地址”字段是交付主机的本网络地址。

（2）特定主机交付：路由表项的“目的地址”字段是某台特定主机的 IP 地址。

（3）特定网络交付：路由表项的“目的地址”字段是另一个网络的地址。

（4）默认交付：路由表项的“目的地址”字段是一个默认路由器（默认网关）。

四、路由选择过程

路由选择模块从 IP 处理模块接收到 IP 分组后，使用该分组的目的 IP 地址同路由表中的每一个项目按特定的顺序（路由表匹配顺序）查找匹配项，当找到第一个匹配项后就不再继续寻找了，这样就完成了路由选择过程，如前文图 1－3－2 所示。

匹配路由表项的方法是将 IP 地址与路由表中的一个项目的“子网掩码”进行按位“与”操作，然后判断运算结果是否等于该项目的“目的地址”，如果等于，则匹配成功；否则，匹配失败。

【实验步骤】

主机 B 启动静态路由服务（方法：在命令行方式下，输入“staticroute_config”）。按照拓扑结构图连接网络，使用拓扑验证检查连接的正确性。

练习一　编辑并发送 IP 数据报

1. 主机 A 启动仿真编辑器，编辑一个 IP 数据报，其中：

MAC 层：

目的 MAC 地址：主机 B 的 MAC 地址（对应于 172. 16. 1. 1 接口的 MAC）。

源 MAC 地址：主机 A 的 MAC 地址。

协议类型或数据长度：0800。

IP 层：

总长度：IP 层长度。

生存时间：128。

源 IP 地址：主机 A 的 IP 地址（172. 16. 1. 2）。

目的 IP 地址：主机 E 的 IP 地址（172. 16. 0. 2）。

校验和：在其他所有字段填充完毕后计算并填充。

【说明】先使用仿真编辑器的“手动计算”校验和，再使用仿真编辑器的“自动计算”校验和，将两次计算结果相比较，若结果不一致，则重新计算。

●IP 数据报在计算校验和时包括哪些内容？

2. 在主机 B（两块网卡分别打开两个捕获窗口）、E 上启动协议分析器，设置过滤条件（提取 IP 协议），开始捕获数据。

3. 主机 A 发送第 1 步中编辑好的报文。

4. 主机 B、E 停止捕获数据，在捕获到的数据中查找主机 A 所发送的数据报，并回答以下问题：第 1 步中主机 A 所编辑的报文，经过主机 B 到达主机 E 后，报文数据是否发生变化？若发生变化，记录变化的字段，并简述发生变化的原因。

5. 将第 1 步中主机 A 所编辑的报文的“生存时间”设置为 1，重新计算校验和。

6. 主机 B、E 重新开始捕获数据。

7．主机A发送第5步中编辑好的报文。

8．主机B、E停止捕获数据，在捕获到的数据中查找主机A所发送的数据报，并回答以下问题：主机B是否能捕获到主机A所发送的报文？简述产生这种现象的原因。

练习二　特殊的IP地址

1．直接广播地址。

（1）主机A编辑IP数据报1，其中：

目的MAC地址：FFFFFF－FFFFFF。

源MAC地址：A的MAC地址。

源IP地址：A的IP地址。

目的IP地址：172.16.1.255。

校验和：在其他字段填充完毕后，计算并填充。

（2）主机A再编辑IP数据报2，其中：

目的MAC地址：主机B的MAC地址（对应于172.16.1.1接口的MAC）。

源MAC地址：A的MAC地址。

源IP地址：A的IP地址。

目的IP地址：172.16.0.255。

校验和：在其他字段填充完毕后，计算并填充。

（3）主机B、C、D、E、F启动协议分析器并设置过滤条件（提取IP协议，捕获IP地址172.16.1.2接收和发送的所有IP数据报，设置地址过滤条件如下：172.16.1.2 <-> Any）。

（4）主机B、C、D、E、F开始捕获数据。

（5）主机A同时发送这两个数据报。

（6）主机B、C、D、E、F停止捕获数据。

●记录实验结果。

表1－3－1　实验结果

类别	主机号
收到主机A发送的IP数据报1	
收到主机A发送的IP数据报2	

●结合实验结果，简述受限广播地址的作用。

2．受限广播地址。

（1）主机A编辑一个IP数据报，其中：

目的MAC地址：FFFFFF－FFFFFF。

源MAC地址：A的MAC地址。

源IP地址：A的IP地址。

目的 IP 地址：255. 255. 255. 255。

校验和：在其他字段填充完毕后，计算并填充。

（2）主机 B、C、D、E、F 重新启动协议分析器并设置过滤条件（提取 IP 协议，捕获 IP 地址 172. 16. 1. 2 接收和发送的所有 IP 数据报，设置地址过滤条件如下：172. 16. 1. 2 <-> Any）。

（3）主机 B、C、D、E、F 重新开始捕获数据。

（4）主机 A 发送这个数据报。

（5）主机 B、C、D、E、F 停止捕获数据。

●记录实验结果。

表 1－3－2　实验结果

类别	主机号
收到主机 A 发送的 IP 数据报	
未收到主机 A 发送的 IP 数据报	

●结合实验结果，简述受限广播地址的作用。

3. 环回地址。

（1）主机 F 重新启动协议分析器开始捕获数据并设置过滤条件（提取 IP 协议）。

（2）主机 E ping IP 地址 127. 0. 0. 1。

（3）主机 F 停止捕获数据。

●主机 F 是否收到主机 E 发送的目的地址为 127. 0. 0. 1 的 IP 数据报？为什么？

练习三　IP 数据报分片

1. 在主机 B 上使用“开始\程序\网络协议仿真教学系统 通用版\工具\MTU 工具”设置以太网端口的 MTU 为 800 字节（两个端口都设置）。

2. 主机 A、B、E 启动协议分析器，打开捕获窗口进行数据捕获并设置过滤条件（提取 ICMP 协议）。

3. 在主机 A 上，执行命令 ping －l 1000 172. 16. 0. 2。

4. 主机 A、B、E 停止捕获数据，在主机 E 上重新定义过滤条件（取一个 ICMP 数据包，按照其 IP 层的 Identification 字段设置过滤），如图 1－3－3 所示。

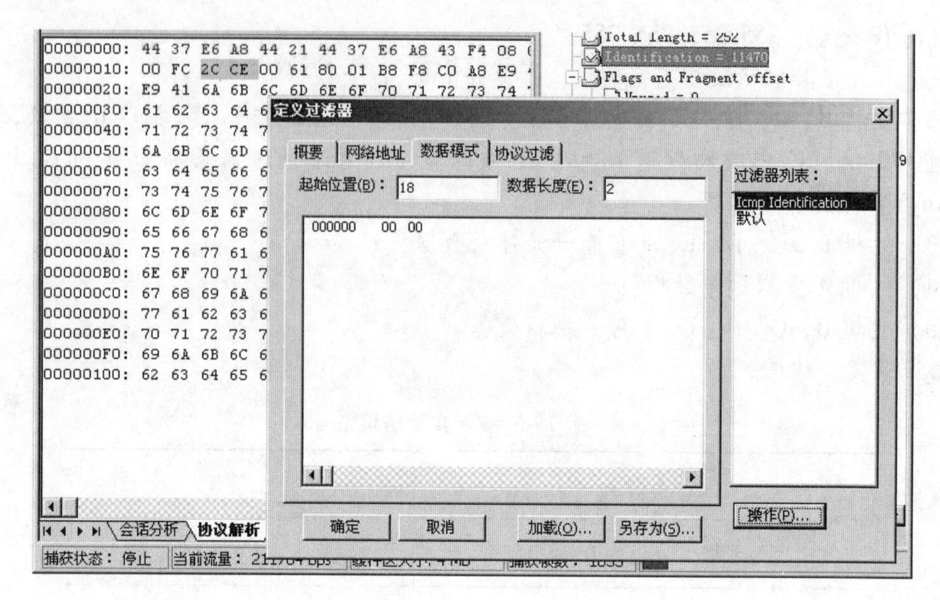

图 1-3-3　IP 数据报分片

●将 ICMP 报文分片信息填入表 1-3-3，分析表格内容，理解分片的过程。

表 1-3-3　ICMP 报文分片信息表

字段名称	分片序号 1	分片序号 2	分片序号 3
Identification 字段值			
More fragments 字段值			
Fragment offset 字段值			
传输的数据量			

5. 主机 E 恢复默认过滤器，主机 A、B、E 重新开始捕获数据。

6. 在主机 A 上，执行命令 ping -l 2000 172.16.0.2。

7. 主机 A、B、E 停止捕获数据。查看主机 A、E 捕获到的数据，比较两者的差异，体会两次分片过程。

8. 主机 B 上使用“开始\程序\网络协议仿真教学系统 通用版\工具\MTU 工具”恢复以太网端口的 MTU 为 1500 字节。

练习四　子网掩码与路由转发

【说明】此练习只支持 Windows server 2000 操作系统。

1. 所有主机取消网关。

2. 主机 A、C、E 设置子网掩码为 255.255.255.224，主机 B（172.16.1.1）、D、F 设置子网掩码为 255.255.255.240。

3. 主机 A ping 主机 B（172.16.1.1），主机 C ping 主机 D（172.16.1.4），主机 E ping 主机 F（172.16.0.3）。

●记录实验结果。

表 1－3－4　实验结果

类别	是否 ping 通
主机 A—主机 B	
主机 C—主机 D	
主机 E—主机 F	

●请问什么情况下两主机的子网掩码不同，却可以相互通信？

4. 主机 A 设置子网掩码为 255.255.255.252，主机 C 设置子网掩码为 255.255.255.254，用主机 A ping 主机 C（172.16.1.3）。

●记录实验结果。

表 1－3－5　实验结果

类别	是否 ping 通	原因
主机 A—主机 C		

思考与探究

1. 说明 IP 地址与硬件地址的区别，为什么要使用这两种不同的地址？

2. 不同协议的 MTU 的范围从 296 到 65535，使用大的 MTU 有什么好处？使用小的 MTU 有什么好处？

3. IP 数据报中的首部检验和并不检验数据报中的数据，这样做的最大好处是什么？缺点是什么？

实验四

用户数据报协议 UDP

【实验目的】

1. 掌握 UDP 协议的报文格式。
2. 掌握 UDP 协议校验和的计算方法。
3. 理解 UDP 协议的优缺点。

【实验学时】

建议 4 学时。

【实验环境配置】

该实验采用网络结构一。

【实验原理】

一、UDP 报文格式

每个 UDP 报文称为一个用户数据报（User Datagram）。用户数据报分为两个部分：UDP 首部和 UDP 数据区，如图 1－4－1 所示。

0	16	31（比特）
16 位源端口	16 位目的端口	
16 位 UDP 报文长度	16 位 UDP 校验和	
数据		
…		

图 1－4－1　UDP 报文格式

二、UDP 单播与广播

在 UDP 单播通信模式下，客户端和服务端之间建立一个单独的数据通道。从一台服务端传送出的数据报只能由一个客户端接收。众所周知，UDP 协议是不可靠的，数据报可

能在传输过程中丢失、重复，没有按照发送顺序到达，而且作为 UDP 数据报，其大小还受限于数据报的最大上限。

在 UDP 广播通信模式下，一个单独的数据报拷贝发送给网络上所有主机。当不能明确具体的服务器，而又要求该服务时，UDP 广播提供了传输不区分种类的消息的便捷方式。在多数情况下 UDP 广播仅仅作为本地网络通信形式，受限的广播地址是 255.255.255.255。该地址用于主机配置过程中 IP 数据报的目的地址，此时，主机可能还不知道它所在网络的网络掩码，甚至连它的 IP 地址也不知道。在任何情况下，路由器都不转发目的地址为受限广播地址的数据报，这样的数据报仅出现在本地网络中。已知网络主机的 IP 地址和子网掩码，可以算出指向主机所在子网的广播地址：子网广播地址 =（主机 IP 地址）"或"（子网掩码取反）。

三、UDP 校验和的计算

图 1－4－2 给出了一个计算 UDP 校验和的例子。这里假定用户数据报的长度是 15 字节，因此要添加一个全 0 的字节。

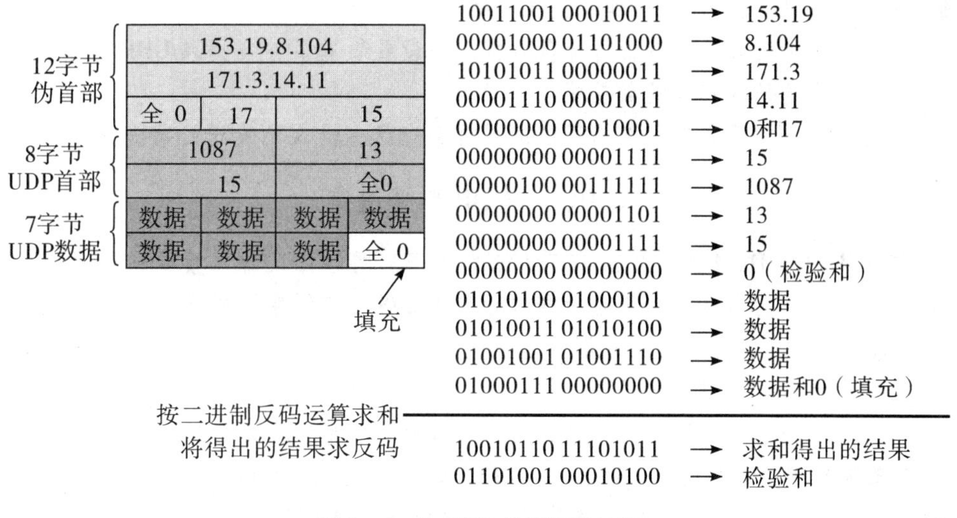

图 1－4－2　UDP 校验和的计算

【实验步骤】

按照拓扑结构图连接网络，使用拓扑验证检查连接的正确性。

练习一　编辑并发送 UDP 数据报

本练习将主机 A 和 B 作为一组，主机 C 和 D 作为一组，主机 E 和 F 作为一组。现仅以主机 A 和 B 为例，说明实验步骤。

1. 主机 A 打开仿真编辑器，编辑发送给主机 B 的 UDP 数据报。

MAC 层：

目的MAC地址：接收方MAC地址。

源MAC地址：发送方MAC地址。

协议类型或数据长度：0800，即IP协议。

IP层：

总长度：包括IP层、UDP层和数据长度。

高层协议类型：17，即UDP协议。

首部校验和：其他所有字段填充完毕后填充此字段。

源IP地址：发送方IP地址。

目的IP地址：接收方IP地址。

UDP层：

源端口：1030。

目的端口：任意大于1024的数。

有效负载长度：UDP层及其上层协议长度。

计算校验和，其他字段默认。

●UDP在数据报文计算校验和时包括哪些内容？

2. 在主机B上启动协议分析器捕获数据，并设置过滤条件（提取UDP协议）。

3. 主机A发送已编辑好的数据报。

4. 主机B停止捕获数据，在捕获到的数据中查找主机A所发送的数据报。

练习二 UDP单播通信

1. 主机B、C、D、E、F上启动“开始\程序\网络协议仿真教学系统 通用版\工具\UDP工具”，作为服务器端，监听端口设置为2483，“创建”成功。

2. 主机C、E上启动协议分析器开始捕获数据。

3. 主机A上启动“开始\程序\网络协议仿真教学系统 通用版\工具\UDP工具”，作为客户端，以主机C的IP为目的IP地址，以2483为端口，填写数据并发送。

4. 查看主机B、C、D、E、F上的“UDP工具”接收的信息。

●哪台主机上的“UDP工具”接收到主机A发送的UDP报文？

5. 查看主机C协议分析器上的UDP报文，并回答以下问题：

①UDP是基于连接的协议吗？阐述此特性的优缺点。

②UDP报文交互中含有确认报文吗？阐述此特性的优缺点。

6. 主机A上使用仿真编辑器向主机E发送UDP报文，其中：

目的MAC：E的MAC地址。

目的IP地址：主机E的IP地址。

目的端口：2483。

校验和：0。

发送此报文，并回答以下问题：主机E上的UDP通信程序是否接收到此数据包？UDP是否可以使用0作为校验和进行通信？

7. 将第6步中编辑的数据包的校验和修改为一个错误值，并将其发送。

8．查看主机E协议分析器上捕获的数据，简述UDP的差错处理能力。

练习三　UDP广播通信

1．主机B、C、D、E、F上启动“开始\程序\网络协议仿真教学系统 通用版\工具\UDP工具”，作为服务器端，监听端口设为2483。

2．主机B、C、D、E、F启动协议分析器捕获数据，并设置过滤条件（提取UDP协议）。

3．主机A上启动“开始\程序\网络协议仿真教学系统 通用版\工具\UDP工具”，作为客户端，以255.255.255.255为目的地址，以2483为端口，填写数据并发送。

4．查看主机B、C、D、E、F上的“UDP连接工具”接收的信息。

●哪台主机接收到主机A发送的UDP报文？

5．查看协议分析器上捕获的UDP报文，并回答以下问题：主机A发送的报文的目的MAC地址和目的IP地址的含义是什么？

思考与探究

1．在可靠性不是最重要的情况下，UDP可能是一个好的传输协议。试给出这种特定情况的一些示例。

2．UDP和IP的不可靠程度是否相同？为什么？

3．UDP协议本身是否能确保数据报的发送和接收顺序？

4．若将主机A发送的报文的目的MAC地址改为某一主机的MAC地址，结果会怎样？为什么？

5．若将主机A发送的报文的目的IP地址改为某一主机的IP地址，结果会怎样？为什么？

实验五

传输控制协议 TCP

【实验目的】

1. 掌握 TCP 协议的报文格式。
2. 掌握 TCP 连接的建立和释放过程。
3. 掌握 TCP 数据传输中编号与确认的过程。
4. 掌握 TCP 协议校验和的计算方法。
5. 理解 TCP 重传机制。

【实验学时】

建议 4 学时。

【实验环境配置】

该实验采用网络结构一。

【实验原理】

一、TCP 报文格式

TCP 报文格式如图 1－5－1 所示。

1 16 17 32（比特）

<table>
<tr><td colspan="8">16 位源端口号</td><td>16 位目的端口号</td></tr>
<tr><td colspan="9">32 位序号</td></tr>
<tr><td colspan="9">32 位确认序号</td></tr>
<tr><td>4 位首部长度</td><td>保留（6 位）</td><td>URG</td><td>ACK</td><td>PSH</td><td>RST</td><td>SYN</td><td>FIN</td><td>16 位窗口大小</td></tr>
<tr><td colspan="8">16 位检验和</td><td>16 位紧急指针</td></tr>
<tr><td colspan="9">选项</td></tr>
<tr><td colspan="9">数据</td></tr>
</table>

图 1－5－1　TCP 报文格式

二、TCP 连接的建立

TCP 是面向连接的协议。在面向连接的环境中，开始传输数据之前，在两个终端之间必须先建立一个连接。对于一个要建立的连接，通信双方必须用彼此的初始化序列号 seq 和来自对方成功传输确认的应答号 ack（指明希望收到的下一个八位组的编号）来同步，习惯上将同步信号写为 SYN，应答信号写为 ACK。整个同步的过程称为三次握手，图 1－5－2 说明了这个过程：

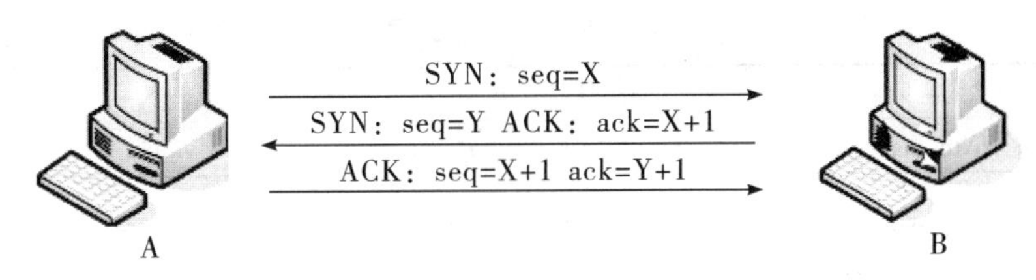

图 1－5－2　TCP 连接过程图

三、TCP 连接的释放

对于一个已经建立的连接，TCP 使用四次握手来结束通话（使用一个带有 FIN 附加标记的报文段）。

TCP 关闭连接的步骤如图 1－5－3 所示。

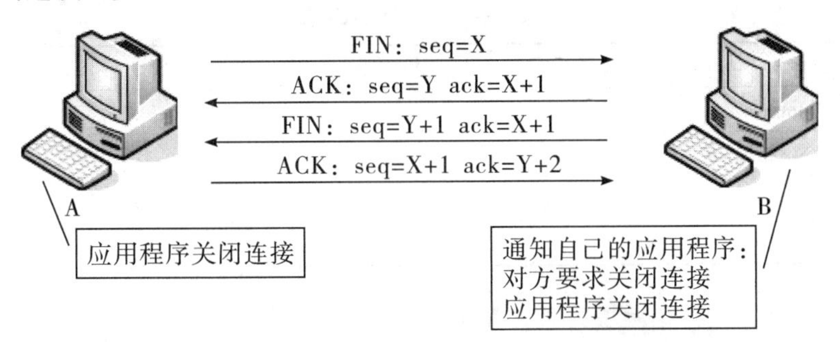

图 1－5－3　TCP 关闭连接图

四、TCP 重传机制

TCP 每发送一个报文段，就对这个报文段设置一个超时宣传计时器。只要计时器设置的重传时间到期，但还没有收到确认，就要重传这一个报文段。

【实验步骤】

按照拓扑结构图连接网络，使用拓扑验证检查连接的正确性。

练习一　查看 TCP 连接的建立和释放

1. 主机 B、C、D 启动协议分析器捕获数据，并设置过滤条件（提取 TCP 协议）。

2. 主机 A 启动仿真编辑器，进入 TCP 连接视图。在“服务器信息\IP 地址”中填入主机 C 的 IP 地址；使用“端口扫描”获取主机 C 的 TCP 端口列表，在“服务器信息/端口”中填入主机 C 的一个 TCP 端口（大于 1024）；点击“连接”按钮进行连接。

3. 查看主机 B、C、D 捕获的数据，填写表 1-5-1。

表 1-5-1　实验结果

字段名称	报文 1	报文 2	报文 3
Sequence Number			
Acknowledgement Number			
ACK			
SYN			

●TCP 连接建立时，前两个报文的首部都有一个“maximum segment size”字段，它的值是多少？作用是什么？结合 IEEE 802.3 协议规定的以太网最大帧长度，分析此数据是怎样得出的。

4. 主机 A 断开与主机 C 的 TCP 连接。

5. 查看主机 B、C、D 捕获的数据，填写表 1-5-2。

表 1-5-2　实验结果

字段名称	报文 4	报文 5	报文 6	报文 7
Sequence Number				
Acknowledgement Number				
ACK				
FIN				

●结合步骤 3、步骤 5 所填的表，理解 TCP 的三次握手建立连接和四次握手的释放连接过程，理解序号、确认号等字段在 TCP 可靠连接中所起的作用。

练习二　利用仿真编辑器编辑并发送 TCP 数据包

本练习将主机 A 和 B 作为一组，主机 C 和 D 作为一组，主机 E 和 F 作为一组，现仅以主机 A 和 B 为例，说明实验步骤。

在本实验中由于 TCP 连接有超时时间的限制，故仿真编辑器和协议分析器的两位同学要默契配合，某些步骤（如计算 TCP 校验和）要求熟练、迅速。

为了实现 TCP 三次握手过程的仿真，发送第一个连接请求帧之前，仿真端主机应该使用“仿真编辑器\工具菜单\TCP 屏蔽\启动屏蔽”功能来防止系统干扰（否则计算机系统的网络会对该请求帧的应答帧发出拒绝响应）。

通过手工编辑 TCP 数据包实验，要求理解实现 TCP 连接建立、数据传输以及断开连接的全过程。在编辑的过程中注意体会TCP首部中的序列号和标志位的作用。

首先选择服务器主机上的一个进程做服务器进程，并向该服务器进程发送一个建立连接请求报文，对应答的确认报文和断开连接的报文也编辑发送。其步骤如下：

1. 主机B启动协议分析器捕获数据，设置过滤条件（提取HTTP协议）。

2. 主机A上启动仿真编辑器，在界面初始状态下，程序会自动新建一个单帧，可以利用仿真编辑器打开时默认的以太网帧进行编辑。

3. 填写该帧的以太网协议首部，其中：

源MAC地址：主机A的MAC地址。

目的MAC地址：服务器的MAC地址。

协议类型或数据长度：0800（IP协议）。

4. 填写IP协议头信息，其中：

高层协议类型：6（上层协议为TCP）。

总长度：40（IP首部+TCP首部）。

源IP地址：主机A的IP地址。

目的IP地址：服务器的IP地址（172.16.0.10）。

其他字段任意。

应用前面学到的知识计算IP首部校验和。

5. 填写TCP协议信息，其中：

源端口：任意大于1024的数，不要使用下拉列表中的端口。

目的端口：80（HTTP协议）。

序列号：选择一个序号ISN（例如：1942589885），以后的数据都按照这个来填。

确认号：0。

首部长度和标志位：5002（即长度20字节，标志SYN=1）。

窗口大小：任意。

紧急指针：0。

使用协议仿真编辑器的“手动计算”方法计算校验和，再使用协议仿真编辑器的“自动计算”方法计算校验和。将两次计算结果相比较，若结果不一致，则重新计算。

●TCP在计算校验和时包括哪些内容？

将设置完成的数据帧复制3份；修改第二帧的TCP层的“首部长度和标志”位为5010（即标志位ACK=1），TCP层的“序列号”为1942589885+1。修改第三帧的TCP层的“首部长度和标志”位为5011（即标志位ACK=1、FIN=1），TCP层的“序列号”为1942589885+1。修改第四帧的TCP层的“首部长度和标志”位为5010（即标志位ACK=1），TCP层的“序列号”为1942589885+2。

6. 在发送该TCP连接请求之前，先ping一次目标服务器，让目标服务器知道自己的MAC地址。

7. 使用“仿真编辑器\工具菜单\TCP屏蔽\启动屏蔽”功能，为TCP/IP协议栈过滤掉收到的TCP数据。

8. 点击菜单栏中的“发送”按钮，在弹出对话框中选择发送第一帧。

9. 在主机B上捕获相应的应答报文，这里要求协议分析器一端的同学及时准确地捕获应答报文并迅速从中获得应答报文的接收字节序号，并告知仿真编辑器一端的同学。

10. 我们假设接收字节序号为：3246281765，修改第二帧和第三帧TCP层的“ACK确认序号”的值为：3246281766。

11. 计算第二帧的TCP校验和，将该帧发送。对服务器的应答报文进行确认。

12. 计算第三帧的TCP校验和，将该帧发送。

13. 在主机B上观察应答报文，要及时把最后一帧“序列号”告知协议编辑器一端的同学。

14. 修改第四帧的TCP层“确认号”为接收的序列号+1（即246281767）。

15. 计算第四帧的TCP校验和，将该帧发送。断开连接，完成TCP连接的全过程。

16. 协议分析器一端截获相应的请求及应答报文并分析，注意观察“会话分析”中的会话过程。

17. 仿真端主机使用“仿真编辑器\工具菜单\TCP屏蔽\停止屏蔽”功能，恢复正常网络功能。

练习三　TCP的重传机制

本练习将主机A和B作为一组，主机C和D作为一组，主机E和F作为一组。现仅以主机A和B为例，说明实验步骤。

1. 主机B启动协议分析器开始捕获数据并设置过滤条件（提取TCP协议）。

2. 主机A启动仿真编辑器，进入TCP连接视图。在“服务器信息\IP地址”中填入主机B的IP地址，使用“端口扫描”获取主机B的TCP端口列表，在“服务器信息\端口”中填入主机B的一个TCP端口（大于1024），点击“连接”按钮进行连接。

3. 主机A向主机B发送一条信息。

4. 主机B使用“仿真编辑器\工具菜单\TCP屏蔽\启动屏蔽”功能，过滤掉接收到的TCP数据。

5. 主机A向主机B再发送一条信息。

6. 主机B刷新捕获显示，当发现“会话分析视图”中有两条以上超时重传报文后，使用“仿真编辑器\工具菜单\TCP屏蔽\停止屏蔽”功能，恢复正常网络功能。

7. 主机A向主机B再发送一条信息，之后断开连接。

8. 主机B停止捕获数据。依据“会话分析视图”显示结果，绘制本练习的数据报交互图。

思考与探究

1. 试用具体例子说明为什么传输连接建立时要使用三次握手，如不这样做可能会出现什么情况？

2. 使用TCP对实时话音数据的传输有什么问题？使用UDP在传送数据文件时会有什么问题？

3. TCP在进行流量控制时是以分组的丢失作为产生拥塞的标志。有没有不是因拥塞而引起的分组丢失的情况？如有，请举出三种情况。

实验六

简单网络管理协议 SNMP

【实验目的】

1. 掌握 SNMP 的报文格式。
2. 掌握 SMI 定义的规则。
3. 掌握 MIB 定义的结构。
4. 理解 SNMP 工作原理。

【实验学时】

建议 2 学时。

【实验环境配置】

该实验采用网络结构一。

【实验原理】

一、SNMP 报文格式

SNMP 报文格式如图 1－6－1 所示。

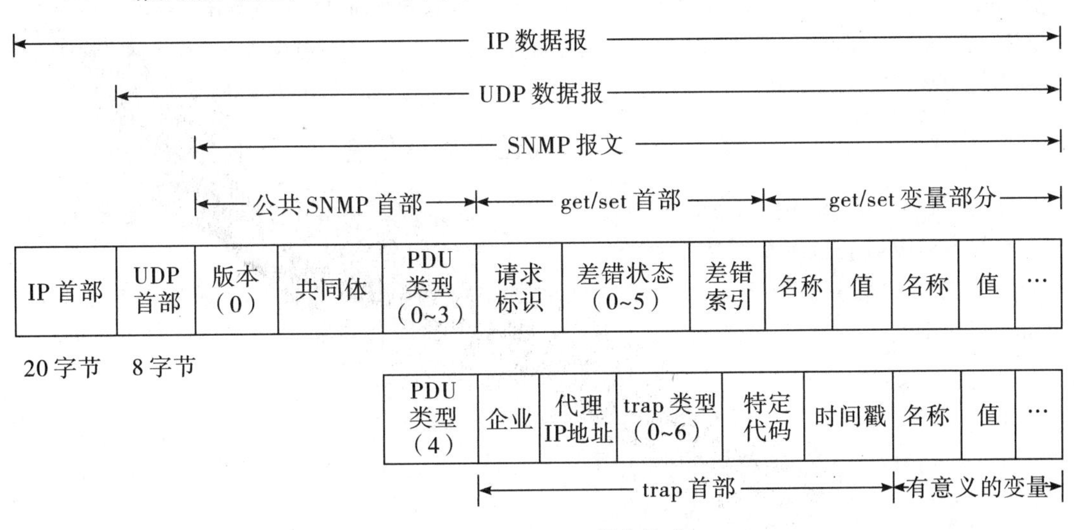

图 1－6－1　SNMP 报文格式

二、SNMP 工作方式

SNMP 代理是一个软件进程，它将侦听 UDP 端口 161 上的 SNMP 消息，发送到代理上的每个 SNMP 报文都含有想要读取或修改的管理对象的列表，它还包含一个密码（叫作共同体名 community）。如果共同体名与 SNMP 代理所期望的不匹配，该消息将被丢弃，并给网管站发送一条通知，指示有人试图非法访问该代理；如果共同体名与 SNMP 代理的共同体名一致，它将试图处理该请求。

三、管理信息库 MIB

管理信息库 MIB 是一个网络中所有可能被管理对象的集合的数据结构。只有在 MIB 中的对象才是 SNMP 所能管理的。例如，路由器应当维持各网络接口状态、入分组和出分组的流量、丢弃的分组和有差错的报文的统计信息。

四、管理信息结构 SMI

SMI 标准指明了所有的 MIB 变量必须使用抽象语法记法（ASN. 1）来定义。ASN. 1 有两个主要特点：一是人们阅读的文档使用的记法，二是同一信息在通信协议中使用的紧凑编码表示。这种记法使得数据的含义不存在可能的二义性。

【实验步骤】

本实验将主机 A 和 B 作为一组，主机 C 和 D 作为一组，主机 E 和 F 作为一组。现仅以主机 A 和 B 为例，说明实验步骤。其中主机 B 作为 SNMP 代理服务器，主机 A 作为 SNMP 管理器。按照拓扑结构图连接网络，使用拓扑验证检查连接的正确性。

【注意】如果主机 B 没有安装 SNMP 协议，则请手动添加 SNMP 组件。方法如下：开始 \ 控制面板 \ 添加或删除程序 \ 添加删除 Windows 组件，在弹出的“Windows 组件向导”对话框中，选中“管理和监视工具”后，点击“详细信息”按钮，在弹出的“管理和监视工具”对话框中选中“简单网络管理协议(SNMP)”，点击“确定”按钮。

练习一　获取代理服务器信息

1. 主机 B 启动 SNMP 服务，并创建具有“只读”权利的团体“public”接受来自任何主机的 SNMP 数据包。配置方法如下：

(1) 启动“服务”管理器，找到“控制面板 \ 管理工具 \ 服务”程序，双击启动，如图 1－6－2 所示。

服务

文件(F) 操作(A) 查看(V) 帮助(H)

服务(本地)

名称	描述	状态	启动类型	登录为
.NET Runtime O...	Mic...		手动	本地系统
Alerter	通...		已禁用	本地服务
Application La...	为 ...	已启动	手动	本地服务
Application Ma...	提...		手动	本地系统
ASP.NET State ...	Pro...		手动	网络服务
Automatic Updates	允...	已启动	自动	本地系统
Background Int...	在...		手动	本地系统
ClipBook	启...		已禁用	本地系统
COM+ Event System	支...	已启动	手动	本地系统
COM+ System Ap...	管...		手动	本地系统
Computer Browser	维...	已启动	自动	本地系统
ComService		已启动	自动	本地系统
Cryptographic ...	提...	已启动	自动	本地系统
DCOM Server Pr...	为 ...	已启动	自动	本地系统
DHCP Client	通...	已启动	自动	本地系统
Distribulgf Tr...	Dis...		自动	本地系统
Distributed Li...	在...	已启动	自动	本地系统
Distributed Tr...	协...		手动	网络服务
DNS Client	为...	已启动	自动	网络服务
Net Logon	支...		手动	本地系统

扩展 标准

开始　管理工具　服务　图1-6-3 - 画图　12:27

图 1－6－2　“服务”管理器

(2) 启动“SNMP Service”和“SNMP Trap Service”。

①在服务程序列表中找到“SNMP Service”和“SNMP Trap Service”，如图 1－6－3 所示。

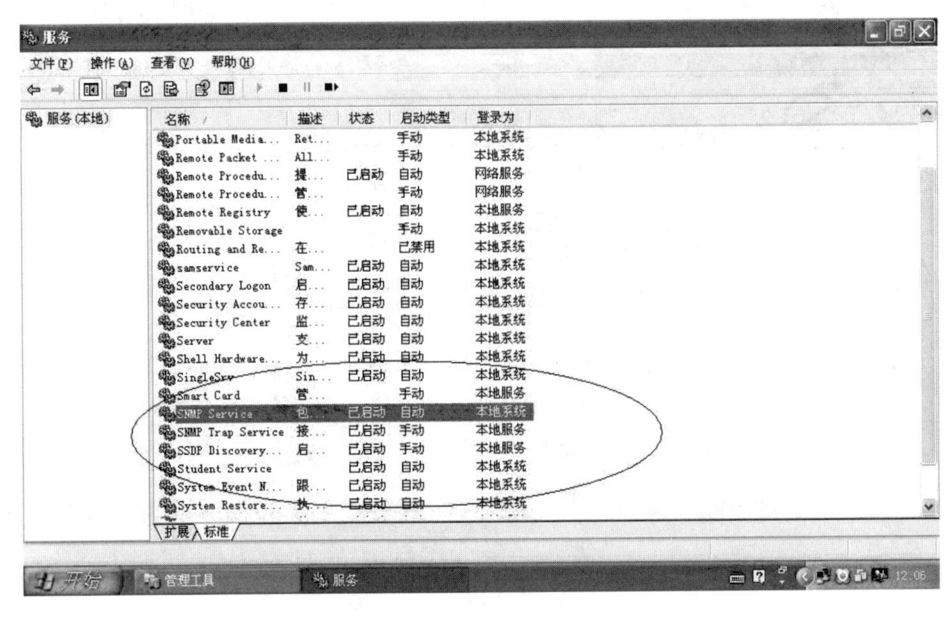

图 1－6－3　“服务”程序列表

②选中“SNMP Service”条目，单击鼠标右键，选择“属性”菜单项，并修改“启动类型”为“手动”，点击“确定”按钮保存设置，如图 1－6－4 所示。

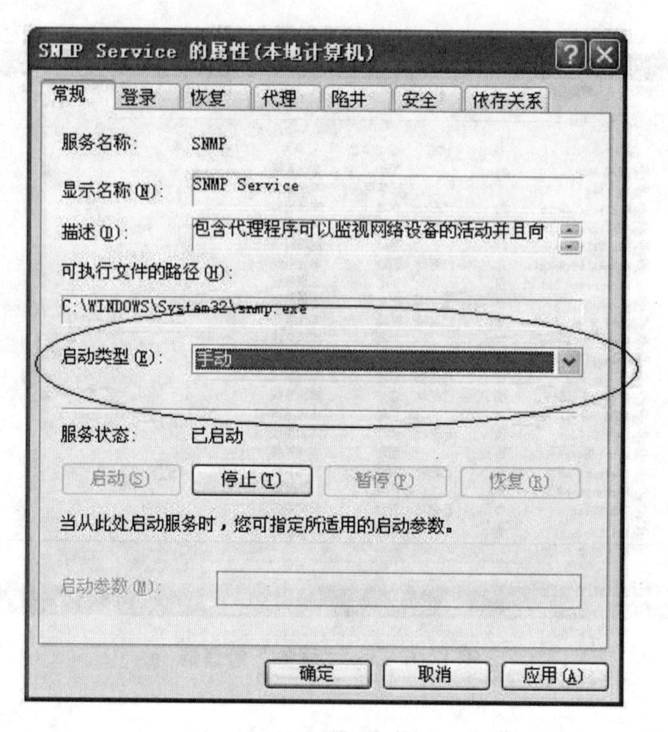

图 1-6-4　“SNMP Service”的属性

③单击“服务”管理器菜单栏上的“启动”按钮启动服务，如图 1-6-5 所示。

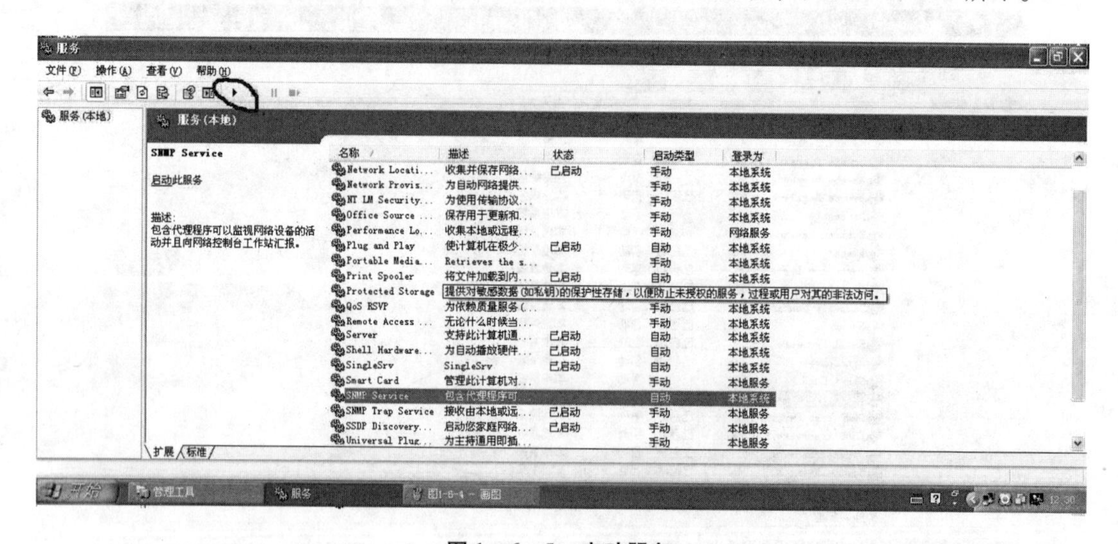

图 1-6-5　启动服务

④按同样的方法启动“SNMP Trap Service”，启动后的状态如图 1-6-6 所示。

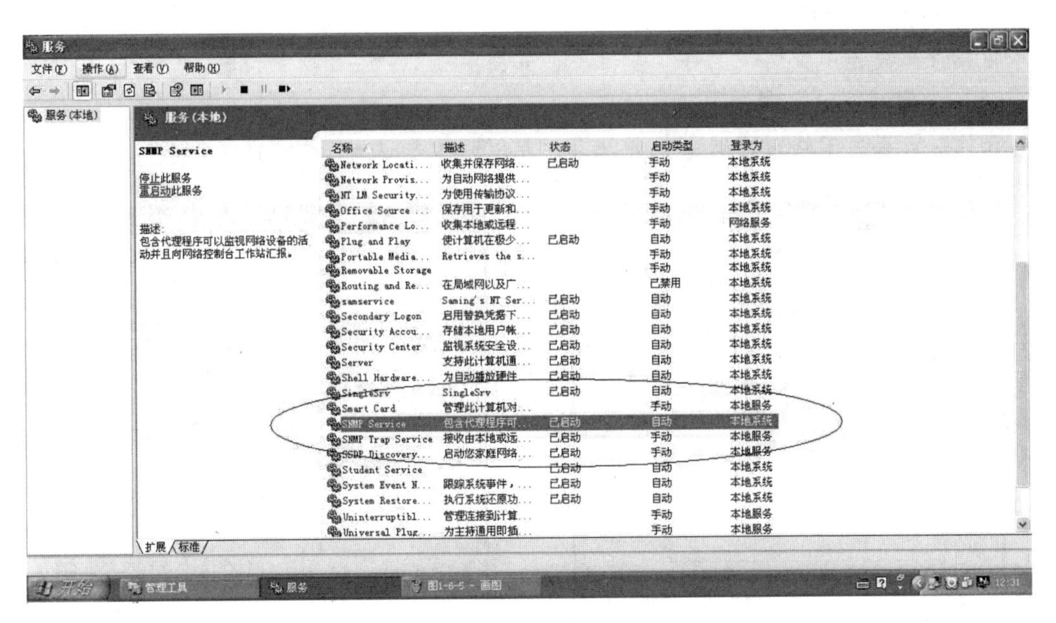

图1-6-6　启动“SNMP Trap Service”服务

(3) 设置“代理”属性页。

选中“SNMP Service”条目，单击鼠标右键，选择“属性”菜单项。在属性页集合中找到“代理”属性页，并按照图1-6-7所示设置。

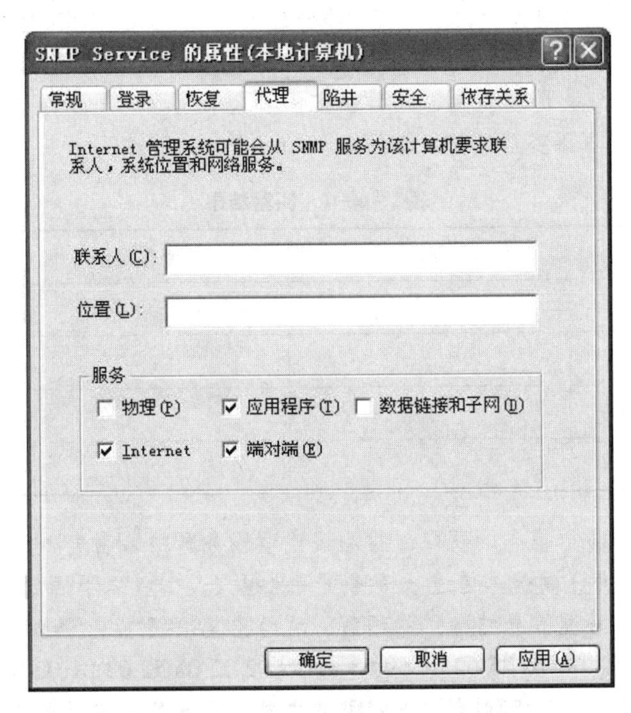

图1-6-7　设置“代理”属性页

(4) 设置“陷井”属性页。

在属性页集合中找到“陷井”属性页，并按照图 1-6-8 所示设置。

(5) 设置“安全”属性页。

在属性页集合中找到“安全”属性页，并按照图 1-6-9 所示设置。

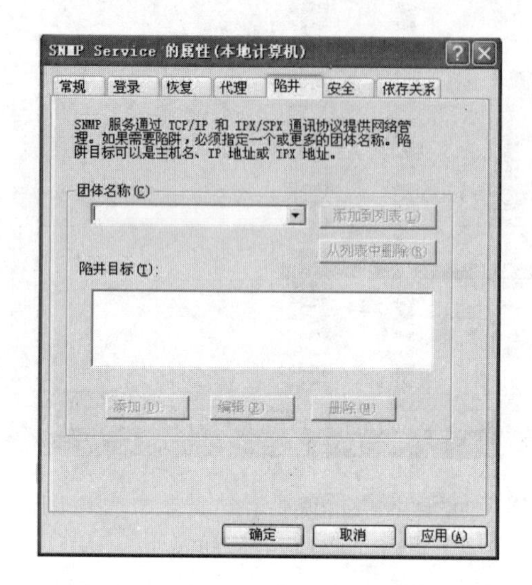
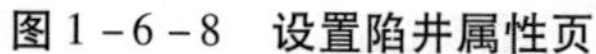

图 1-6-8 设置陷井属性页

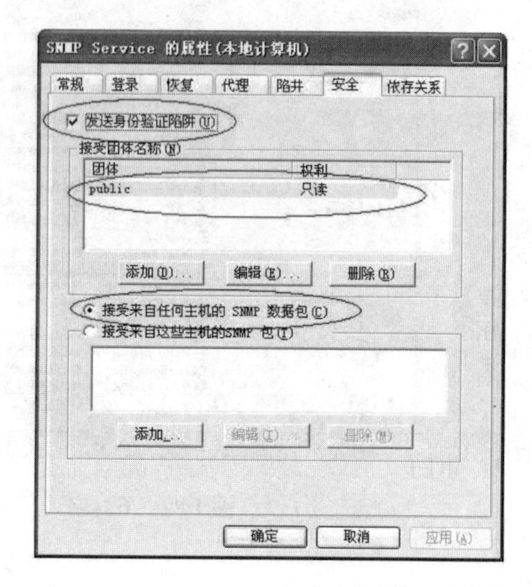

图 1-6-9 设置安全属性页

2. 主机 B 启动协议分析器捕获数据，并设置过滤条件（提取 SNMP 协议）。

3. 主机 A 启动仿真编辑器，进入“SNMP 连接视图”。在“SNMP 扫描”列表中找到主机 B 的 IP 地址，双击该地址，使其添加到工具栏中的“IP”文本框中。

4. 在主机 A 上，展开 MIB 树，通过双击树节点来获取代理服务器信息。

●按照返回的代理服务器信息，填写表 1-6-1。

表 1-6-1 实验结果

代理服务器信息	OID	返回值类型	返回值
操作系统类型			
网卡数			
物理地址			
IP 默认 TTL 值			

●通过对代理服务器信息的获取，推测该代理服务器的路由表。

5. 主机 B 停止捕获数据。通过分析捕获到的报文，回答以下问题：

为加深对 SMI（管理信息结构）的理解，现给出某一报文中 SNMP 协议的数据：

30 26 02 01 00 04 06 70 75 62 6c 69 63 a1 19 02 02 0a 52 02 01 00 02 01 00 30 0d 30 0b 06 07 2b 06 01 02 01 01 01 05 00 结合 SNMP 报文格式和 SMI 定义的规则，绘制出树形的结构图（用树来表现 sequence 和 sequence of 的关系）。

6. 主机 B 重新启动数据捕获。

7. 在主机 A 上，用鼠标选中“so. org. dod. internet. mgmt. mib-2. udp. udptable”节点，单击工具条上的“获取子树”按钮。

●通过查看代理服务器返回的结果 OID 列表和主机 B 上捕获的 SNMP 报文类型，简述字典式排序在 SNMP 查询方式中的意义。

●列出你所熟悉的代理服务器开放的 UDP 端口和 UDP 服务名。

练习二 设置代理服务器信息

1. 主机 B 修改 SNMP 服务配置，为团体“public”开放“读/写”权利。

选中“SNMP Service”条目，单击鼠标右键，选择“属性”菜单项。在属性页集合中找到“安全”属性页，并按照图 1－6－10 所示设置。

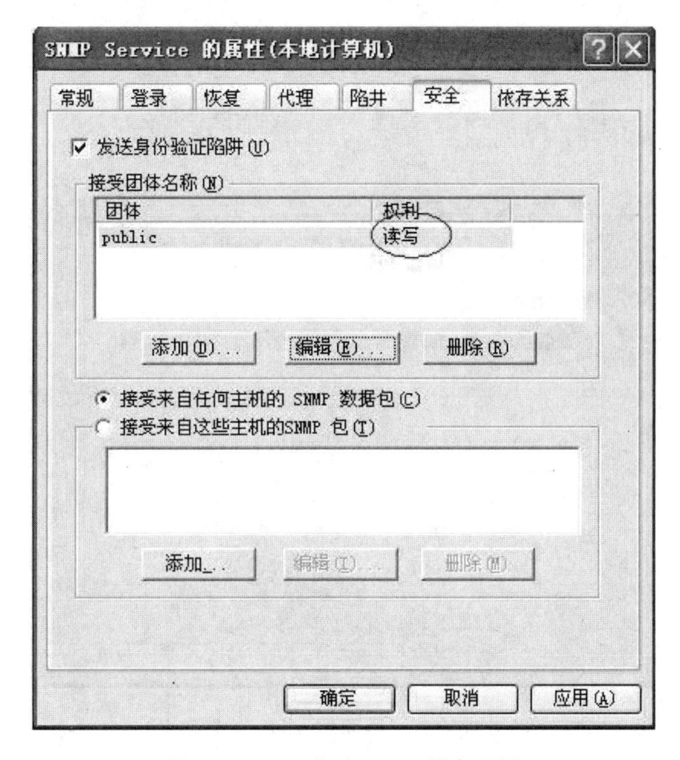

图 1－6－10 修改 SNMP 服务配置

2. 主机 B 启动协议分析器开始捕获数据并设置过滤条件（提取 SNMP 协议）。

3. 主机 A 启动仿真编辑器，打开“SNMP 连接视图”。在“SNMP 扫描”列表中找到主机 B 的 IP 地址，双击该地址，使其添加到工具栏中的“IP”文本框中；选中“so. org. dod. internet. mgmt. mib-2. system. sysName”节点；单击“操作 \ 设置”菜单项，在弹出的“设置 SNMP 节点值”对话框中，填写“公共体名称”为“public”，填写节点值为任意字符串，在“变量绑定类型”中选择“Octet String”，点击“确定”按钮。

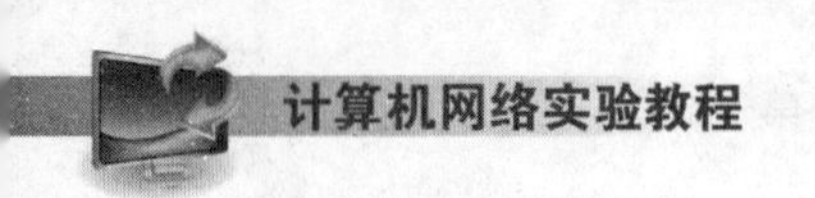

4. 主机 A 进入“SNMP 连接视图”，查看“so. org. dod. internet. mgmt. mib-2. system. sysName”节点的值，确定该值是否被更新。

5. 主机 B 停止捕获数据，分析捕获到的数据。

练习三　代理服务器的事件报告

1. 主机 B 修改 SNMP 服务配置，为团体“public”设置“陷井”。

(1) 选中“SNMP Service”条目，单击鼠标右键，选择“属性”菜单项。在属性页集合中找到“陷井”属性页，添加“社区名称”为 public，点击“添加到列表”按钮，点击“添加 (D) ...”按钮来设置“陷井目标”(注意陷井目标使用主机 A 的 IP 地址)。如图 1-6-11 所示设置。

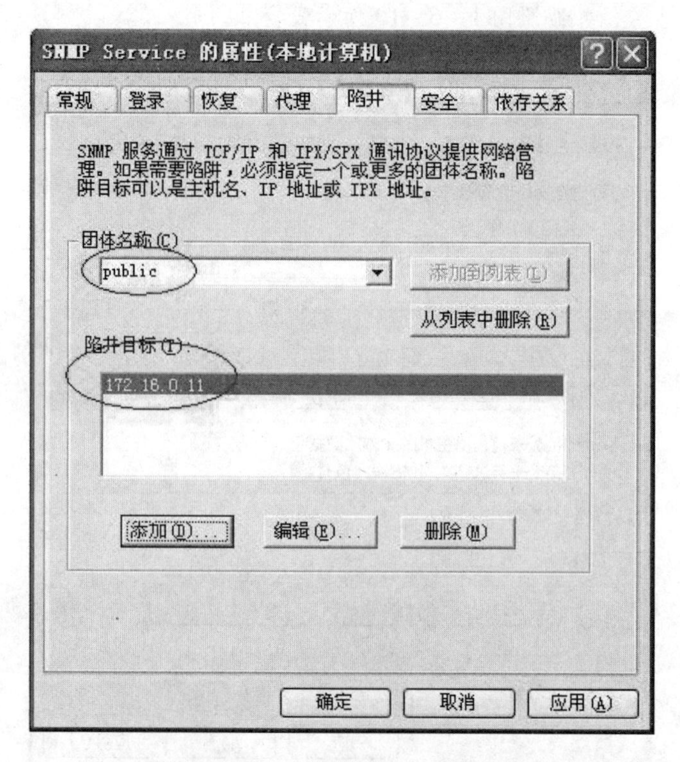

图 1-6-11　为团体 public 设置陷井

(2) 在属性页集合中找到“安全”属性页，选中“接受来自这些主机的 SNMP 包”项，点击“添加 (D)...”按钮来设置 SNMP 管理器的 IP 地址（注意此地址使用一个非组内主机的 IP 地址)，如图 1-6-12 所示设置。

2. 主机 B 启动协议分析器开始捕获数据并设置过滤条件（提取 SNMP 协议)。

3. 主机 A 启动仿真编辑器，进入“SNMP 连接视图”，在“IP”文本框中输入主机 B 的 IP 地址。

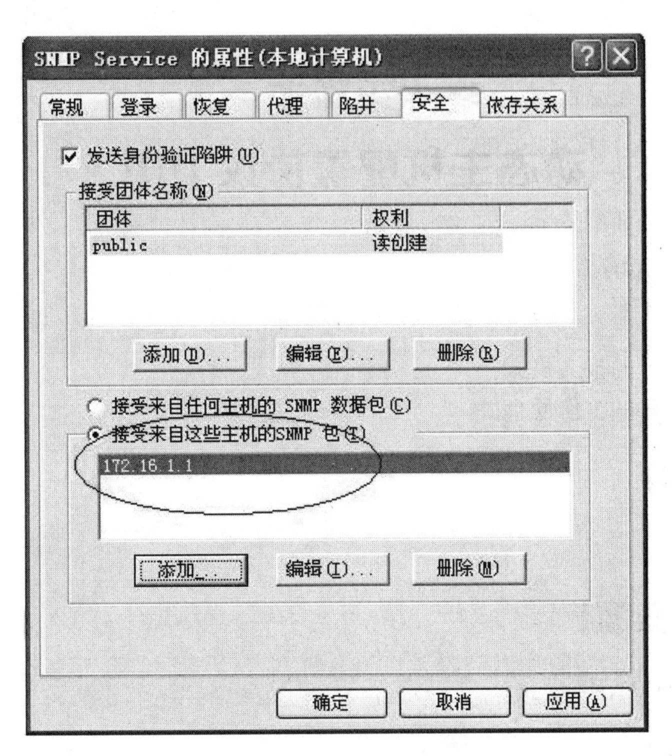

图 1-6-12 设置 SNMP 管理器 IP 地址

4. 主机 A 通过“SNMP 连接视图”尝试获取主机 B（SNMP 代理服务器）的信息。

5. 主机 B 停止捕获数据，并分析捕获到的数据。

思考与探究

1. SNMP 使用 UDP 传送报文。为什么不使用 TCP?

2. 为什么 SNMP 的管理进程使用探询掌握全网状态属于正常情况，而代理进程用陷阱向管理进程报告属于较少发生的异常情况?

3. 假如你是网络管理人员，你能否通过 SNMP 协议和以前所学知识，实现网络拓扑发现?

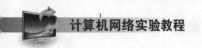

实验七

动态主机配置协议 DHCP

【实验目的】

1. 掌握 DHCP 的报文格式。
2. 掌握 DHCP 的工作原理。

【实验学时】

建议 2 学时。

【实验环境配置】

该实验采用网络结构一。

【实验原理】

一、DHCP 报文格式

DHCP 报文格式如图 1－7－1 所示。

<table>
<tr><td>操作代码（1 字节）</td><td>硬件类型（1 字节）</td><td>硬件长度（1 字节）</td><td>跳数（1 字节）</td></tr>
<tr><td colspan="4">事务 ID（4 字节）</td></tr>
<tr><td colspan="2">秒（2 字节）</td><td colspan="2">标志（2 字节）</td></tr>
<tr><td colspan="4">客户端 IP 地址（4 字节）</td></tr>
<tr><td colspan="4">你的 IP 地址（4 字节）</td></tr>
<tr><td colspan="4">服务器 IP 地址（4 字节）</td></tr>
<tr><td colspan="4">网关 IP 地址（4 字节）</td></tr>
<tr><td colspan="4">客户端硬件地址（16 字节）</td></tr>
<tr><td colspan="4">服务器名（64 字节）</td></tr>
<tr><td colspan="4">引导文件名（128 字节）</td></tr>
<tr><td colspan="4">选项（64 字节）</td></tr>
</table>

图 1－7－1　DHCP 报文格式

二、DHCP 工作原理

DHCP 客户可以从一个状态转换到另一个状态，这取决于收到的报文和发送的报文，如图 1 –7 –2 所示。

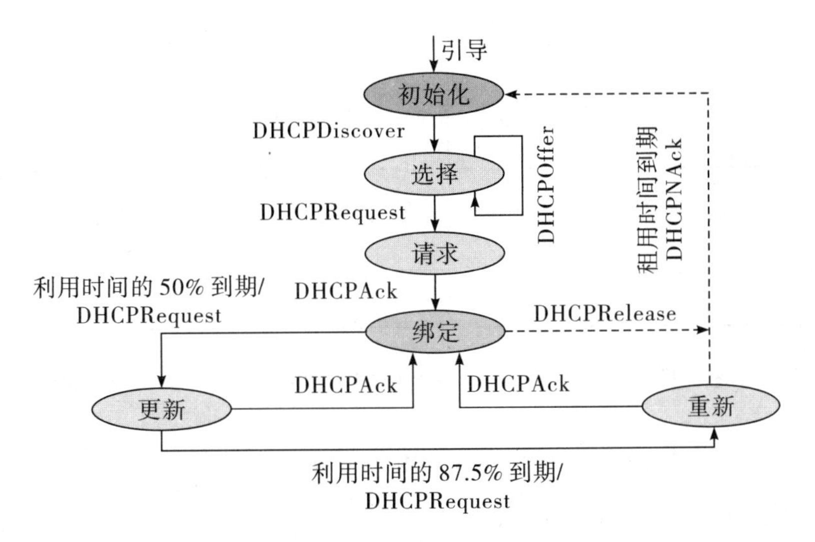

图 1 –7 –2 DHCP 工作原理图

DHCP 服务器有两个数据库：第一个数据库静态绑定物理地址和 IP 地址；第二个数据库拥有可用的 IP 地址池，这使 DHCP 成为动态的。当 DHCP 客户请求临时的 IP 地址时，DHCP 服务器就查找可用 IP 地址池，然后在可协商的期间内指派有效的 IP 地址。

当 DHCP 客户向 DHCP 服务器发送请求时，服务器首先检查它的静态数据库。若静态数据库存在所请求的物理地址项目，则返回这个客户的永久 IP 地址。反之，若静态数据库中没有这个项目，服务器就从可用的 IP 地址池中选择一个 IP 地址，并把这个地址指派给客户，然后把这个项目加到动态数据库中。

【实验步骤】

练习一 使用 DHCP 获取 IP 地址

本练习由每一位组员独自完成。将主机 B 和主机 E 未用的网卡禁用。

1. 记下本机的 IP 地址，在命令行方式下，输入下面的命令：netsh interface ip set address name = "本机可用网卡的接口名" source = dhcp。

2. 启动协议分析器捕获数据，并设置过滤条件（提取 DHCP 协议）。

3. 在命令行方式下，输入命令：ipconfig/release。

4. 在命令行方式下，输入命令：ipconfig/renew。

5. 查看 DHCP 会话分析，填写表 1 –7 –1。

表 1-7-1 实验结果

报文序号	Boot Record Type 的值	Message Type 的值	Lease Time 的值（若有）	源 IP 地址	目的 IP 地址

6. 等待时间超过租用时间（表 1-7-1 中的 Lease Time 的值）的 50% 后，查看捕获的数据包。

●各报文中字段“Boot Record Type”“Message Type”的值分别是多少？该请求报文的作用是什么？

练习二 模拟重新登录

本练习将主机 A 和 B 作为一组，主机 C 和 D 作为一组，主机 E 和 F 作为一组。现仅以主机 A 和 B 为例，说明实验步骤。

1. 主机 A 启动仿真编辑器，编辑一个 DHCPRequest 数据包，其中：

MAC 层：

源 MAC 地址：本机 MAC 地址。

目的 MAC 地址：服务器 MAC 地址。

IP 层：

源 IP 地址：本机 IP 地址。

目的 IP 地址：服务器 IP 地址（172.16.0.10）。

总长度：IP 层长度。

校验和：在其他所有字段填充完毕后计算并填充。

UDP 层：

源端口：68。

目的端口：67。

有效负载长度：UDP 层及其上层协议长度。

计算校验和，其他字段默认。

DHCP 层：

操作码：1。

标志：0000。

客户端 IP 地址：主机 B 的 IP 地址（产生分配冲突）。
你的 IP 地址：0.0.0.0。
客户端硬件地址：本机的 MAC 地址。
追加选项块：
选项代码：53。
长度：1。
DHCP 消息类型：3。
2. 主机 B 启动协议分析器捕获数据并设置过滤条件（提取 DHCP 协议）。
3. 发送主机 A 编辑好的数据包。
4. 查看主机 B 捕获的数据。
●各报文中字段“Boot Record Type”“Message Type”的值分别是多少？

思考与探究

1. DHCP 为何使用 67、68 两个熟知端口进行 UDP 通信？
2. DHCP 协议适合于什么情况下使用？请举例说明。

实验八

域名服务协议 DNS

【实验目的】

1. 掌握 DNS 的报文格式。
2. 掌握 DNS 的工作原理。
3. 掌握 DNS 域名空间的分类。
4. 理解 DNS 高速缓存的作用。

【实验学时】

建议 2 学时。

【实验环境配置】

该实验采用网络结构一。

【实验原理】

一、DNS 报文格式

DNS 报文格式如图 1－8－1 所示。

<table>
<tr><td>标识</td><td>标志</td></tr>
<tr><td>问题数</td><td>资源记录数</td></tr>
<tr><td>授权资源记录数</td><td>额外资源记录数</td></tr>
<tr><td colspan="2">查询问题</td></tr>
<tr><td colspan="2">回答（资源记录数可变）</td></tr>
<tr><td colspan="2">授权（资源记录数可变）</td></tr>
<tr><td colspan="2">额外信息（资源记录数可变）</td></tr>
</table>

图 1－8－1　DNS 报文格式

二、域名空间的分类

在 Internet 中，域名空间划分为三个部分：类属域、国家域和反向域。

（1）类属域：按照主机的类属行为定义注册的主机。类属域的顶级符号包括 com、edu、gov、int、mil、net、org 等。

（2）国家域：按照国家定义注册的主机。国家域的顶级符号包括 cn、us、zw 等。

（3）反向域：把一个地址映射为名字。

三、DNS 高速缓存

当服务器向另一个服务器请求映射并收到它的响应时，它会在把结果发送给客户之前，把这个信息存储在它的 DNS 高速缓存中。若同一客户或另一个客户请求同样的映射，它就检查高速缓存并解析这个问题。高速缓存减少了查询时间，提高了效率。

【实验步骤】

本实验将主机 A 和 B 作为一组，主机 C 和 D 作为一组，主机 E 和 F 作为一组。现仅以主机 A 和 B 为例，说明实验步骤。

按照拓扑结构图连接网络，使用拓扑验证检查连接的正确性。

练习一　Internet 域名空间的分类

1. 类属域。

将主机 A、B 的“首选 DNS 服务器”设置为公网 DNS 服务器，目的是能够访问因特网。

（1）主机 B 启动协议分析器开始捕获数据并设置过滤条件（提取 DNS 协议）。

（2）主机 A 在命令行下运行“nslookup www. python. org”命令。

（3）主机 B 停止捕获数据。分析主机 B 捕获到的数据及主机 A 命令行返回的结果，回答以下问题：

①“www. python. org”对应的 IP 地址是什么？

②“www. python. org”域名的顶级域名的含义是什么？

2. 国家域。

（1）主机 B 启动协议分析器开始捕获数据并设置过滤条件（提取 DNS 协议）。

（2）主机 A 在命令行下运行“nslookup www. jl. gov. cn”命令。

（3）主机 B 停止捕获数据。分析主机 B 捕获到的数据及主机 A 命令行返回的结果，回答以下问题：

①“www. jl. gov. cn”对应的 IP 地址是什么？

②“www. jl. gov. cn”域名的顶级、二级、三级域名的含义是什么？

3. 反向域。

（1）将主机 A 的“首选 DNS 服务器”设置为服务器的 IP 地址（172. 16. 0. 10）。

（2）主机 B 启动协议分析器开始捕获数据并设置过滤条件（提取 DNS 协议）。

（3）主机 A 在命令行下运行“nslookup 172. 16. 0. 10”命令。

（4）主机 B 停止捕获数据。分析主机 B 捕获到的数据及主机 A 命令行返回的结果，回答以下问题：

①172.16.0.10 对应的域名是什么？

②反向域的顶级、二级域名分别是什么？

练习二　DNS 正向查询

本练习中要求每台主机配置 DNS 服务器，DNS 服务器的 IP 地址即 Linux 服务器的 IP 地址，其 IP 地址以 172.16.1.200 为例。

各组主机 IP 地址配置如下：

第一组六台主机 IP 地址依次为 172.16.1.11，172.16.1.12，…，172.16.1.16；

第二组六台主机 IP 地址依次为 172.16.1.21，172.16.1.22，…，172.16.1.26；

其他各组以此类推。

1. 在主机 B 上执行命令“nslookup 主机 B 的 IP”获取主机 B 的域名，并告知主机 A。

2. 主机 A 启动仿真编辑器，编写一个 DNS 正向查询报文。其中：

MAC 层：

源 MAC 地址：本机 MAC 地址。

目的 MAC 地址：Linux 服务器的 MAC 地址。

IP 层：

源 IP 地址：本机 IP 地址。

目的 IP 地址：Linux 服务器的 IP 地址（172.16.1.200）。

总长度：IP 层及其上层协议总长度。

校验和：IP 层字段全部编辑完成后，计算 IP 层校验和。

UDP 层：

目的端口：53。

有效负载长度：UDP 层及其上层协议总长度。

校验和：所有字段编辑完成后，计算校验和。

DNS 层：

标志：0100。

问题记录数：1。

问题记录：右击，追加块。

域名循环体：右击，追加块。按格式要求填写步骤 1 获取的主机 B 的域名。例如：设步骤 1 中获取的域名为 host12. Netlab，则追加 3 块，最后一块“长度”字段为 0，如图 1-8-2 所示。

问题类型：1。

问题类别：1。

3. 主机 B 启动协议分析器开始捕获数据，并设置过滤条件（提取 DNS 协议）。

4. 主机 A 发送已编辑好的报文。

5. 主机 B 停止捕获数据，在捕获到的数据中查找 DNS 响应报文。

●在响应报文中提取主机 B 的 IP 地址。

⊟ 问题记录	
⊟ Loop Block	
⊟ 域名循环体	
⊟ Loop Block	
隐藏长度	6
域标记	host12
⊟ Loop Block	
隐藏长度	6
域标记	NetLab
⊟ Loop Block	
长度	0
问题类型	1
问题类别	1

图 1－8－2 DNS 正向查询的域名循环体添加格式填写图

练习三 DNS 反向查询

1. 该练习中，DNS 服务器及各主机 IP 地址配置同练习二。

2. 主机 A 启动仿真编辑器，编写一个 DNS 反向查询报文。其中：

MAC 层：

源 MAC 地址：本机 MAC 地址。

目的 MAC 地址：Linux 服务器的 MAC 地址。

IP 层：

源 IP 地址：本机 IP 地址。

目的 IP 地址：Linux 服务器的 IP 地址（172.16.1.200）。

总长度：IP 层及其上层协议总长度。

校验和：IP 层字段全部编辑完成后，计算 IP 层校验和。

UDP 层：

目的端口：53。

有效负载长度：UDP 层及其上层协议总长度。

校验和：所有字段编辑完成后，计算校验和。

DNS 层：

标志：0100。

问题记录数：1。

问题记录：右击，追加块。

域名循环体：右击，追加块。按格式要求填写主机 B 反向域域名（反转 IP + 12.1.16.172.in-addr.arpa）。例如：设主机 B 的 IP 地址为 172.16.1.12，则它的反向域为 12.1.16.172.in-addr.arpa，这需要追加 7 个块，其中最后一个块“长度”字段为 0，如图 1－8－3 所示。

⊟ 问题记录	
⊟ Loop Block	
⊟ 域名循环体	
⊟ Loop Block	
隐藏长度	2
域标记	12
⊟ Loop Block	
隐藏长度	1
域标记	1
⊟ Loop Block	
隐藏长度	2
域标记	16
⊟ Loop Block	
隐藏长度	3
域标记	172
⊟ Loop Block	
隐藏长度	7
域标记	in-addr
⊟ Loop Block	
隐藏长度	4
域标记	arpa
⊟ Loop Block	
长度	0
问题类型	12
问题类别	1

图 1-8-3　DNS 反向查询的域名循环体添加格式填写图

问题类型：12。

问题类别：1。

3. 主机 B 启动协议分析器开始数据捕获，设置过滤条件（提取 DNS 协议）。

4. 主机 A 发送已编辑好的报文。

5. 主机 B 停止捕获数据，在捕获到的数据中查找 DNS 响应报文。

●在响应报文中提取主机 B 的域名地址。

练习四　DNS 的应用及高速缓存

1. 该练习中，DNS 服务器及各主机 IP 地址配置同练习二。

2. 主机 A 在命令行下执行"ipconfig/flushdns"命令来清空 DNS 高速缓存。

3. 主机 B 启动协议分析器开始捕获数据并设置过滤条件（提取 DNS 协议）。

4. 主机 A 在命令行下执行"ping 主机 B 的域名"命令，然后执行"ipconfig/displaydns"命令来显示 DNS 高速缓存。在缓存中找到主机 B 的域名所对应的记录。

5. 主机 A 在命令行下再次执行"ping 主机 B 的域名"命令。

6. 主机 B 停止捕获，分析其捕获的数据及主机 A 的 DNS 高速缓存中的内容，回答问题：

①简述在使用域名完成的通信中，DNS 协议所起到的作用。

②简述 DNS 高速缓存的作用。

③参考主机 B“会话分析”视图的显示结果，绘制此次访问过程的报文交互图（包括 ICMP 协议）。

思考与探究

1. 因特网的域名结构是怎样的？它与目前的电话网的号码结构有何异同之处？

2. 域名服务协议的主要功能是什么？域名服务协议中的根服务器和授权服务器有何区别？授权服务器与管辖区有何关系？

实验九
网络地址转换 NAT

【实验目的】

1. 理解 NAT 的转换机制。
2. 理解 NAT 转换表的作用。
3. 了解静态地址转换的原理及作用。
4. 了解动态地址转换的原理及作用。

【实验学时】

建议 2 学时。

【实验环境配置】

该实验采用网络结构二。

【实验原理】

一、地址转换表

NAT 使用转换表来转发报文。它完成了专用地址和外部地址的映射，转换表的基本格式如表 1－9－1 所示（NAT 转换表的具体格式由不同的实现决定）。

表 1－9－1　NAT 转换表基本格式

专用地址	专用端口	外部地址	外部端口	传输协议

专用地址：即内部本地地址，网络内部分配给网上主机的 IP 地址。

专用端口：同内部本地地址一起绑定的端口。

外部地址：即内部全局地址，代替一个或者多个内部本地 IP 地址的、对外的、Internet 上合法的 IP 地址。

外部端口：同内部全局地址一起绑定的端口。

传输协议：报文使用的传输协议。

二、静态地址转换

静态地址转换将内部本地地址与内部合法地址进行一对一的转换，且需要指定和哪个合法地址进行转换。如果内部网络有邮件（E-mail）服务器或文件传输协议（FTP）服务器等可以为外部用户提供的服务，那么这些服务器的 IP 地址必须采用静态地址转换，以便外部用户可以使用这些服务。

三、动态地址转换

动态地址转换也是将本地地址与内部合法地址一对一的转换，但是动态地址转换是从内部合法地址池中动态地选择一个未使用的地址对内部本地地址进行转换。

【实验步骤】

按照拓扑结构图连接网络，使用拓扑验证检查连接的正确性。

练习一　静态地址转换

本练习中主机 B 作为 NAT 服务器（主机 B 的 172.16.1.1 接口连接到 Internet，172.16.0.1 接口连接到内部局域网），主机 A、C、D 作为 Internet 上的主机，主机 E、F 作为内部服务器。

1. 主机 E 启动“开始\程序\网络协议仿真教学系统 通用版\工具\UDP 工具”，作为 UDP 服务器端来监听 2828 端口。

2. 为主机 B 启动静态 NAT 服务，配置方法如下：

(1) 在主机 B 上启动 NAT 服务“nat_config”；

(2) 主机 B 在命令行下使用“nat_config‘172.16.1.1 的接口名’full”命令将 172.16.1.1 接口设置为“公用接口连接到 Internet”。

(3) 主机 B 在命令行下使用“nat_config‘172.16.0.1 的接口名’private”命令将 172.16.0.1 接口设置为“专用接口连接到专用网络”。

(4) 主机 B 在命令行下使用“nat_config‘172.16.1.1 的接口名’addrpool 172.16.1.1 172.16.1.1 255.255.255.0”命令将地址池设置为从 172.16.1.1 到 172.16.1.1（一个地址）。

(5) 主机 B 在命令行下使用“nat_config‘172.16.1.1 的接口名’portmap udp 172.16.1.1 6000 172.16.0.2 2828”命令选择映射 UDP 协议，并添加一个新映射（从 172.16.1.1 6000 到 172.16.0.2 2828）。

3. 主机 B、F 启动协议分析器开始捕获数据并设置过滤条件（提取 UDP 协议）。

4. 主机 A 启动“开始\程序\网络协议仿真教学系统 通用版\工具\UDP 工具”并向主机 B（172.16.1.1）的 6000 端口发送一条数据。

5. 主机 B、F 停止捕获数据，分析捕获到的数据。

●分析主机 B 捕获到的数据，结合静态 NAT 的原理，试填写会话映射表 1-9-2。

表 1-9-2　实验结果

专用地址	专用端口	公用地址

公用端口	远程地址	远程端口

●结合本练习的结果，绘制第 4 步发送的 UDP 数据包在网络中的传输路径图。

6. 主机 B 在命令行下使用"recover_config"命令停止 NAT 服务。

练习二　动态地址转换

本练习中主机 B 作为 NAT 服务器（主机 B 的 172.16.1.1 接口连接到 Internet，172.16.0.1 接口连接到内部局域网），主机 A 作为 Internet 上的服务器，主机 C、D 作为 Internet 上的主机，主机 E、F 作为局域网内部主机。

1. 主机 A 启动"开始\程序\网络协议仿真教学系统 通用版\工具\UDP 工具"，作为 UDP 服务器来监听 2828 端口。

2. 在主机 B 启动动态 NAT 服务，配置方法如下：

（1）在主机 B 上重新启动 NAT 服务"nat_config"。

（2）主机 B 在命令行下使用"nat_config'172.16.1.1 的接口名'full"命令将 172.16.1.1 接口设置为"公用接口连接到 Internet"。

（3）主机 B 在命令行下使用"nat_config'172.16.0.1 的接口名'private"命令将 172.16.0.1 接口设置为"专用接口连接到专用网络"。

（4）主机 B 在命令行下使用"nat_config'172.16.1.1 的接口名'addrpool 172.16.1.1 172.16.1.1 255.255.255.0"命令将地址池设置为从 172.16.1.1 到 172.16.1.1（一个地址）。

3. 主机 B、F 启动协议分析器开始捕获数据，设置过滤条件（提取 UDP 协议）。

4. 主机 F 启动"开始\程序\网络协议仿真教学系统 通用版\工具\UDP 工具"并向主机 A（172.16.1.2）的 2828 端口发送一条数据。

5. 主机 B、F 停止捕获数据，分析主机 B 捕获到的数据。

●分析主机 B 捕获到的数据，结合动态 NAT 的原理，试填写会话映射表 1-9-3。

表 1-9-3　实验结果

专用地址	专用端口	公用地址

公用端口	远程地址	远程端口

6. 主机 C 和主机 D 分别 ping 主机 E（172.16.0.2）的 IP 地址，观察是否 ping 通。

7. 主机 B、F 停止捕获数据，分析捕获到的数据。

结合实验结果，简述动态 NAT 在网络安全上所起到的作用以及在对等通信（在对等通信模型中，对等的双方既可以作为客户端，也可以作为服务器来使用，它们通过直接将数据包发送给对方进行通信，双方均可以主动建立连接）的影响。

8. 主机 B 在命令行下使用“recover_config”命令停止 NAT 服务。

思考与探究

1. 简述 NAT 的作用，列举出使用 NAT 的例子。

2. 试进行一些研究，找出一种使用动态 NAT 可以从外部网络上的主机发起通信的方法。

实验十
超文本传输协议 HTTP

【实验目的】

1. 掌握 HTTP 的报文格式。
2. 掌握 HTTP 的工作原理。
3. 掌握 HTTP 常用方法。

【实验学时】

建议 4 学时。

【实验环境配置】

该实验采用网络结构一。

【实验原理】

一、HTTP 的报文格式

HTTP 的报文格式如图 1－10－1 所示。

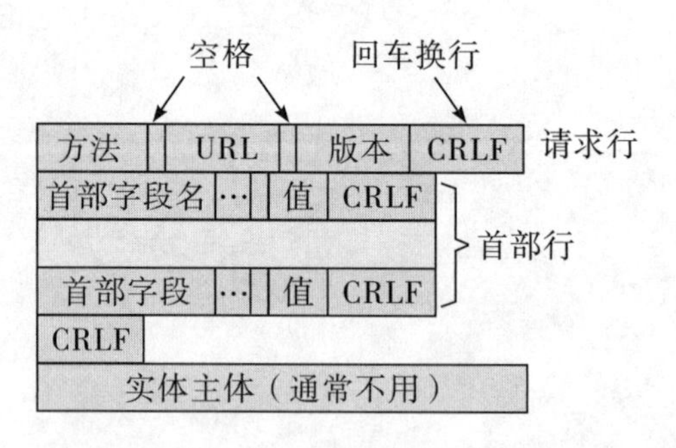

图 1－10－1　HTTP 的报文格式

二、统一资源定位符 URL

URL 是对可以从 Internet 上得到的资源的位置和访问方法的一种简洁表示，也是指明 Internet 上任何种类信息的标准。它定义四种要素：方法、主机、端口和路径（方法：\\ 主机：端口 \ 路径）。

方法：用来读取文档的协议。

主机：存放信息的计算机。万维网页面通常存储在以“www”为起始别名的计算机中。

端口：服务器应用程序的端口号。

路径：信息所存放的路径名。

三、万维网工作过程

万维网工作过程，如图 1－10－2 所示。

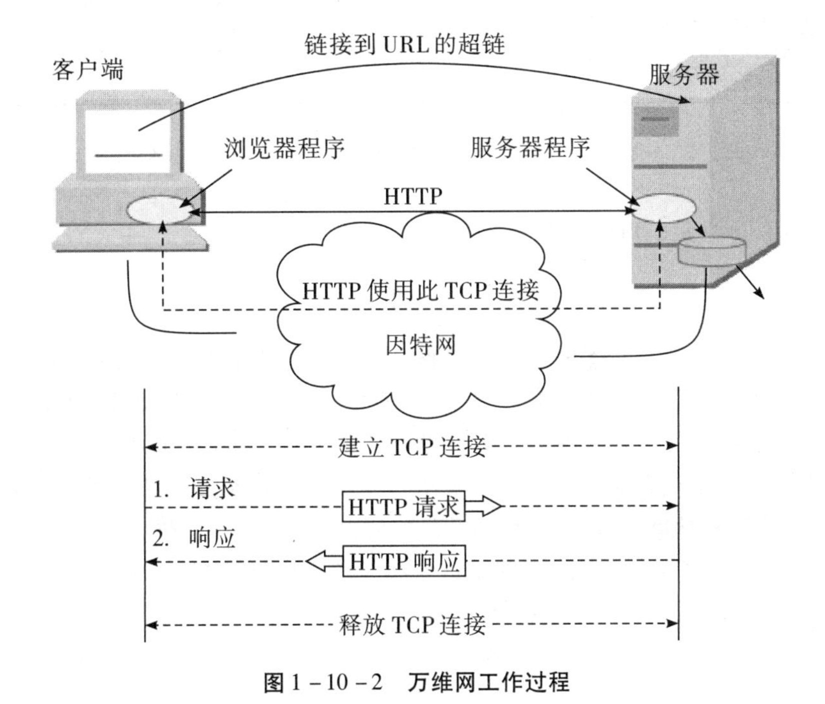

图 1－10－2　万维网工作过程

【实验步骤】

本实验将主机 A 和 B 作为一组，主机 C 和 D 作为一组，主机 E 和 F 作为一组。现仅以主机 A 和 B 为例，说明实验步骤。

按照拓扑结构图连接网络，使用拓扑验证检查连接的正确性。

练习一　页面访问

1. 主机 A 清空 IE 缓存。
2. 主机 B 启动协议分析器开始捕获数据，并设置过滤条件（提取 HTTP 协议）。
3. 主机 A 启动 IE 浏览器，在“地址”框中输入 http://172.16.0.10/experiment，并连接。
4. 主机 B 停止捕获数据，保存会话命令（方法：会话交互视图\单击右键\保存会话命令菜单，保存为 Http1. txt)，分析捕获到的数据，并回答以下问题：

①本练习使用 HTTP 协议的哪种方法？简述这种方法的作用。

②根据本练习的报文内容，填写表 1－10－1。

表 1－10－1　实验结果

主机名	
URL	
服务器类型	
传输文本类型	
访问时间	

③参考“会话分析”视图显示结果，绘制此次访问过程的报文交互图（包括 TCP 协议）。

●简述 TCP 协议和 HTTP 协议之间的关系。

练习二　页面提交

1. 主机 B 启动协议分析器开始捕获数据，并设置过滤条件（提取 HTTP 协议）。

2. 主机 A 启动 IE 浏览器，在“地址”框中输入“http://172.16.0.10/experiment/post.html”，并连接。在返回页面中，填写“用户名”和“密码”，点击“确定”按钮。

3. 主机 B 停止捕获数据，保存会话命令（方法：会话交互视图 \ 单击右键 \ 保存会话命令菜单，保存为 Http2. txt)，分析捕获到的数据，并回答以下问题：

①本练习的提交过程使用 HTTP 协议的哪种方法？简述这种方法的作用。

②此次通信分几个阶段，每个阶段完成什么工作？

③参考“会话分析”视图显示结果，绘制此次提交过程的报文交互图（包括 TCP 协议）。

练习三　获取页面信息

1. 主机 A 启动仿真编辑器，进入“TCP 连接视图”。

2. 主机 B 启动协议分析器开始捕获数据，并设置过滤条件（提取 HTTP 协议）。

3. 主机 A 在“TCP 连接视图”上，设置“服务器信息 \ IP 地址”为服务器 IP (172.16.0.10)；设置“服务器信息 \ 端口”为 80；单击“连接”按钮来和服务器建立连接。

4. 主机 A 在“TCP 连接视图”上，设置“发送数据（文本)”为以下内容：

HEAD/experiment/HTTP/1.1 <CRLF>

Host：172.16.0.10 <CRLF>

<CRLF>

点击“发送”按钮。(注：<CRLF>是回车换行)

5. 主机 A 在“TCP 连接视图”上的“显示数据（文本)”中查看服务器返回信息。

6. 主机 B 停止捕获数据，保存会话命令（方法：会话交互视图\单击右键\保存会话命令菜单，保存为 Http3. txt），分析捕获到的数据。

练习四　较复杂的页面访问

本练习要求主机 A 配置 DNS 服务器（DNS 服务器的 IP 地址即 Linux 服务器的 IP 地址）。

1. 主机 A 使用“ipconfig/flushdns”命令清空 DNS 高速缓存。

2. 主机 B 启动协议分析器开始捕获数据并设置过滤条件（提取 DNS HTTP 协议）。

3. 主机 A 启动 IE 浏览器，在地址框中输入 http://JServer. NetLab/complexpage. htm。

4. 主机 B 停止捕获数据，查看相关会话，保存会话命令（方法：会话交互视图\单击右键\保存会话命令菜单，保存为 Http4. txt），分析捕获到的数据，并回答以下问题：

（1）简述主机 B 捕获到的 DNS 报文在本次通信中所起到的作用。

（2）结合本次实验结果，简述浏览器是如何处理一个访问请求的。

思考与探究

1. 同时打开多个浏览器窗口并访问一个 WEB 站点的不同页面时，系统是根据什么把返回的页面正确地显示到相应窗口的？

2. 一个主页是否只有一个连接？

3. 为什么 HTTP 不保持与客户端的 TCP 连接？

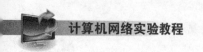

实验十一
路由协议

路由协议是在路由指导 IP 数据包发送过程中事先约定好的规定与标准，路由协议分成静态路由和动态路由。

实验（一）　路由信息协议 RIP

【实验目的】

1. 掌握路由协议的分类，理解静态路由和动态路由。
2. 掌握动态路由协议 RIP 的报文格式、工作原理及工作过程。
3. 掌握 RIP 计时器的作用。
4. 理解 RIP 的稳定性。

【实验学时】

建议 4 学时。

【实验环境配置】

该实验采用网络结构三。

【实验原理】

一、静态路由

静态路由是一种特殊的路由，由网络管理员采用手工方法在路由器中配置而成。这种方法适合在规模较小、路由表也相对简单的网络中使用。它比较简单，容易实现；可以精确控制路由选择，改进网络的性能；减小路由器的开销，为重要的应用保证带宽。但对于大规模的网络而言，如果网络拓扑结构发生改变或网络链路发生故障，用手工的方法配置及修改路由表，给网络管理及维护带来很大困扰。

二、RIPv2 报文格式

RIPv2 报文格式如图 1－11－1 所示。

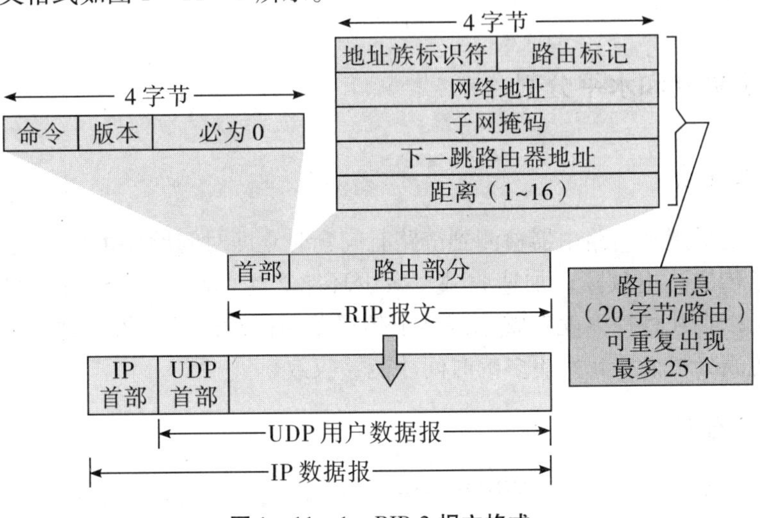

图 1－11－1　RIPv2 报文格式

三、距离矢量算法（DV 算法）

下面是对矢量算法的描述：

收到相邻路由器（其地址为 X）的一个 RIP 报文：

1. 先修改此 RIP 报文中的所有项目：将“下一跳”字段中的地址都改为 X，并将所有的“距离”字段的值加 1。

2. 对修改后的 RIP 报文中的每一个项目，重复如图 1－11－2 所示步骤。

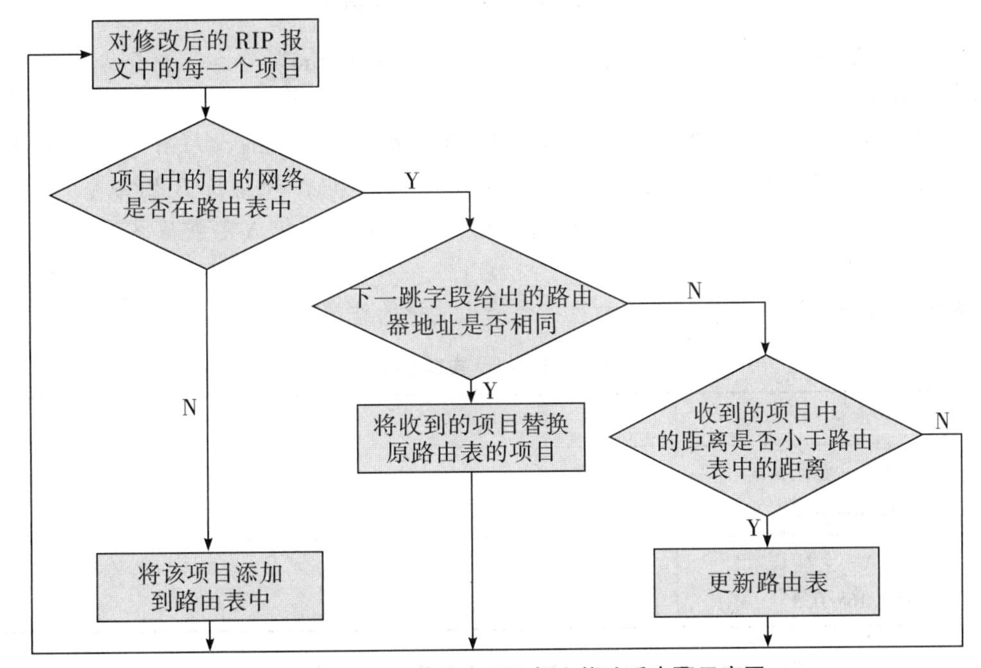

图 1－11－2　DV 算法中 RIP 报文修改后步骤示意图

3. 若3分钟还没有收到相邻路由器的更新路由表，则将此相邻路由器记为不可达的路由器，即将距离设为16。

4. 返回。

四、触发更新和水平分割

（一）触发更新

触发更新的思想是当路由器检测到链路有问题时立即对问题路由进行更新。触发更新的作用是迅速传递路由故障、加速收敛、减少环路产生的机会。如果路由器使用触发更新，那么它可以在几秒钟内就在整个网络上传播路由故障信息，极大地缩短了收敛时间。不采用触发更新，可能要花费更多的时间才能够收敛。

（二）水平分割

路由环路产生的另一个重要原因是不正确的路由信息通过获得这条信息的接口再发送回去，替代了新的正确的路由，这也导致了错误路由信息的循环往复。水平分割的规则是，当向某个网络接口发送RIP更新信息时，不包含从该接口得到的选路信息。这样做的目的是避免路由环路。

【实验步骤】

按照拓扑结构图连接网络，使用拓扑验证检查连接的正确性。

练习一　静态路由与路由表

1. 主机A、B、C、D、E、F在命令行下运行“route print”命令，查看路由表，并回答问题：路由表由哪几项组成？

2. 将主机A的默认网关设为172. 16. 0. 1。用主机A依次ping主机B（192. 168. 0. 2）和主机C（192. 168. 0. 3），观察现象，记录结果。在主机A和主机B的命令行下运行“route print”命令，查看路由表，结合路由信息回答问题：主机A的默认网关在本次练习中起到什么作用？

●记录并分析实验结果，简述为什么会产生这样的结果。

表1－11－1　实验结果

类别	是否ping通	原因
主机A—主机B (192. 168. 0. 2)		
主机A—主机C (197. 168. 0. 3)		

3. 从主机A依次ping主机B（192. 168. 0. 2）、主机E（192. 168. 0. 1）、主机E

(172.16.1.1)，观察现象，记录结果。通过在命令行下运行“route print”命令，查看主机B和主机E路由表。

●结合路由信息记录并分析实验结果，简述为什么会产生这样的结果。

表1-11-2 实验结果

类别	是否ping通	原因
主机A—主机B (192.168.0.2)		
主机A—主机E (192.168.0.1)		
主机A—主机E (172.16.1.1)		

4. 主机B和主机E在命令行下使用“staticroute_config”命令来启动静态路由。

5. (1) 在主机B上，通过在命令行下运行route add命令手工添加静态路由“route add 172.16.1.0 mask 255.255.255.0 192.168.0.1 metric 2”。

(2) 在主机E上，也添加一条静态路由“route add 172.16.0.0 mask255.255.255.0 192.168.0.2 metric 2”。

(3) 从主机A依次ping主机B (192.168.0.2)、主机E (192.168.0.1)、主机E (172.16.1.1)，观察现象，记录结果。

(4) 通过在命令行下运行“route print”命令，查看主机B和主机E路由表。

●结合路由信息，记录并分析实验结果，简述手工添加静态路由在此次通信中所起的作用。

表1-11-3 实验结果

类别	是否ping通	原因
主机A—主机B (192.168.0.2)		
主机A—主机E (192.168.0.1)		
主机A—主机E (172.16.1.1)		

6. 在主机B上，通过在命令行下运行“route delete”命令“route delete 172.16.1.0”；在主机E上，运行“route delete”命令“route delete 172.16.0.0”删除手工添加的静态路由条目。

●简述静态路由的特点以及路由表在路由期间所起到的作用。

练习二　领略动态路由协议 RIPv2

1. 在主机 A、B、C、D、E、F 上启动协议分析器，设置过滤条件（提取 RIP 和 IGMP），开始捕获数据。

2. 主机 B 和主机 E 启动 RIP 协议并添加新接口：

（1）在主机 B 上启动 RIP 协议：在命令行方式下输入“rip_config”。

（2）在主机 E 上启动 RIP 协议：在命令行方式下输入“rip_config”。

（3）添加主机 B 的接口：

添加 IP 为 172.16.0.1 的接口：在命令行方式下输入“rip_config‘172.16.0.1 的接口名’enable”。

添加 IP 为 192.168.0.2 的接口：在命令行方式下输入“rip_config‘192.168.0.2 的接口名’enable”。

（4）添加主机 E 的接口：

添加 IP 为 192.168.0.1 的接口：在命令行方式下输入“rip_config‘192.168.0.1 的接口名’enable”。

添加 IP 为 172.16.1.1 的接口：在命令行方式下输入“rip_config‘172.16.1.1 的接口名’enable”。

3. 主机 B 在命令行方式下，输入“rip_config showneighbor”查看其邻居信息。

主机 E 在命令行方式下，输入“rip_config showneighbor”查看其邻居信息。

4. 通过协议分析器观察报文交互，直到两台主机的路由表达到稳定态。

●如何判定路由表达到稳定态？

●在主机 B、E 上使用“netsh routing ip show rtmroutes”查看路由表，记录稳定状态下主机 B 和主机 E 的路由表条目。

5. 主机 E 在命令行下输入命令“recover_config”，禁用 RIP 协议。观察协议分析器报文交互，并回答问题：

①IGMP 报文在 RIP 交互中所起的作用是什么？

②通过以上 5 步，绘制主机 B 和主机 E 的 RIP 交互图（包括 IGMP 报文）。

练习三　RIP 的计时器

1. 在主机 A、B、C、D、E、F 上重新启动协议分析器，设置过滤条件（提取 RIP），开始捕获数据。

2. 主机 B 和主机 E 重启 RIP 协议并添加新接口（同练习二的步骤 2），同时设置“周期公告间隔”为 20 秒。

（1）在主机 B 命令行方式下，输入“rip_config‘172.16.0.1 的接口名’updatetime 20”“rip_config‘192.168.0.2 的接口名’updatetime 20”。

（2）在主机 E 命令行方式下，输入“rip_config‘192.168.0.1 的接口名’updatetime 20”“rip_config‘172.16.1.1 的接口名’updatetime 20”。

（3）用协议分析器查看报文序列，并回答问题：

①可以将“周期公告间隔”设置为0秒吗？为什么操作系统对“周期公告间隔”有时间上限和时间下限？上限和下限的作用是什么？

②通过协议分析器，计算两个相邻通告报文之间的时间差，是20秒吗？如果不全是，为什么？

3. 将“路由过期前的时间”设置为30秒。

（1）在主机B命令行方式下，输入“rip_config‘172.16.0.1的接口名’expiretime 30”“rip_config‘192.168.0.2的接口名’expiretime 30”。

（2）在主机E命令行方式下，输入“rip_config‘192.168.0.1的接口名’expiretime 30”“rip_config‘172.16.1.1的接口名’expiretime 30”。

（3）禁用主机E的192.168.0.1的网络连接。在30秒内观察主机B的路由条目变化，简述“路由过期计时器”的作用是什么。

4. 恢复主机E的192.168.0.1的网络连接。

练习四　RIP的稳定性

1. 在主机A、B、C、D、E、F上重新启动协议分析器捕获数据，并设置过滤条件(提取RIP)。

2. 主机B和主机E重启RIP协议并添加新接口（同练习二的步骤2），同时去掉“启用水平分割处理”和“启用毒性反转”选项。

（1）主机B在命令行方式下输入“rip_config‘172.16.0.1的接口名’splithorizon disable”“rip_config‘192.168.0.2的接口名’splithorizon disable”。

（2）主机E在命令行方式下输入“rip_config‘192.168.0.1的接口名’splithorizon disable”“rip_config‘172.16.1.1的接口名’splithorizon disable”。

（3）等待一段时间，直到主机B和主机E的路由表达到稳定态。

3. 主机B和主机E在命令行下使用“netsh routing ip show rtmroutes”查看路由表，结合协议分析器上捕获的RIP报文内容：

①记录此时主机B和主机E的路由表条目。

②同练习二中记录的路由表条目作比较，简述发生变化的原因。

4. 主机B和主机E在命令行下输入“recover_cogfig”停止RIP协议。

思考与探究

1. RIP使用UDP，这样做有何优点？

2. 条数限制如何缓解RIP的问题？

3. 试列举RIP的缺点及其相应的补救办法。

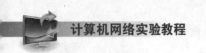

实验（二） 开放式最短路径优先协议 OSPF

【实验目的】

1. 掌握 OSPF 的报文格式。
2. 掌握 OSPF 的工作过程。
3. 了解常见的 LSA 的结构及 LSDB 的结构。

【实验学时】

建议 4 学时。

【实验环境配置】

该实验采用网络结构三。

【实验原理】

一、OSPF 的报文格式

OSPF 的报文格式如图 1－11－3 所示。

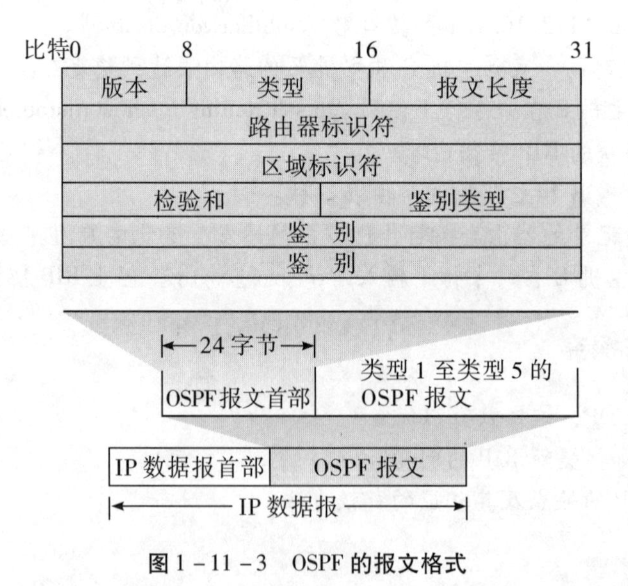

图 1－11－3 OSPF 的报文格式

二、OSPF 的工作过程

OSPF 的工作过程如图 1－11－4 所示。

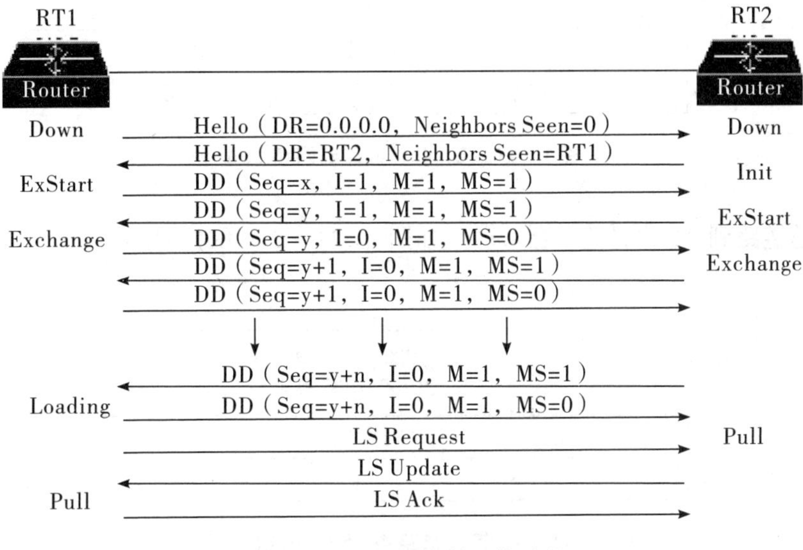

图 1－11－4　OSPF 的工作过程

三、OSPF 链路状态公告类型

1．路由器链路 LSA（如图 1－11－5 所示）：用来通知路由器所有链路。

链路状态首部				
保留	E	B	保留	链路数
链路 ID				
链路数据				
链路类型		TOS 数		TOS 的度量 0
TOS		保留		度量

重复

重复的

图 1－11－5　路由器链路 LSA

2．路由链路 LSA（如图 1－11－6 所示）：用来宣布连接到某个网络上的链路。

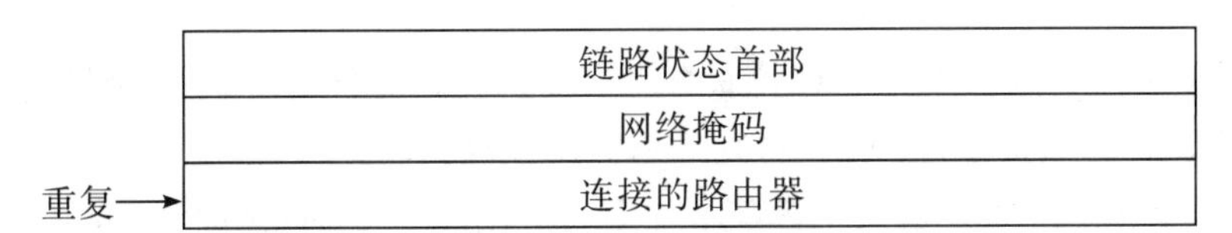

链路状态首部
网络掩码
连接的路由器

重复

图 1－11－6　路由链路 LSA

3. 汇总链路到网络 LSA（如图 1－11－7 所示）：用来宣布这个区域外的其他网络的存在。

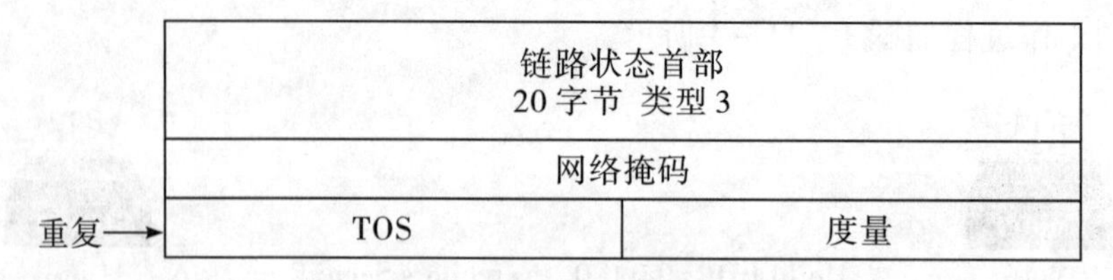

图 1－11－7 汇总链路到网络 LSA

4. 汇总链路到 AS 边界路由器 LSA（如图 1－11－8 所示）：用来宣布到 AS 边界路由器的路由。

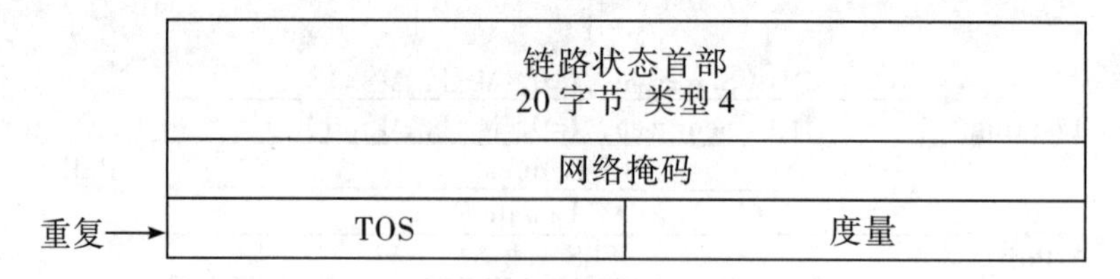

图 1－11－8 汇总链路到 AS 边界路由器 LSA

5. 外部链路 LSA（如图 1－11－9 所示）：用来宣布在 AS 外部的所有网络。

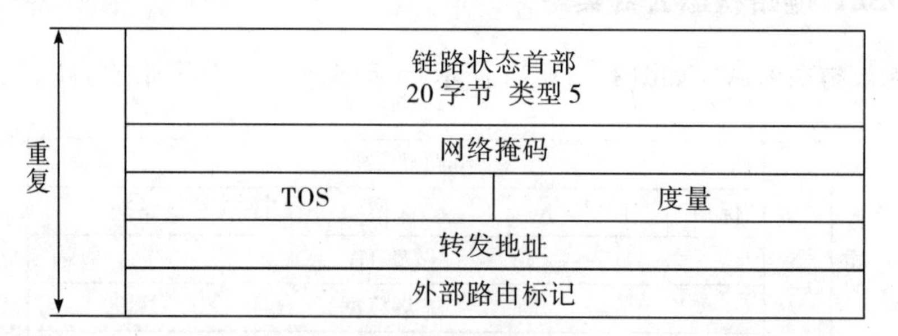

图 1－11－9 外部链路 LSA

【实验步骤】

按照拓扑结构图连接网络，使用拓扑验证检查连接的正确性。

练习一 分析 OSPF 报文，理解 OSPF 工作过程

1. 主机 C 启动协议分析器开始捕获数据，并设置过滤条件（提取 OSPF 协议）。

2. 主机 B 和主机 E 启动 OSPF 协议并添加新接口：

（1）主机 B 启动 OSPF 协议：在命令行方式下，输入“ospf_config routerid 1. 1. 1. 1”。

（2）主机 E 启动 OSPF 协议：在命令行方式下，输入“ospf_config routerid 2. 2. 2. 2”。

(3) 添加主机B的接口:

添加IP为192.168.0.2的接口:在命令行方式下输入“ospf_config interface ‘192.168.0.2的接口名’ 0.0.0.0 192.168.0.2 255.255.255.0”。

(4) 添加主机E的接口:

添加IP为192.168.0.1的接口:在命令行方式下输入“ospf_confi ginterface ‘192.168.0.1的接口名’ 0.0.0.0 192.168.0.1 255.255.255.0”。

3. 观察主机B、E的OSPF的相关信息,宏观了解该路由器的基本信息:

(1) 在命令行方式下,通过输入“ospf_config showarea”查看区域信息。

(2) 在命令行方式下,通过输入“ospf_config showlsdb”查看链路状态数据库信息。

(3) 在命令行方式下,通过输入“ospf_config showneighbor”查看邻居信息。

4. 观察路由表,如果出现了OSPF路由,则路由表达到稳定态,表明两台路由器成功建立邻居关系并交换路由信息。

●在命令行下输入“netsh routing ip show rtmroutes”命令,分析主机B和主机E的路由表条目。

5. 查看主机C、D捕获的数据,分析OSPF的5种协议报文,理解OSPF的工作过程。

(1) Hello报文。

●在会话分析中找到“192.168.0.2—224.0.0.5”会话,观察该会话的第一个报文B_PKT1,填写表1-11-4。

找出第一个含有字段“邻站IP地址”的报文B_PKT2,填写表1-11-4。

找出第一个字段“指定路由器IP地址”的值不为0.0.0.0报文B_PKT3,填写表1-11-4。

在会话分析中找到“192.168.0.1—224.2.2.5”会话,观察该会话的第一个报文E_PKT1,填写表1-11-4。

找出第一个含有字段“邻站IP地址”的报文E_PKT2,填写表1-11-4。

找出第一个字段“指定路由器IP地址”的值不为0.0.0.0报文E_PKT3,填写表1-11-4。

表1-11-4 实验结果

192.168.0.2—224.0.0.5会话							
分类	类型	路由器ID	区域ID	路由器优先级	选举路由器IP地址	备份选举路由器IP地址	邻站IP地址(若有)
B_PKT1							
B_PKT2							
B_PKT3							
E_PKT1							
E_PKT2							
E_PKT3							

依据基础理论和表1-11-4填写的数据，回答下面的问题：

①Hello 报文的作用是什么？

②路由器间的邻接关系是怎样建立的？

③指定路由器（DR）、备份指定路由器（BDR）是怎样选举出来的？

（2）Database Description 报文。

逐个观察 Database Description 报文，注意字段“初始化标识”“更多标识”“主/从位”“报文序号”的变化情况，并回答以下问题：

①Database Description 报文的作用是什么？

②路由器间的主从关系是怎样确定的？

③OSPF 是通过什么方式确保数据的正确传输？

（3）Link-State Request 报文。

观察字段“链路状态类型”“链路状态 ID”“发送通过的路由器”的值，并回答问题：Link-State Request 报文的作用是什么？

（4）Link-State Update 报文。

观察该报文各字段的值及 LSA 信息。

①Link-State Update 报文的作用是什么？

②该报文是怎样描述其他路由器信息的？

（5）Link-State Acknowledge 报文。

观察该报文各字段的值及 LSA 信息，并回答问题：Link-State Acknowledge 报文的作用是什么？

6. 结合上面对报文的分析结果，绘制 OSPF 工作过程示意图。

7. 主机 B 和主机 E 在命令行下输入“recover_config”命令，停止 OSPF 协议。

练习二　分析 LSA、LSDB，理解 LSA 的作用

1. 主机 A、C、D、F 启动协议分析器进行数据捕获并设置过滤条件（提取 OSPF 协议）。

2. 主机 B、E 启动 OSPF 协议、添加接口并进行区域划分（主机 B 为区域 0 和区域 1 的边界路由器，主机 E 为区域 1 内的路由器）。

（1）主机 B、E 启动 OSPF 协议：

主机 B 在命令行方式下，输入“ospf_config routerid 2. 2. 2. 2”。

主机 E 在命令行方式下，输入“ospf_config routerid 3. 3. 3. 3”。

（2）进行区域划分：

主机 B 在命令行方式下，输入“ospf_config area 0. 0. 0. 0 172. 16. 0. 0 255. 255. 255. 0”“ospf_config area 1. 1. 1. 1 192. 168. 0. 0 255. 255. 255. 0”。

主机 E 在命令行方式下，输入“ospf_config area 1. 1. 1. 1 192. 168. 0. 0 255. 255. 255. 0”“ospf_config area 1. 1. 1. 1 172. 16. 1. 0 255. 255. 255. 0”。

（3）添加接口：

添加主机 B 的接口：

添加IP为172.16.0.1的接口：在命令行方式下输入“ospf_config interface ‘172.16.0.1的接口名’ 0.0.0.0 172.16.0.1 255.255.255.0”。

添加IP为192.168.0.2的接口：在命令行方式下输入“ospf_config interface ‘192.168.0.2的接口名’ 1.1.1.1 192.168.0.2 255.255.255.0”。

添加主机E的接口：

添加IP为192.168.0.1的接口：在命令行方式下输入“ospf_config interface ‘192.168.0.1的接口名’ 1.1.1.1 192.168.0.1 255.255.255.0”。

添加IP为172.16.1.1的接口：在命令行方式下输入“ospf_config interface ‘172.16.1.1的接口名’ 1.1.1.1 172.16.1.1 255.255.255.0”。

3. 查看捕获的数据，在链路状态（LSA）类型为1、2、3的报文中任取一个，分析这些链路状态的结构及作用，填写表1-11-5。

表1-11-5 实验结果

类别	生产者	所描述的路由	传递范围
类型1（路由器）			
类型2（网络）			
类型3（网络摘要）			

4. 主机B、E在命令行方式下，通过输入“ospf_config showlsdb”查看每个路由器的链路状态数据库信息，验证对报文的分析的结果。

5. 主机B和主机E在命令行下输入“recover_config”命令，停止OSPF协议。

思考与探究

1. OSPF使用IP，这样做有何优点？在Database Description报文中，OSPF是通过什么方式确保数据的正确传输？

2. 为什么OSPF报文比RIP报文传播得更快？

实验十二
网络攻防

网络攻防分为网络攻击和网络防御。网络攻击利用网络存在的漏洞和安全缺陷对网络系统的硬件、软件及系统中的数据进行攻击。网络防御是指致力于解决诸如如何有效进行介入控制，以及如何保证数据传输安全性的技术手段。

实验（一） ARP 地址欺骗

【实验目的】

1. 加深对 ARP 高速缓存的理解。
2. 了解 ARP 协议的缺陷。
3. 增强网络安全意识。

【实验学时】

建议 2 学时。

【实验环境配置】

该实验采用网络结构二。

【实验原理】

ARP 表是 IP 地址和 MAC 地址的映射关系表，任何实现了 IP 协议栈的设备，一般情况下都通过该表维护 IP 地址和 MAC 地址的对应关系，这避免了 ARP 解析而造成的广播数据报文对网络的冲击。ARP 表的建立一般情况下是通过两种途径：

1. 主动解析，如果一台计算机想与另外一台不知道 MAC 地址的计算机通信，则该计算机主动发 ARP 请求，通过 ARP 协议建立（前提是这两台计算机位于同一个 IP 子网上）。

2. 被动请求，如果一台计算机接收到了一台计算机的 ARP 请求，则首先在本地建立请求计算机的 IP 地址和 MAC 地址的对应表。

因此，针对 ARP 表项，一个可能的攻击就是误导计算机建立正确的 ARP 表。根据 ARP 协议，如果一台计算机接收到了一个 ARP 请求报文，则在满足下列两个条件的情况下，该计算机会用 ARP 请求报文中的源 IP 地址和源 MAC 地址更新自己的 ARP 缓存：

1. 如果发起该 ARP 请求的 IP 地址在自己本地的 ARP 缓存中。
2. 请求的目标 IP 地址不是自己的。

可以举一个例子说明这个过程，假设有三台计算机 A、B、C，其中 B 已经正确建立了

A 和 C 计算机的 ARP 表项。假设 A 是攻击者，此时，A 发出一个 ARP 请求报文，该 ARP 请求报文这样构造：

1. 源 IP 地址是 C 的 IP 地址，源 MAC 地址是 A 的 MAC 地址。
2. 请求的目标 IP 地址是 B 的 IP 地址。

这样计算机 B 在收到这个 ARP 请求报文后（ARP 请求是广播报文，网络上所有设备都能收到），发现 B 的 ARP 表项已经在自己的缓存中，但 MAC 地址与收到的请求的源 MAC 地址不符，于是根据 ARP 协议，使用 ARP 请求的源 MAC 地址（即 A 的 MAC 地址）更新自己的 ARP 表。

这样 B 的 ARP 缓存中就存在这样的错误 ARP 表项：C 的 IP 地址跟 A 的 MAC 地址对应。这样的结果是，B 发给 C 的数据都被计算机 A 接收到。

【背景描述】

流经主机 A 和主机 C 的数据包被主机 D 使用 ARP 欺骗进行截获和转发。

流经主机 E（172.16.0.2 接口）和主机 F 的数据包被主机 B（172.16.0.1 接口）使用 ARP 欺骗进行截获和转发。

【实验步骤】

按照拓扑结构图连接网络，使用拓扑验证检查连接的正确性。

本练习将主机 A、C 和 D 作为一组，主机 B、E、F 作为一组。现仅以主机 A、C 和 D 为例说明试验步骤（由于两组使用的设备不同，采集到的数据包不完全相同）。

练习　ARP 地址欺骗

1. 主机 A 和主机 C 使用“arp　-a”命令查看并记录 ARP 高速缓存。
2. 主机 A、C 启动协议分析器开始捕获数据并设置过滤条件（提取 ARP 协议和 ICMP 协议）。
3. 主机 A ping 主机 C。观察主机 A、C 上捕获到的 ICMP 报文，记录 MAC 地址。
4. 主机 D 启动仿真编辑器向主机 A 编辑 ARP 请求报文（暂时不发送）。其中：

MAC 层：

源 MAC 地址：主机 D 的 MAC 地址。

目的 MAC 地址：主机 A 的 MAC 地址。

ARP 层：

源 MAC 地址：主机 D 的 MAC 地址。

源 IP 地址：主机 C 的 IP 地址。

目的 MAC 地址：000000 - 000000。

目的 IP 地址：主机 A 的 IP 地址。

5. 主机 D 向主机 C 编辑 ARP 请求报文（暂时不发送）。其中：

MAC 层：

源 MAC 地址：主机 D 的 MAC 地址。

目的 MAC 地址：主机 C 的 MAC 地址。

ARP 层：

源 MAC 地址：主机 D 的 MAC 地址。

源 IP 地址：主机 A 的 IP 地址。

目的 MAC 地址：000000－000000。

目的 IP 地址：主机 C 的 IP 地址。

6. 同时发送第 4 步和第 5 步所编辑的数据包。

【注意】为防止主机 A 和主机 C 的 ARP 高速缓存表被其他未知报文更新，可以定时发送数据包（例如：每隔 500 ms 发送一次）。

7. 观察并记录主机 A 和主机 C 的 ARP 高速缓存表。

8. 在主机 D 上启动静态路由服务（方法：在命令行方式下输入“staticroute_config”），目的是实现数据转发。

9. 主机 D 禁用 ICMP 协议。

（1）在命令行下输入“mmc”，启动微软管理控制台，如图 1－12－1 所示。

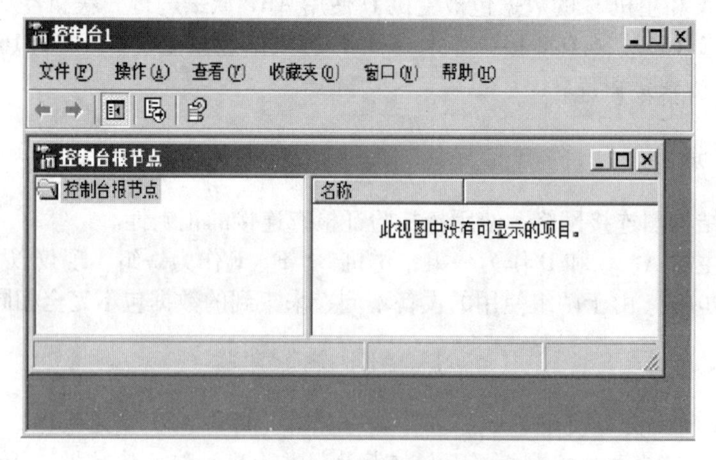

图 1－12－1　启动微软管理控制台

（2）导入控制台文件。

单击“文件（F）\ 打开（O）...”菜单项来打开“c：\ WINNT \ system32 \ IPSecPolicy \ stopicmp. msc”，如图 1－12－2 所示。

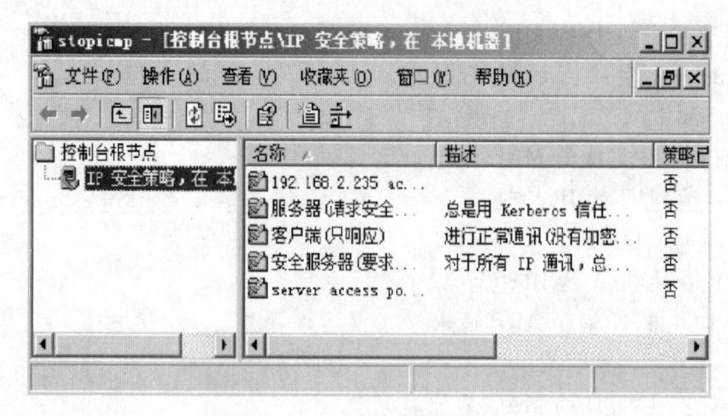

图 1－12－2　导入控制台文件

(3) 导入策略文件。

单击“操作 (A) \ 所有任务 (K) \ 导入策略 (I)...”菜单项来打开“c: \ WINNT \ system32 \ IPSecPolicy \ stopicmp. ipsec”。此命令执行成功后，在策略名称列表中会出现“禁用 ICMP”项，如图 1－12－3 所示。

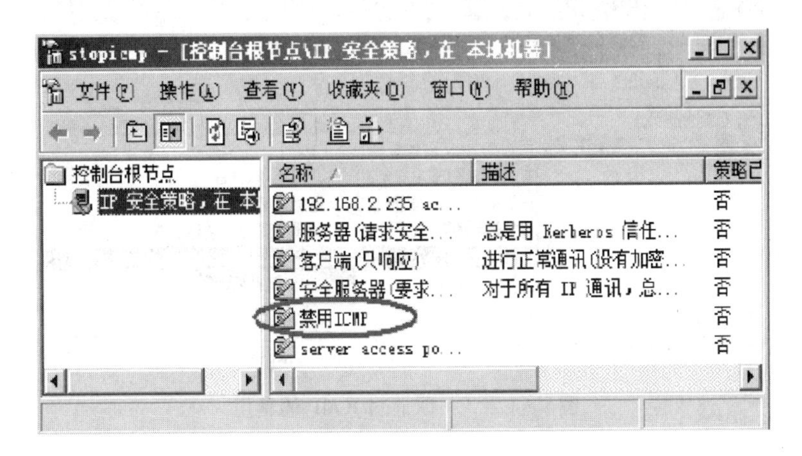

图 1－12－3　导入策略文件

(4) 启动策略。

用鼠标选中“禁用 ICMP”项，单击右键，选择“指派 (A)”菜单项，如图 1－12－4 所示。

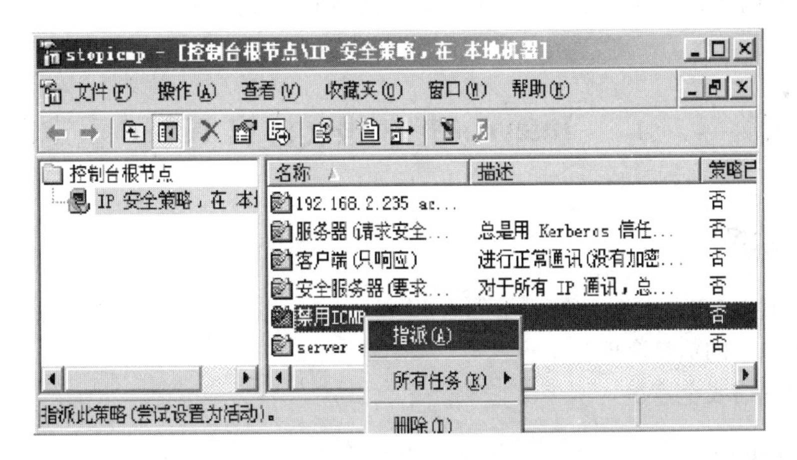

图 1－12－4　启动策略

10. 主机 A ping 主机 C (“ping 主机 C 的 IP 地址-n1”)。

11. 主机 A、C 停止捕获数据，分析捕获到的数据，并回答以下问题：

①主机 A、C 捕获到的 ICMP 数据包的源 MAC 地址和目的 MAC 地址是什么？

②结合主机 A 和主机 C 捕获到的数据包，绘制出第 8 步发送的 ICMP 数据包在网络中的传输路径图。

12. 主机D取消对ICMP的禁用。

在微软管理控制台（mmc）上，用鼠标选中“禁用ICMP”项，单击右键，选择“不指派（U）”菜单项，如图1-12-5所示。

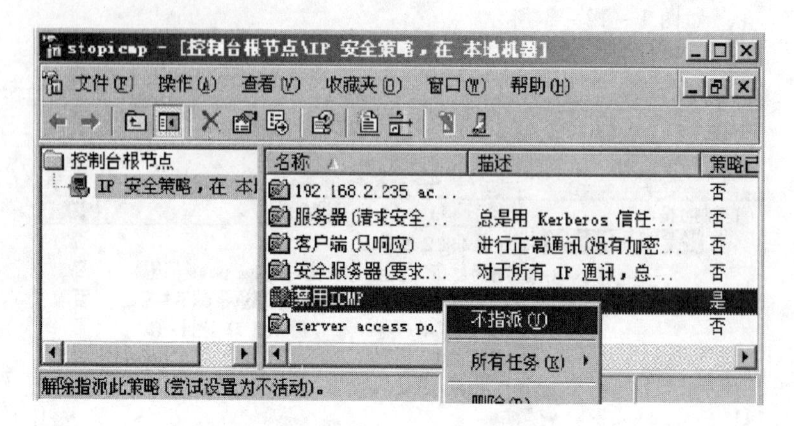

图1-12-5 取消对ICMP的禁用

思考与探究

在主机A上使用“arp -s 主机C的IP 主机C的MAC”命令，在主机C上使用“arp -s 主机A的IP 主机A的MAC”命令，分别为主机A和主机C添加一条静态ARP高速缓存条目，ARP欺骗是否还能成功？你认为添加静态ARP高速缓存条目能从根本上解决ARP欺骗吗？

实验（二） Internet控制报文协议ICMP重定向

【实验目的】

1. 加深对ICMP协议的理解。
2. 了解简单的信息窃取技术。
3. 增强网络安全意识。

【实验学时】

建议2学时。

【实验环境配置】

该实验采用网络结构二。

【实验原理】

在 Internet 上，主机数量要比路由器多许多，为了提高效率，主机都不参与路由选择过程。主机通常使用静态路由选择。当主机开始联网时，其路由表中的项目数很有限，通常只知道默认路由的 IP 地址。因此主机可能会把某数据发送到一个错误的路由，而该数据本应该发送给另一个网络的。在这种情况下，收到该数据的路由器会把数据转发给正确的路由器，同时，它会向主机发送 ICMP 重定向报文，来改变主机的路由表。

路由器发送 ICMP Redirect 消息给主机来指出存在一个更好的路由。ICMP Redirect 数据包使用表 1－12－1 中显示的结构。当 IP 数据报应该被发送到另一个路由器时，收到数据报的路由器就要发送 ICMP 重定向差错报文给 IP 数据报的发送端。ICMP 重定向报文的接收者必须查看三个 IP 地址：

1. 导致重定向的 IP 地址（即 ICMP 重定向报文的数据位于 IP 数据报的首部）。
2. 发送重定向报文的路由器的 IP 地址（包含重定向信息的 IP 数据报中的源地址）。
3. 应该采用的路由器的 IP 地址（在 ICMP 报文中的 4～7 字节），如表 1－12－1 所示。

表 1－12－1 路由器的 IP 地址结构

类型＝5	代码＝0～3	检验和
应该使用的路由器 IP 地址		
IP 首部（包括选项）＋原始 IP 数据报中数据的前 8 字节		

代码为 0：路由器可以发送这个 ICMP 消息来指出有一个到达目标网络的更好方法。

代码为 1：路由器可以发送这个 ICMP 消息来指出有一个到达目标主机的更好方法。

代码为 2：路由器可以发送这个 ICMP 消息来指出有一个更好的方法到达使用所希望的 TOS 目标网络。

代码为 3：路由器可以发送这个 ICMP 消息来指出有一个更好的方法到达使用所要求的 TOS 的目标主机。

【背景描述】

主机 A、C、D 属 172.16.1 网段，主机 E、F 属 172.16.0 网段，主机 B 作为路由器连接 172.16.1 与 172.16.0 网段，正常情况下主机 A 和主机 E 可以通过路由器 B 通信，现在主机 C 的使用者要窃取主机 A 和主机 E 之间的通信数据。

【实验步骤】

按照拓扑结构图连接网络，使用拓扑验证检查连接的正确性。

练习 利用 ICMP 重定向进行信息窃取

1. 主机 A 启动 ICMP 重定向功能，在命令行方式下输入“icmpredirect_config enable”。
2. 主机 B 启动静态路由服务，在命令行方式下输入“staticroute_config”。

3. 主机A、B、D、E、F启动协议分析器开始捕获数据并设置过滤条件（提取ICMP协议）。

4. 主机A ping主机E（172.16.0.2），查看主机A、B、D、E、F捕获到的数据。

●通过此ICMP及其应答报文的MAC地址，绘制其在网络中的传输路径图。

5. 主机C模拟主机B身份（172.16.1.1）编辑向主机A发送的ICMP重定向报文，其中：

MAC层：

源MAC地址：主机C的MAC地址。

目的MAC地址：主机A的MAC地址。

IP层：

源IP地址：主机B的IP地址（172.16.1.1）。

目的IP地址：主机A的IP地址（172.16.1.2）。

ICMP层：

类型：5。

代码：1。

网关地址：主机C的IP地址（172.16.1.3）。

ICMP数据：伪造的主机A向主机E发送的ping请求报文的一部分（包括整个IP首部和数据的前8个字节）。

【注意】为防止主机A的路由表被其他未知数据包更新，可以定时发送此报文（例如：每隔500 ms发送一次）。

6. 查看主机A的路由表发现一条到主机E的直接路由信息，其网关是主机C的IP地址172.16.1.3。

7. 在主机C上启动静态路由服务（方法：在命令行方式下，输入“staticroute_config”），并添加一条静态路由条目（方法：在命令行方式下，输入“route add 172.16.0.0 mask 255.255.255.0 172.16.1.1 metric 2”），目的是实现数据转发。

8. 主机C禁用ICMP协议。

(1) 在命令行下输入“mmc”，启动微软控制台，如图1-12-6所示。

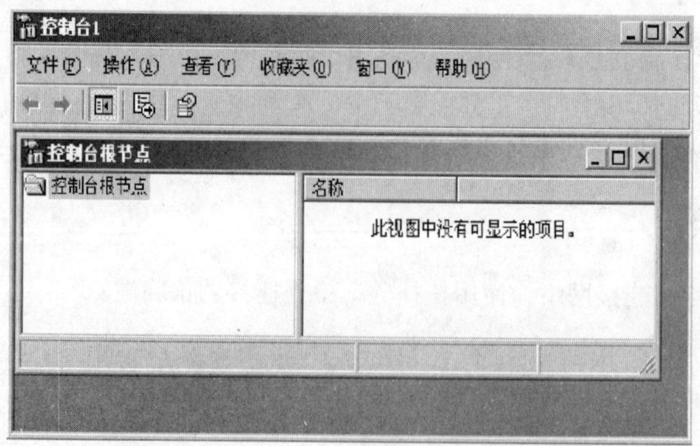

图1-12-6 启动微软控制台

(2) 导入控制台文件，如图 1－12－7 所示。

单击“文件 (F) \ 打开 (O) …”菜单项来打开“c: \ WINNT \ system32 \ IPSecPolicy \ stopicmp. msc”。

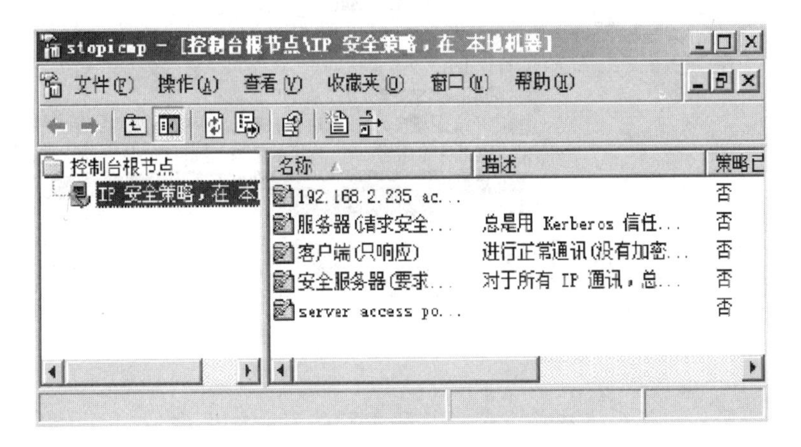

图 1－12－7　导入控制台文件

(3) 导入策略文件，如图 1－12－8 所示。

单击“操作 (A) \ 所有任务 (K) \ 导入策略 (I) …”菜单项来打开“c: \ WINNT \ system32 \ IPSecPolicy \ stopicmp. ipsec”。此命令执行成功后，在策略名称列表中会出现“禁用 ICMP”项。

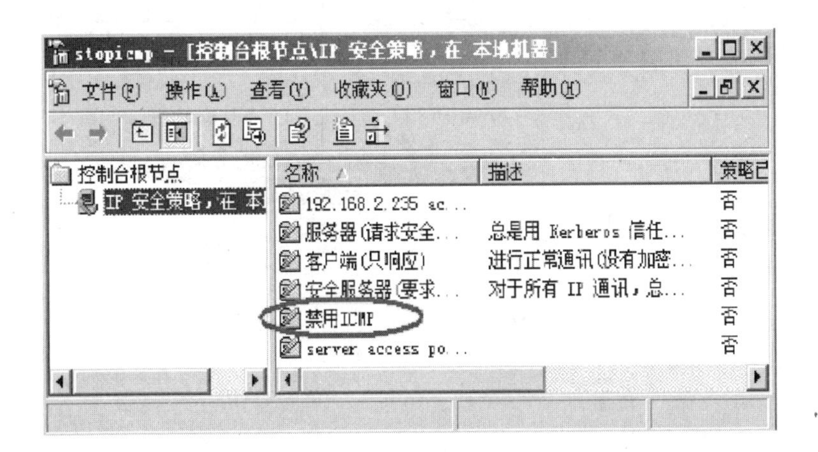

图 1－12－8　导入策略文件

(4) 启动策略文件，如图 1－12－9 所示。

用鼠标选中“禁用 ICMP”项，单击右键，选择“指派 (A)”菜单项。

9. 主机 A ping 主机 E (172.16.0.2)，查看主机 A、B、D、E、F 捕获到的数据。

(1) 通过此 ICMP 及其应答报文的 MAC 地址，绘制其在网络中的传输路径图。

(2) 比较两次 ICMP 报文的传输路径，简述 ICMP 重定向报文的作用。

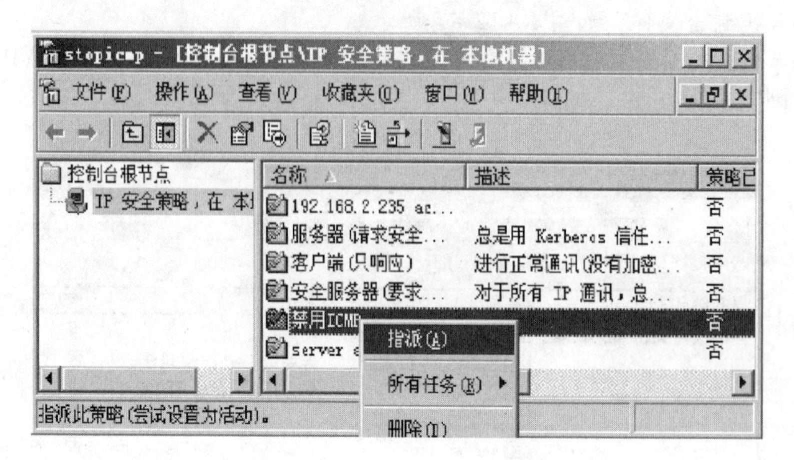

图 1-12-9　启动策略文件

(3) 简述第 5 步和第 6 步在信息窃取过程中所起到的作用。

10. 主机 C 取消对 ICMP 的禁用，如图 1-12-10 所示。

在微软控制台（mmc）上，用鼠标选中“禁用 ICMP”项，单击右键，选择“不指派(U)”菜单项。

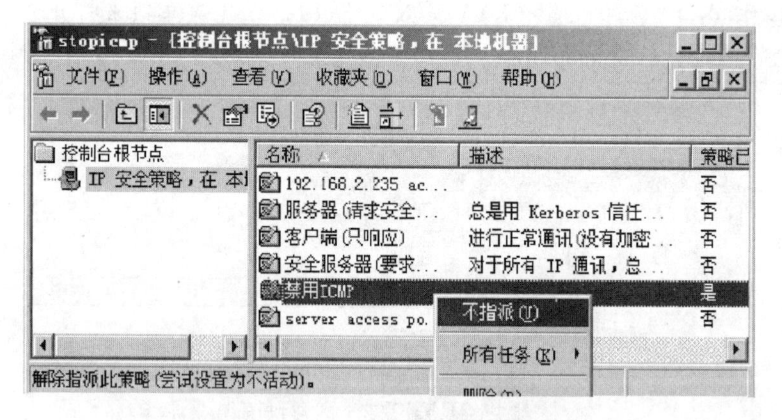

图 1-12-10　取消对 ICMP 的禁用

11. 主机 C 在命令行下输入“recover_config”，停止 OSPF 协议。

思考与探究

通过实验，实现了将主机 A 发送到主机 E 的数据经过主机 C 转发，那么主机 C 如何操作才能使主机 E 到主机 A 的数据也经过主机 C 转发？

实验（三）　TCP 与 UDP 端口扫描

【实验目的】

1. 了解常用的 TCP、UDP 端口扫描的原理及其各种手段。
2. 增强网络安全意识。

【实验学时】

建议 4 学时。

【实验环境配置】

该实验采用网络结构一。

【实验原理】

一、TCP/UDP 报文头格式

UDP 报文格式见实验四（用户数据报协议 UDP），TCP 报文格式见实验五（传输控制协议 TCP）实验原理。在 TCP 首部中 6 个标志位的用法依次为：

URG 紧急指针（urgent pointer）有效。

ACK 确认序号有效。

PSH 接收方应该尽快将这个报文段交给应用层。

RST 重建连接。

SYN 同步序号用来发起一个连接。

FIN 发送端完成发送任务。

二、ICMP 端口不可达报文

ICMP 端口不可达报文格式是类型域为 3，代码域为 3。它是 ICMP 目的不可达报文的一种。

三、TCP connect（ ）扫描

这种方法最简单，直接连到目标端口并完成一个完整的三次握手过程（SYN，SYN/ACK 和 ACK）。操作系统提供的“connect（ ）”函数完成系统调用，用来与每一个感兴趣的目标计算机的端口进行连接。如果端口处于侦听状态，那么“connect（ ）”函数就能成功。否则，这个端口是不能用的，即没有提供服务。该技术的一个最大优点是不需要任何权限，系统中的任何用户都有权利使用这个调用；另一个好处是速度。如果对每个目标端

口以线性的方式，使用单独的“connect（ ）”函数调用，那么将会花费相当长的时间；如果通过同时打开多个套接字，就会加速扫描。使用非阻塞I/O允许设置一个低的时间用尽周期，同时观察多个套接字。

但这种方法的缺点是很容易被发觉，并且很容易被过滤掉。目标计算机的日志文件会显示一连串的连接和连接出错的服务消息，目标计算机用户发现后就能很快使它关闭。

四、TCP SYN扫描

这种技术也叫“半开放式扫描”（half-open scanning），因为它没有完成一个完整的TCP协议连接。这种方法向目标端口发送一个SYN分组（packet），如果目标端口返回SYN/ACK标志，那么可以肯定该端口处于监听状态；否则，返回的是RST/ACK标志。这种方法比第一种更具隐蔽性，可能不会在目标系统中留下扫描痕迹。但这种方法的一个缺点是，必须要有root权限才能建立自己的SYN数据包。

五、UDP端口扫描

这种方法向目标端口发送一个UDP协议分组。如果目标端口以“ICMP port unreachable”消息响应，那么说明该端口是关闭的；反之，如果没有收到“ICMP port unreachable”响应消息，则可以肯定该端口是打开的。由于UDP协议是面向无连接的协议，因此这种扫描技术的精确性高度依赖于网络性能和系统资源。另外，如果目标系统采用了大量分组过滤技术，那么UDP协议扫描过程会变得非常慢。如果你想对Internet进行UDP协议扫描，那么你不能指望得到可靠的结果。

【实验步骤】

按照拓扑结构图连接网络，使用拓扑验证检查连接的正确性。

本练习将主机A和B作为一组，主机C和D作为一组，主机E和F作为一组。现仅以主机A和B为例，说明实验步骤。

练习一 TCP Connect（ ）扫描

1. 在主机B上启动协议分析器开始捕获数据，并设置过滤条件（提取TCP协议）。

2. 在主机A上使用TCP连接工具，扫描主机B的某一端口：

（1）主机A上填入主机B的IP、主机B的某开放端口号，点击“连接”按钮进行连接。

（2）观察提示信息，是否连接上。

（3）主机A点击“断开”按钮断开连接。

（4）主机A使用主机B的某一未开放的端口重复以上实验步骤。

3. 查看主机B捕获的数据，分析连接成功与失败的数据包的差别。

●结合捕获数据的差别，说明TCP Connect（ ）扫描的实现原理。

练习二　TCP SYN 扫描

1. 在主机 A 上使用端口扫描来获取主机 B 的 TCP 活动端口列表（扫描端口范围设置为 0 ~ 65535）。

2. 在主机 B 上启动协议分析器开始捕获数据，并设置过滤条件（提取 TCP 协议）。

3. 主机 A 编辑 TCP 数据包：

MAC 层：

目的 MAC 地址：B 的 MAC 地址。

源 MAC 地址：A 的 MAC 地址。

IP 层：

源 IP 地址：A 的 IP 地址。

目的 IP 地址：B 的 IP 地址。

TCP 层：

源端口：A 的未用端口（大于 1024）。

目的端口：B 的开放的端口（建议不要选择常用端口）。

标志 SYN 置为 1，其他标志置为 0。

计算“长度”和“校验和”字段并填充。

4. 发送主机 A 编辑好的数据包。

5. 修改主机 A 编辑的数据包（将目的端口置为主机 B 上未开放的 TCP 端口），将其发送。

6. 查看主机 B 捕获的数据，找到主机 A 发送的两个数据包对应的应答包。分析两个应答包的不同之处，说明 TCP SYN 扫描的实现原理。

练习三　UDP 端口扫描

1. 在主机 B 上使用命令“netstat-a”，显示本机可用的 TCP、UDP 端口。注意通过此命令，会得到一个 UDP 开放端口列表，同学可以在 UDP 开放端口列表中任选一个来完成此练习。下面以 microsoft-ds（445）端口为例，说明练习步骤。

2. 在主机 B 上启动协议分析器进行数据捕获并设置过滤条件（提取主机 A 的 IP 和主机 B 的 IP）。

3. 主机 A 编辑 UDP 数据包：

MAC 层：

目的 MAC 地址：B 的 MAC 地址。

源 MAC 地址：A 的 MAC 地址。

IP 层：

源 IP 地址：A 的 IP 地址。

目的 IP 地址：B 的 IP 地址。

UDP 层：

源端口：A 的可用端口。

目的端口：B 开放的 UDP 端口 445。

计算“长度”和“校验和”字段并填充。

4. 发送主机 A 编辑好的数据包。

5. 修改主机 A 编辑的数据包（将目的端口置为主机 B 上未开放的 UDP 端口），将其发送。

6. 查看主机 B 捕获的数据，并回答以下问题：

①主机 A 发送的数据包，哪个主机收到目的端口不可达的 ICMP 数据报文？

②这种端口扫描的原理是什么？

③使用这种端口扫描得到的结果准确吗？说明理由。

思考与探究

根据各种端口扫描的原理，设计出不同端口扫描的预防措施。

实验（四）　路由欺骗

【实验目的】

1. 了解针对 RIP 协议的攻击方式及原理。
2. 理解 RIPv2 的安全属性。
3. 增强网络安全意识。

【实验学时】

建议 2 学时。

【实验环境配置】

该实验采用网络结构三。

【实验原理】

针对 RIP 协议的攻击方式及原理。

RIP 协议是通过周期性（一般情况下为 30 s）的路由更新报文来维护路由表的，一台运行 RIP 路由协议的路由器，如果从一个接口上接收到了一个路由更新报文，它就会分析其中包含的路由信息，并与自己的路由表进行比较，如果该路由器认为这些路由信息比自己所掌握的要有效，它便把这些路由信息引入自己的路由表中。

这样如果一个攻击者向一台运行 RIP 协议的路由器发送了人为构造的带破坏性的路由更新报文，就很容易把路由器的路由表搞紊乱，从而导致网络中断。

如果运行 RIP 路由协议的路由器启用了路由更新信息的 HMAC 验证，则可从很大程度上避免这种攻击，另外 RIPv2 增加了在安全方面的功能。

【实验步骤】

按照拓扑结构图连接网络，使用拓扑验证检查连接的正确性。

练习　利用 RIP 协议修改路由表

1. 在主机 A、B、D、E、F 上启动协议分析器开始捕获数据，并设置过滤条件（提取 RIP 和 ICMP）。

2. 主机 B 和主机 E 启动 RIP 协议并添加新接口：

（1）在主机 B 上启动 RIP 协议：在命令行方式下输入“rip_config”。

（2）在主机 E 上启动 RIP 协议：在命令行方式下输入“rip_config”。

（3）添加主机 B 的接口：

添加 IP 为 172. 16. 0. 1 的接口：在命令行方式下输入“rip_config ‘172. 16. 0. 1 的接口名’ enable”。

添加 IP 为 192. 168. 0. 2 的接口：在命令行方式下输入“rip_config ‘192. 168. 0. 2 的接口名’ enable”。

（4）添加主机 E 的接口：

添加 IP 为 192. 168. 0. 1 的接口：在命令行方式下输入“rip_config ‘192. 168. 0. 1 的接口名’ enable”。

添加 IP 为 172. 16. 1. 1 的接口：在命令行方式下输入“rip_config ‘172. 16. 1. 1 的接口名’ enable”。

3. 等待一段时间，直到主机 B 和主机 E 的路由表达到稳定态。使用“netsh routing ip show rtmroutes”命令查看主机 B 和主机 E 的路由表。

4. 通过主机 A ping 主机 F（172. 16. 1. 2）。

通过主机 A、B、D、E、F 上协议分析器采集到的数据包，记录 ping 报文的路径。

5. 在主机 C 上启动静态路由。在命令行方式下，输入“staticroute_config”。

为主机 C 添加两个静态路由条目在命令行方式下，输入：

“route add 172. 16. 1. 0 mask 255. 255. 255. 0 192. 168. 0. 1 metric 2”；

“route add 172. 16. 0. 0 mask 255. 255. 255. 0 192. 168. 0. 2 metric 2”。

目的是实现数据转发。

6. 在主机 C 上启动协议仿真编辑器，编辑 RIP-Request 报文。

MAC 层：

源 MAC 地址：主机 C 的 MAC 地址。

目的 MAC 地址：主机 B 的 MAC 地址（192. 168. 0. 2 接口对应的 MAC）。

IP 层：

源 IP 地址：主机 C 的 IP 地址。

目的 IP 地址：广播地址（192. 168. 0. 255）。

UDP 层：

源端口：520。

目的端口：520。

RIP 层：

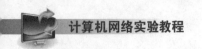

命令：1（RIP-Response）。

版本：2。

路由选择信息选项号：右击，追加块。

计算“长度”和“校验和”字段，填充后发送。

7. 查看主机 B 的邻居列表（在命令行方式下，输入“rip_config showneighbor”），确定主机 B 添加了一个新邻居（192. 168. 0. 3）。

8. 在主机 C 上，编辑 RIP-Response 报文。

MAC 层：

源 MAC 地址：主机 C 的 MAC 地址。

目的 MAC 地址：主机 B 的 MAC 地址（192. 168. 0. 2 接口对应的 MAC）。

IP 层：

源 IP 地址：主机 C 的 IP 地址。

目的 IP 地址：广播地址（192. 168. 0. 255）。

UDP 层：

源端口：520。

目的端口：520。

RIP 层：

命令：2（RIP-Response）。

版本：2。

路由选择信息选项号：右击，追加块。

地址族 ID：2。

网络地址：172. 16. 1. 0。

下一跳路由器：主机 C 地址（192. 168. 0. 3）。

度量：1。

计算并填充“长度”和“校验和”，以时间间隔为 1 秒发送此报文 6000 次。

9. 查看主机 B 的路由表中路由条目变化。

10. 通过主机 A 来 ping 主机 F（172. 16. 1. 2）。

（1）通过主机 A、B、D、E、F 上协议分析器，记录 ping 报文的路径。

（2）比较两次 ping 报文的路径，简述发生欺骗的原理（DV 算法）。

11. 主机 C 输入“recover_config”，停止静态路由服务；输入“route delete 172. 16. 1. 0”和“route delete 172. 16. 0. 0”，删除手工添加的静态路由条目。

思考与探究

使用 RIP 协议的“身份验证”功能是否能防止 RIP 欺骗？你还了解其他验证机制吗？

实验十三
网络故障分析

在网络的管理运维过程中，故障是不可避免的。因此，要做的事情应该是掌握网络排错技巧，积累经验，快速定位并排除故障。

实验（一）　冲突与网络广播风暴

【实验目的】

1. 掌握局域网检测 IP 地址和主机名冲突的原理。
2. 了解网络广播风暴的成因及现象。

【实验学时】

建议 2 学时。

【实验环境配置】

该实验采用网络结构一。

【实验原理】

一、冲突

IP 地址是给每个连接在因特网上的主机分配一个全世界唯一的标识符。当主机 IP 地址发生冲突时，主机不能进行正常的数据通信；Windows 系统在主机启动以及修改 IP 地址时，通过发送 ARP 数据包来检测 IP 地址冲突。

网络中的每台计算机名也是唯一的，Windows 系统使用 WINS 数据包来检测计算机名冲突。

二、网络广播风暴

网络广播风暴是指某一时刻网络内充斥广播数据包，从而导致网络性能急剧下降，最终导致网络瘫痪。网络广播风暴一般是由于交换机或集线器连接成环导致，网卡故障也可能导致网络广播风暴。

【实验步骤】

按照拓扑结构图连接网络，使用拓扑验证检查连接的正确性。

练习一 IP 地址冲突

本练习将主机 A 和 B 作为一组，主机 C 和 D 作为一组，主机 E 和 F 作为一组。现仅以主机 A 和 B 为例，说明实验步骤。

1. 主机 B 启动协议分析器开始捕获数据，并设置过滤条件（提取 ARP 协议）。
2. 主机 A 将自己的 IP 地址修改为主机 B 的 IP 地址，观察本机现象。
3. 主机 B 停止捕获数据。
4. 主机 A 在命令行下运行“ipconfig/all”命令，查看目前的 IP 地址。
5. 分析捕获到的数据，结合本练习，简述主机 A 检测 IP 地址冲突的过程。
6. 将主机 A 的 IP 地址恢复。

练习二 计算机名冲突

本练习将主机 A 和 B 作为一组，主机 C 和 D 作为一组，主机 E 和 F 作为一组。现仅以主机 A 和 B 为例，说明实验步骤。

1. 主机 B 启动协议分析器进行数据捕获。
2. 主机 A 将自己的计算机名修改为主机 B 的计算机名，观察本机现象。
3. 主机 B 停止捕获数据。分析捕获到的数据，注意查看 WINS 会话，结合本练习，简述主机 A 检测计算机名冲突的过程。
4. 将主机 A 的计算机名恢复。

练习三 网络广播风暴

本练习由全体同学共同完成。

1. 全体同学启动协议分析器并开始捕获数据。
2. 准备好后，请教师协助将中心设备的两个空闲口用同一根直连线串联起来。
3. 选一位同学甲在其所操作的主机的命令行下，使用“arp -d”命令清空 ARP 高速缓存。
4. 同学甲使用 ping 命令（目的主机是本网段内的主机）来产生一个 ARP 广播报文。
5. 全体同学停止捕获数据，分析捕获到的数据，结合本练习的网络环境和协议分析器捕获的数据，简述网络广播风暴的形成过程。

思考与探究

1. 发生 IP 地址冲突，会对正在传输的数据造成影响吗？
2. 你还能想到其他导致网络广播风暴的环境吗？

实验（二）　路由环与网络回路

【实验目的】

1. 观察网络中形成路由环时的现象。
2. 观察网络中形成回路的现象。

【实验学时】

建议 2 学时。

【实验环境配置】

该实验采用网络结构三。

【实验原理】

一、路由环

路由器的错误配置及网络连接不合理会导致多个路由器的路由表项连接成环。产生路由环的一种现象是某数据包从一个路由器转发出去后又一次回到该路由器。路由环产生后会增加路由器的负担，严重的会导致网络瘫痪。

二、网络回路

网络回路是指连接在网络上的设备形成一个闭合回路的现象。有些回路不会对网络产生影响，有些回路会使网络性能下降，严重的会导致网络瘫痪。网络回路通常是由复杂网络接线错误导致。产生网络回路的一种现象是网络上出现大量重复数据包，且其 TTL 值呈某种规律变化。

【实验步骤】

按照拓扑结构图连接网络，使用拓扑验证检查连接的正确性。

练习一　路由环

1. 在主机 B 和主机 E 上启动 RIP 协议，并添加接口：

（1）主机 B 在命令行下输入“rip_config”来启动 RIP 协议。

（2）主机 B 在命令行下输入“rip_config‘172. 16. 0. 1 的接口名’enable”和“rip_config‘192. 168. 0. 2 的接口名’enable”来添加接口。

（3）主机 E 在命令行下输入“rip_config”来启动 RIP 协议。

（4）主机E在命令行下输入“rip_config‘192.168.0.1的接口名’enable”和“rip_config‘172.16.1.1的接口名’enable”来添加接口。

2. 将主机B的IP地址为192.168.0.2，所在的网卡的默认网关设置为192.168.0.1；主机E的IP地址为192.168.0.1，所在的网卡的默认网关设置为192.168.0.2。

3. 主机B、C、D、E启动协议分析器开始捕获数据，并设置过滤条件（提取ICMP协议）。

4. 主机A发送ping报文（ping实验组内不存在的网段主机，例如：10.0.0.3）。

5. 主机B、C、D、E停止捕获数据，分析捕获到的数据。

●简述路由环对网络的危害。

●绘制主机A发送的报文在网络中的传输路径。

6. 主机B和主机E在命令行下输入“recover_config”，停止RIP协议。

练习二　网络回路

1. 本实验需要在网络结构三的基础上，用一根交叉线连接主机A和主机C所在的组控设备（即：T1的3口和T2的5口连接）。

2. 主机B启动IGMP协议：

（1）在主机B上启动IGMP协议（在命令行下输入“igmp_config”）。

（2）主机B的172.16.0.1接口设置为“IGMP代理”（在命令行下输入“igmp_config‘172.16.0.1的接口名’proxy”）。

（3）主机B的192.168.0.2接口设置为“IGMP路由器”（在命令行下输入“igmp_config‘192.168. 0.2的接口名’route”）。

3. 在主机B的172.16.0.1对应的接口和192.168.0.2对应的接口分别启动协议分析器开始捕获数据并设置过滤条件（提取UDP）。

4. 主机A、C、D启动“组播工具”，并加入224.0.1.8多播组；主机E启动“组播工具”，并在192.168.0.1接口加入224.0.1.8多播组。

5. 主机A向多播组224.0.1.8发送一条数据。

6. 观察主机C、D、E的“组播工具”窗口收到的数据。

7. 主机B停止捕获数据，分析捕获到的数据，并回答以下问题：

①多播组主机为什么收到多条重复数据？重复数据的TTL值有什么区别？结合本练习的网络结构，简述主机A发送的数据在网络中的流动过程。

②网络回路会对网络产生什么样的影响？

8. 主机B在命令行下输入“recover_config”，停止IGMP协议。

思考与探究

1. 在真实的网络环境中，什么时候能形成路由环？

2. 在真实的网络环境中，如何避免路由环？

实验十四
综合实验

【实验目的】

1. 提高网络结构设计能力。
2. 提高网络应用程序设计的能力。
3. 加深对某些基础协议的理解。

【实验环境配置】

自主设计。

【实验需求】

每组成员利用组控设备自行设计网络结构，使该网络满足如下需求：

1. 该网络能够明显地区分出内网和外网。
2. 内网主机之间可以相互通信；内网主机可以主动访问外网资源，但内网主机不能够被外网主机直接访问。
3. 该网络对外要提供一个服务器，服务器有一个外网 IP 地址，可以被内外网上的所有主机访问。
4. 每个组设计的网络都要含有一个外网接口，将各个组的外网接口连接起来，可以形成一个更大的网络。
5. 通过编写网络应用程序，实现点对点的通信。这里所说的点对点通信是指同一内网的任意两台主机之间的通信，以及一个组的一台内网主机和另一个组的一台内网主机之间的通信。

【实验步骤】

练习网络协议综合实验

1. 按照实验需求设计网络结构，绘制网络拓扑结构图并搭建网络环境。
2. 自行设计网络拓扑结构的验证方法并验证网络连接的正确性。
3. 所有实验组搭建完自身网络后，将各个网络的外网接口连接到中心设备上，形成更大的网络。
4. 使用内网主机访问外网资源（本组及其他组所设置的服务器上的资源）。
5. 在本组内网主机之间自行验证点对点通信。
6. 任意两个组的内网主机之间验证点对点通信。

【网络结构参考】

网络结构搭建参考如图 1－14－1 所示。

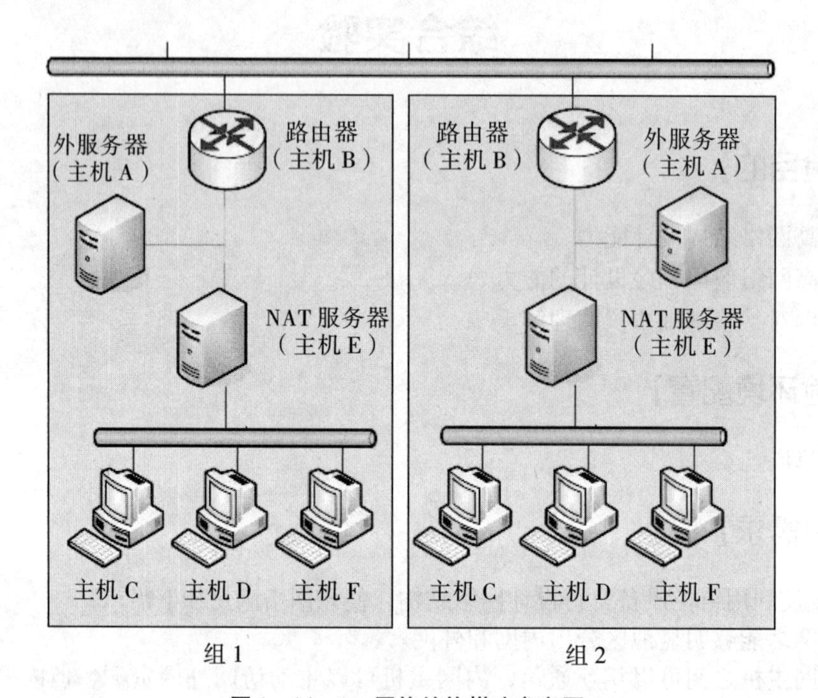

图 1－14－1　网络结构搭建参考图

◇第二部分◇
网络安全

实验准备

作为信息安全的核心技术——现代密码技术、计算机应用编码技术和密码学的应用技术已经成为计算机科学、电子与通信、数学等相关学科专业工程师、本科生、研究生必须掌握的知识。网络安全仿真教学系统结合高校教育的实际情况，通过软件来实现传授网络方面的理论知识，让学生在实践的过程中更深入地掌握网络安全方面的基础理论知识。网络安全作为一门独立的课程体系，以实验为主，强调学生的主动性和设计性，能够拓宽学生的思路，达到真正的教学互动。

【实验环境】

每个实验均要求以下实验环境：

1. 中心设备一台。
2. 组控设备若干。
3. 实验机：运行网络安全仿真教学系统通用版程序。
4. Visual Studio 2003（C++，C#）。

【网络硬件结构图】

如图2－1所示，在交换网络结构中，实验组间主机可相互通信，并且实验主机可以访问应用服务器提供的各种服务、参考源码和资源手册。

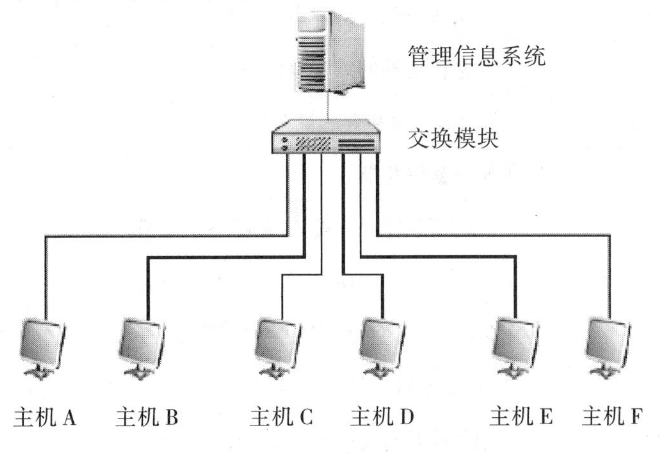

图2－1　交换网络结构

【实验工具列表】

网络安全仿真教学系统中所需用到的实验工具如表 2－1 所示。

表 2－1　实验工具列表

工具	说明
ICMP_Redirect	Linux 平台下的 ICMP 欺骗攻击工具
Identify	图像识别工具
Iptables	Linux 系统自带防火墙
JlcssShell	CmdShell 后门程序，可通过控制台对目标进行简单的文件操作
John the Ripper	Linux 口令破解工具
Krb5 v1. 6. 2	Kerberos 架构软件
LaborDayVirus	文件型病毒程序
LC5	Windows 主机口令破解程序
Libnids	网络入侵检测开发包
LSAT	Linux 安全审计工具
LSB	利用最低有效位算法，可以对 BMP 图像进行水印嵌入与提取
Mdadm	Linux 下创建软 RAID 的工具
MS06035 工具	微软 MS06035 溢出漏洞利用工具
MS08025 工具	微软 MS08025 溢出漏洞利用工具
MyCCL	特征码定位工具
Netcat	著名的网络安全工具，在网络界具有“瑞士军刀”的美誉
NetAudit	轻量级的网络事件审计工具
Nmap	非常优秀的网络安全扫描器
NTRadPing	RADIUS 服务器测试工具
OC	偏移量转化器
OllyDBG	具有可视化界面的 32 位汇编—分析调试器
OpenVPN－2. 0（W）	Windows 平台 OpenVPN 客户端软件
OpenVPN－2. 0（L）	Linux 平台 OpenVPN 客户端软件
Overflow	Linux 平台下的漏洞程序
PE Explorer	用于查看和比较 PE 文件头

续上表

工具	说明
Portsentry	网络扫描检测工具，并能够对端口扫描行为做出反应，会根据对方的 IP 地址，阻塞这个扫描主机与宿主机之间的所有连接
Puff	DCT 数字水印工具
Regshot	简单而实用的注册表比较工具
Seedit	Seedit（SELinux Policy Editor）可视化的 SELinux 策略编辑器
Smurf2	轻量级的 Smurf 攻击工具
Snak_bd_client	与贪吃蛇后门程序通信的客户端程序
SNMP 工具	SNMP 协议编辑控制工具
Snort	著名的开放源码、跨平台的网络入侵检测系统
SREng	一款计算机安全辅助和系统维护辅助软件
Ssldump	SSL 会话分析工具
SSM	一款系统监控软件，全名为 System Safety Monitor
StirMark	一款数字水印（算法）评估软件
SuperDic	超级字典生成器
TFN2K	非常著名的 Linux 平台下的 DDos 攻击软件
TheGreenBow	基于 Windows 平台的 IPSec 客户端软件
Tripwire	文件完整性检查工具，监视主机文件是否被修改
UDPTools	UDP 连接工具
Ulogd	Linux 日志生成工具
UltraCompare	一款文件内容比较工具
UltraEdit - 32	Windows 平台下的十六进制文件编辑器
VC ++ 6.0	Windows 平台下可视化的 VC/VC ++ 集成开发工具
Windows CA	Windows 自带的证书服务
WinHex	十六进制文件编辑与磁盘编辑软件
WinRAR	文件解压缩工具
Worm_srv	蠕虫服务程序
Worm_body	蠕虫病毒体程序
XNetBIOS	基于 Windows NetBIOS 的主机信息扫描工具

续上表

工具	说明
X-Scan	国内最著名的多主机漏洞扫描器
Zenmap	跨平台的网络扫描和嗅探工具包
Zxarps	ARP 欺骗利用工具，也具有 DNS 欺骗功能
洪泛工具	可发送 TCP SYN、ICMP 洪水的工具
灰鸽子木马	功能强大的远程监控木马程序
监控器工具	能够监控本机文件、进程、端口、服务等操作行为的工具
密码工具	集密码演示、分析与应用于一体的密码综合工具
贪吃蛇软件	用于 Internet 发布的、带有网络后门的 Windows 小游戏
网络协议分析器	能够深层剖析网络底层数据帧，展示数据帧的封装格式

实验一

古典密码算法

古典密码算法曾经得到广泛应用，其大部分原理都比较简单，使用手工和机械操作来实现加密和解密。古典密码算法的主要对象是文字信息，利用密码算法实现文字信息的加密和解密。古典密码学可以分为代替密码（也叫作移位密码）和置换密码（也叫作换位密码）两种，其中典型的代替密码有 Caesar 密码、数乘密码和仿射变换等，置换密码有单表置换和多表置换等。

实验（一）　Caesar 密码

【实验目的】

理解代替密码学的加密过程。

【实验人数】

每组 2 人。

【系统环境】

Windows。

【网络环境】

交换网络结构。

【实验工具】

1. VC ++ 6.0。
2. 密码工具。

【实验类型】

验证型。

【实验原理】

Caesar 密码是传统的代替加密法，当没有发生加密（即没有发生移位）之前，其置换表如表 2－1－1 所示。

表 2－1－1　置换表 1

a	b	c	d	e	f	g	h	i	j	k	l	m
A	B	C	D	E	F	G	H	I	J	K	L	M
n	o	p	q	r	s	t	u	v	w	x	y	z
N	O	P	Q	R	S	T	U	V	W	X	Y	Z

加密时每一个字母向前推移 k 位，例如当 $k=5$ 时，置换表如表 2－1－2 所示。

表 2－1－2　置换表 2

a	b	c	d	e	f	g	h	i	j	k	l	m
F	G	H	I	J	K	L	M	N	O	P	Q	R
n	o	p	q	r	s	t	u	v	w	x	y	z
S	T	U	V	W	X	Y	Z	A	B	C	D	E

于是对于明文：datasecurityhasevolvedrapidly，经过加密后就可以得到密文：IFY-FXJHZWNYDMFXJATQAJIWFUNIQD。

若令 26 个字母分别对应整数 0～25，如表 2－1－3 所示。

表 2－1－3　字母数字对应表

a	b	c	d	e	f	g	h	i	j	k	l	m
0	1	2	3	4	5	6	7	8	9	10	11	12
n	o	p	q	r	s	t	u	v	w	x	y	z
13	14	15	16	17	18	19	20	21	22	23	24	25

则 Caesar 加密变换实际上是：

$$c=(m+k) \bmod 26$$

其中 m 是明文对应的数据，c 是与明文对应的密文数据，k 是加密用的参数，也称为密钥。

很容易得到相应的 Caesar 解密变换是：

$$m=D(c)=(c-k) \bmod 26$$

例如明文：datasecurity 对应的数据序列为：

301901842201781924

当 $k=5$ 时经过加密变换得到密文序列为：

852452397252213243

对应的密文为：

IFYFXJHZWNYD

【实验步骤】

本练习主机 A、B 为一组，主机 C、D 为一组，主机 E、F 为一组。

首先使用“快照 X”恢复 Windows 系统环境。

练习一　手动完成 Caesar 密码

1. 在实验原理部分我们已经了解了 Caesar 密码的基本原理，那么请同学们写出当密钥 $k=3$ 时，对应明文：data security has evolved rapidly 的密文：____。

2. 打开仿真平台，单击工具栏中的“密码工具”按钮，启动密码工具，在向导区点击“Caesar 密码”。在明文输入区输入明文：data security has evolved rapidly。将密钥 k 调节到 3，查看相应的密文，并与你手动加密的密文进行比较。

请根据密钥验证密文与明文对应关系是否正确。

练习二　Caesar 加密和解密

1. 进入“加密解密” | “Caesar 密码”视图，在明文输入区输入明文（明文应为英文），单击“加密”按钮进行加密。

请将明文记录在这里：________________________________。

2. 调节密钥 k 的微调按钮或者对照表的移位按钮，选择合适的密钥 k 值，并记下该密钥 k 值用于同组主机的解密。加密工作完成后，单击“导出”按钮将密文默认导出到 Caesar 共享文件夹（D:\ Work \ Encryption \ Caesar \ ）中，默认文件名为“Caesar 密文.txt”。

3. 通知同组主机接收密文，并将密钥 k 通告给同组主机。

4. 单击“导入”按钮，进入同组主机“Work \ Encryption \ Caesar”目录（在“开始 | 运行”中输入“\\ 同组主机 IP \ Work \ Encryption \ Caesar”），打开“Caesar 密文.txt”。

5. 调节密钥 k 的微调按钮或对照表的移位按钮，将 k 设为同组主机加密时的密钥 k 值，这时解密已经成功。请将明文写出：____。

6. 将解密后的明文与同组主机记录的明文比较，请对比明文是否相同。

练习三　Caesar 密码分析

1. 本机进入“密码工具” | “加密解密” | “Caesar 密码”，在明文输入区输入明文（要求明文有一定的意义以便让同组主机分析）。

请将明文记录在这里：________________________________。

2. 调节密钥 k 的微调按钮或者对照表的移位按钮，选择合适的密钥 k 值完成 Caesar 加密，单击“导出”按钮，将密文默认导出到 Caesar 共享文件夹中。

3. 通告同组主机（不要通告密钥值 k）密文已经放在共享文件夹中，让同组主机获取密文。

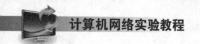

4．单击“导入”按钮将同组主机Caesar密文导入。

5．调节密钥k的微调按钮或者对照表的移位按钮来调节密钥，从而进行密码分析（平均13次，最多26次破解）。请将破解出的明文和密钥记录在这里：

密钥k=__________。

请将明文记录在这里：____。

6．将破解后的密钥和明文与同组主机记录的密钥和明文比较。如果不同请调节密钥k继续破解。

练习四　源码应用（选做）

1．设计Caesar加密工具，利用Caesar加密算法对文件进行加密。

2．单击工具栏“Caesar加密工具工程”按钮，基于此工程进行程序设计。

思考与探究

1．在手动完成Caesar密码实验中，密钥$k=3$，试着画出这时的Caesar置换表。

2．古典密码学曾经被广泛应用，它可以分为代替密码和置换密码两种，请查找相关资料，列举出几种属于代替密码和置换密码的古典密码算法。

实验（二）　单表置换密码

【实验目的】

理解置换密码学的加密过程。

【实验人数】

每组2人。

【系统环境】

Windows。

【网络环境】

交换网络结构。

【实验工具】

1．VC ++ 6.0。

2．密码工具。

【实验类型】

设计型。

【实验原理】

单表置换密码也是一种传统的代替密码算法，在算法中维护着一个置换表，这个置换表记录了明文和密文的对照关系。当没有发生加密（即没有发生置换）之前，其置换表也如前文表 2 - 1 - 1 所示。

在单表置换算法中，密钥是由一组英文字符和空格组成的，称之为密钥词组，例如当输入密钥词组：ILOVEMYCOUNTRY 后，对应的置换表如表 2 - 1 - 4 所示。

表 2 - 1 - 4 密钥词组置换表

a	b	c	d	e	f	g	h	i	j	k	l	m
I	L	O	V	E	M	Y	C	U	N	T	R	A
n	o	p	q	r	s	t	u	v	v	x	y	z
B	D	F	G	H	J	K	P	Q	S	W	X	Z

在表 2 - 1 - 4 中，ILOVEMYCUNTR 是密钥词组 ILOVEMYCOUNTRY 略去前面已出现过的字符 O 和 Y 依次写下的，后面 ABD…WXZ 则是密钥词组中未出现的字母按照英文字母表顺序排列而成的。密钥词组可作为密码的标志，记住这个密钥词组就能掌握字母加密置换的全过程。

这样对于明文：datasecurityhasevolvedrapidly，按照上表的置换关系，就可以得到密文：VIKIJEOPHUKXCIJEQDRQEVHIFUVRX。

【实验步骤】

本练习主机 A、B 为一组，主机 C、D 为一组，主机 E、F 为一组。

首先使用“快照 X”恢复 Windows 系统环境。

练习一 单表置换加密和解密

1. 单击“密码工具”按钮，进入“加密解密” | “单表置换” | “加密/解密”视图，与同组主机协商好一个密钥词组 k = ____________。

2. 根据“单表置换”实验原理计算出置换表。

3. 通过计算完成置换表以后，在明文输入区输入明文，单击“加密”按钮用置换表的对应关系对明文进行加密，加密完成后，单击“导出”按钮，将密文导出到 Single Table共享目录中，并通告同组主机获取密文。

请将明文记录在这里：____。

4. 单击“导入”按钮将同组主机单表置换密文导入，根据同组主机置换表完成本机置换表，单击“解密”按钮对密文进行解密。

5. 本机将解密后的明文与同组主机记录的明文对照，如果双方的明文一致，则说明实验成功，否则说明本机或同组主机的置换表计算错误。

练习二　单表置换密码分析

1. 图 2－1－1 是由统计学得出的英文字母相对频率图。

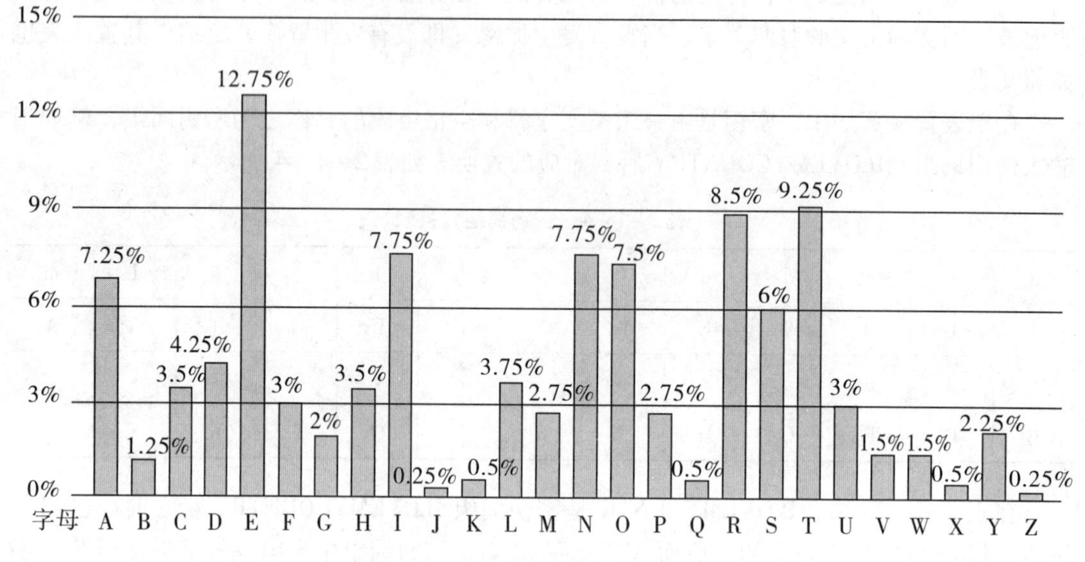

图 2－1－1　英文字母相对频率图

由图 2－1－1 可以看出，英文字母 E 出现的频率最高，而 J 和 Z 出现的频率最低，这样，就可以通过英文字母出现的频率大致上判定单表置换密码的置换表，从而得到明文。

2. 本机进入“密码工具”｜“加密解密”｜“单表置换”｜“密码分析”页面，单击“导入”按钮，将密文“单表置换密码分析密文 . txt”导入，单击“统计”按钮，统计密文中每个字母出现的频率，回答下列问题：

（1）在密文中出现频率最高的字母是____________。

（2）与表 2－1－4 比较，它可能是由字母____________置换的。

3. 在置换表组框中点击“解密”按钮，这时将得到一个明文。然而此时的明文并不是最终要得到的，可以通过明文的特征和各个字母的比例来调节置换表中的对应关系，从而得到正确的明文。

例如，明文第一段和置换表如图 2－1－2 所示。

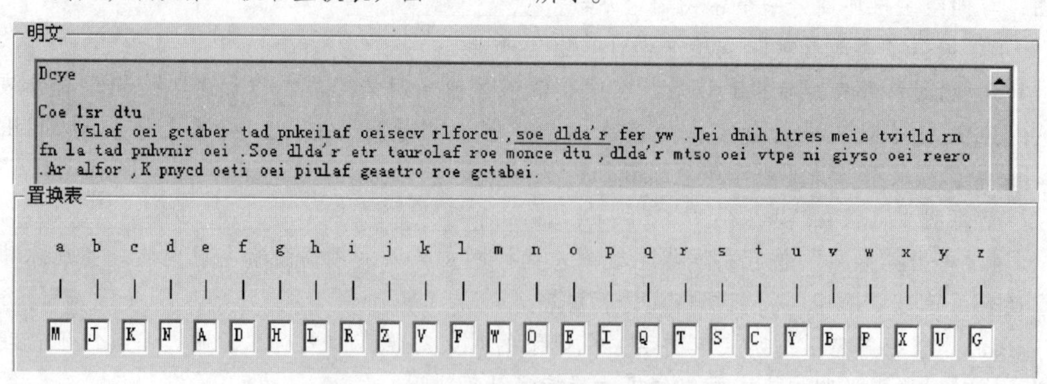

图 2－1－2　明文第一段和置换表示意图

根据明文，我们可猜测图中画线的单词“soe dlda’r”应该为“she didn’t”。首先，在置换表中找到明文小写字母o对应的密文大写字母E；其次，改变置换表，使猜测的h对应E。依此类推，则i对应F，n对应M，t对应T。变换后的置换表如图2-1-3所示。

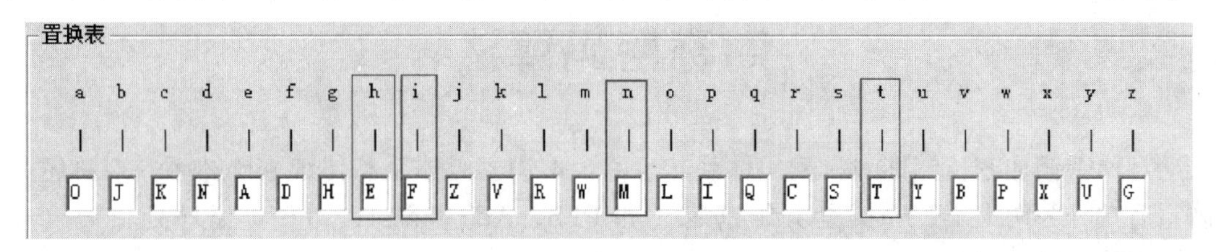

图2-1-3 置换表

单击“解密”按钮，得到明文如图2-1-4所示。

明文

Dcye

The 1st dru
Ysinf hel gcrnbet rnd pakelinf helsecv tifhtcu ,she didn't fet yw .Jel dalo ortes mele rvlrid ta
fa in rnd paovalt hel .She didn't ert rnuthinf the mhace dru ,didn't mrsh hel vrpe al glysh hel teeth
.At nifht ,K paycd herl hel pluinf generth the gcrnbel.

图2-1-4 明文图

依此类推，便可以得到明文，请根据你的置换表填写表2-1-5。

表2-1-5 实验结果表

a	b	c	d	e	f	g	h	i	j	k	l	m
n	o	p	q	r	s	t	u	v	w	x	y	z

练习三 源码应用（选做）

1. 设计单表置换加密工具，利用单表置换加密算法对文件进行加密。
2. 单击工具栏“单表置换加密工具工程”按钮，基于此工程进行程序设计。

思考与探究

在单表置换密码分析过程中，我们看到破解方法是基于英文字母出现的频率，你能想出一种单表置换的加密改进方法来抵抗这种破解方法的密码分析吗？

实验二

对称密码算法

对称密钥加密机制即对称密码体系，也称为单钥密码体系和传统密码体系。对称密码体系通常分为两大类，一类是分组密码（如 DES、AES 算法），另一类是序列密码（如 RC4 算法）。

实验（一） DES 算法

【实验目的】

1. 理解对称加密算法的原理和特点。
2. 理解 DES 算法的加密原理。

【实验人数】

每组 2 人。

【系统环境】

Windows。

【网络环境】

交换网络结构。

【实验工具】

1. VC ++ 6.0。
2. 密码工具。

【实验类型】

验证型。

【实验原理】

一、对称密码加密机制

对称密码体系加密和解密时所用的密钥是相同的或是类似的，即由加密密钥可以很容易地推导出解密密钥，反之亦然。同时，在一个密码系统中，我们不能假定加密算法和解密算法是保密的，因此，密钥必须保密。发送信息的通道往往是不可靠的或是不安全的，所以在对称密码体系中，必须用不同于发送信息的另外一个安全通道来发送密钥。图 2－2－1描述了对称密码（传统密码）体系原理框架，其中 M 表示明文，C 表示密文，E 表示加密算法，D 表示解密算法，K 表示密钥，I 表示密码分析员进行密码分析时掌握的相关信息，B 表示密码分析员对明文 M 的分析和猜测。

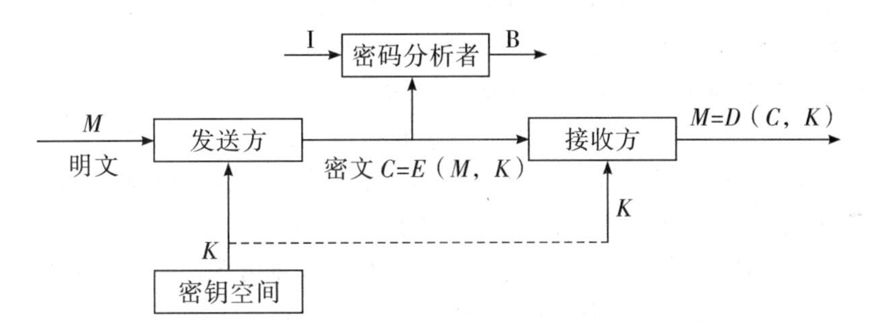

图 2－2－1　对称密码（传统密码）体系原理框架图

对称密码体系的优点：

（1）加密效率高。

（2）密钥相对比较短。

（3）可以用来构造各种密码机制。

（4）可以用来建造安全性更强的密码。

对称密码体系的缺点：

（1）通信双方都要保持密钥的秘密性。

（2）在大型网络中，每个人需持有许多密钥。

（3）为了安全，需要经常更换密钥。

二、DES 加密算法简介

1973 年 5 月 15 日，美国国家标准局在联邦注册报上发表一则启事，公开征集用来保护传输和静止存储的计算机数据的密码算法，这一举措最终导致了数据加密标准 DES 的出现。DES 采用分组乘积密码体制，它是由 IBM 开发的，是对早期 Lucifer 密码体制的改进。DES 于 1975 年 3 月 17 日首次在联邦记录中公布，而且联邦声明对此算法征求意见。1977 年 2 月 15 日拟议中的 DES 被采纳为“非密级”应用的一个联邦标准。

最初预期 DES 作为一个标准只能使用 10～15 年。然而，可能是 DES 还没有受到严重的威胁，事实证明了 DES 要长寿得多。在 DES 被采用后，大约每隔 5 年被评审一次，其最后一次评审是在 1999 年 1 月。但是，由于 DES 的密钥过短，仅有 56 位，随着计算机计算能力的提高，对 DES 的成功攻击也屡见报道。例如，1999 年 1 月，RSA 数据安全公司宣布：该公司所发起的对 56 位 DES 的攻击已经由一个称为电子边境基金的组织通过互联网上 100000 台计算机的合作在 22 小时 15 分钟内完成。

NIST（美国国家标准研究所）于 1997 年发布公告征集新的数据加密标准，作为联邦信息处理标准以代替 DES。新的数据加密标准称为 AES。尽管如此，DES 的出现仍然是现代密码学历史上一个非常重要的事件，它对于我们分析掌握分组密码的基本理论与设计原理仍然具有重要的意义。

三、DES 加密流程

如图 2-2-2 所示，对于任意长度的明文，DES 首先对其进行分组，使得每一组的长度为 64 位，然后分别对每个 64 位的明文分组进行加密。

对于每个 64 位长度的明文分组加密的过程如下：

1. 初始置换：输入分组，按照初始置换表重排序，进行初始置换。

2. 16 轮循环：DES 对经过初始置换的 64 位明文进行 16 轮类似的子加密过程，每一轮的子加密过程要经过 DES 的 f 函数，其过程如下：

（1）从中间将 64 位明文分开，划分为 2 个部分，每部分 32 位，左半部分记为 L，右半部分记为 R，以下的操作都是对右半部分数据进行的。

（2）扩展置换。将 32 位的输入数据根据扩展置换表扩展成为 48 位的输出数据。

（3）异或运算。将 48 位的明文数据与 48 位的子密钥进行异或运算（48 位子密钥的产生过程在实验原理八——子密钥产生过程中有详细讨论）。

（4）S 盒置换。S 盒置换是非线性的，48 位输入数据根据 S 盒置换表置换成为 32 位的输出数据。

（5）直接置换。S 盒置换后的 32 位的输出数据根据直接置换表进行直接置换。

（6）经过直接置换的 32 位的输出数据与本轮的 L 部分进行异或操作，结果作为下一轮子加密过程的 R 部分。本轮的 R 部分直接作为下一轮子加密过程的 L 部分。然后进入下一轮子加密过程，直到 16 轮全部完成。

3. 终结置换：按照终结置换表进行终结置换，64 位输出就是密文。

在每一轮的子加密过程中，48 位的明文数据要与 48 位的子密钥进行异或运算，子密钥的产生过程如下：

（1）循环左移。根据循环左移表对 C 和 D 进行循环左移。循环左移后的 C 和 D 部分作为下一轮子密钥的输入数据，直到 16 轮全部完成。

（2）将 C 和 D 部分合并成为 56 位的数据。

（3）压缩型换位 2。56 位的输入数据根据压缩型换位 2 表输出 48 位的子密钥，这 48 位的子密钥将与 48 位的明文数据进行异或操作。

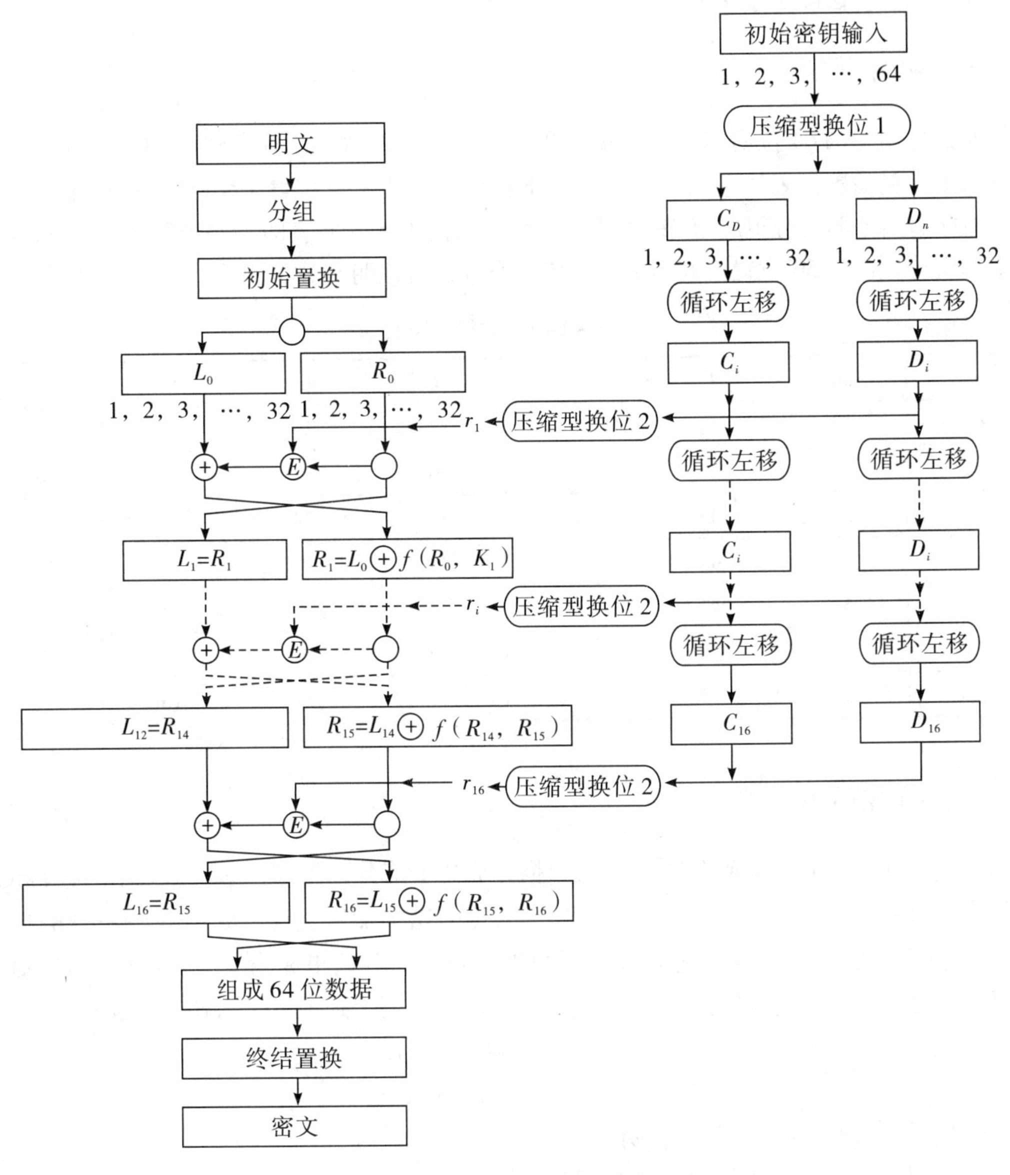

图 2－2－2　DES 加密流程

四、DES 的分组过程

DES 是一种分组加密算法，所谓分组加密算法就是对一定大小的明文或密文做加密或解密动作。在 DES 加密系统中，每次加密或解密的分组大小均为 64 位，所以 DES 没有密文扩充的问题。对大于 64 位的明文只要按每 64 位一组进行切割，而对小于 64 位的明文只要在后面补“0”即可。

另一方面，DES 所用的加密或解密密钥也是 64 位大小，但因其中有 8 位是奇偶校验位，所以 64 位中真正起密钥作用的只有 56 位，密钥过短也是 DES 最大的缺点。DES 加密与解密所用的算法除了子密钥的顺序不同外，其他部分完全相同。

五、初始置换

经过分组后的64位明文分组将按照初始置换表重新排列次序，进行初始置换，置换方法如下：初始置换表从左到右，从上到下读取，如表2-2-1所示，第一行第一列为58，意味着将原明文分组的第58位置换到第1位，初始置换表的下一个数为50，意味着将原明文分组的第50位置换到第2位；依次类推，将原明文分组的64位全部置换完成。

表2-2-1　初始置换表

58	50	42	34	26	18	10	2
60	52	44	36	28	20	12	4
62	54	46	38	30	22	14	6
64	56	48	40	32	24	16	8
57	49	41	33	25	17	9	1
59	51	43	35	27	19	11	3
61	53	45	37	29	21	13	5
63	55	47	39	31	23	15	7

六、16轮循环

从中间将经过初始置换的64位明文数据分成2个部分，每部分32位，左半部分和右半部分分别记为L_0和R_0。然后，L_0和R_0进入第一轮子加密过程。R_0经过一系列的置换得到32位输出数据，再与L_0进行异或（XOR）运算，其结果成为下一轮的R_1，R_0则成为下一轮的L_1，如此连续运作16轮。我们可以用下列两个式子来表示其运算过程：

$$R_i = L_{i-1} \text{ XOR } f(R_{i-1},\ K_i)$$

$$L_i = R_{i-1} \quad (i=1,\ 2,\ \cdots,\ 16)$$

16轮循环过程如图2-2-3所示。

在每一轮的循环中，右半部分需要经过一系列的子加密过程，这个子加密过程也叫作f函数。子加密过程包括扩展置换、异或运算、S盒置换和直接置换，下面分别介绍这些过程。

（一）扩展置换

右半部分32位明文数据首先要进行扩展置换。扩展置换将32位的输入数据扩展成为48位的输出数据，它有三个目的：第一，它产生了与子密钥相同长度的数据以进行异或运算；第二，它提供了更长的结果，使得在以后的子加密过程中能进行压缩；第三，它产生了雪崩效应（Avalanche Effect），使得输入的一位将影响两个替换，所以输出对输入的依赖性将传播得更快，这也是扩展置换最主要的目的。扩展置换的置换方法与初始置换相同，只是置换表不同，扩展置换表如表2-2-2所示。

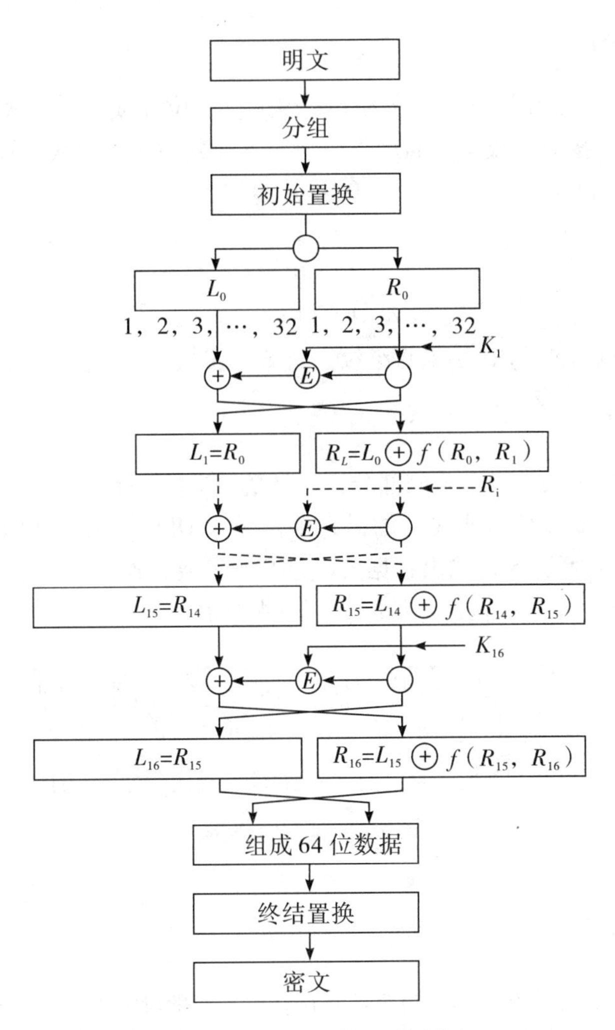

图 2－2－3　DES 的 16 轮循环

表 2－2－2　扩展置换表

32	1	2	3	4	5
4	5	6	7	8	9
8	9	10	11	12	13
12	13	14	15	16	17
16	17	18	19	20	21
20	21	22	23	24	25
24	25	26	27	28	29
28	29	30	31	32	1

（二）异或运算

扩展置换的48位输出数据与相应的子密钥进行按位异或运算，关于子密钥的产生过程以后将详细讨论，按位异或运算的运算法则如下（其中⊕为异或运算符）：

$$0 \oplus 0 = 0$$
$$0 \oplus 1 = 1$$
$$1 \oplus 0 = 1$$
$$1 \oplus 1 = 0$$

按位异或运算以后的48位结果将继续进行S盒置换。

（三）S盒置换

S盒置换是DES算法中最重要的部分，也是最关键的步骤，因为其他的运算都是线性的，易于分析，只有S代替是非线性的，它提供了比DES算法中任何一步都更好的安全性。经过异或运算得到的48位输出数据要经过S盒置换，置换由8个盒完成，记为S盒。每个S盒都有6位输入，4位输出，如图2－2－4所示。

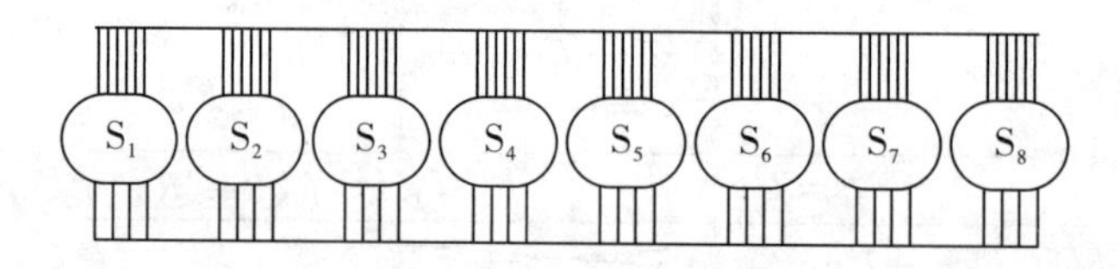

图2－2－4　S盒置换

（四）直接置换

S盒置换后的32位输出数据将进行直接置换，该置换把每个输入位映射到输出位，任意一位不能被映射两次，也不能略去。表2－2－3为直接置换表，其使用方法与初始置换相同。

表2－2－3　直接置换表

16	7	20	21
29	12	28	17
1	15	23	26
5	18	31	10
2	8	24	14
32	27	3	9
19	13	30	6
22	11	4	25

七、终结置换

终结置换与初始置换相对应，它们都不影响DES的安全性，主要目的是为了更容易地将明文和密文数据以字节大小放入 DES 的 f 算法或者 DES 芯片中。表 2－2－4 为终结置换表，其使用方法与初始置换表相同。

对明文的每一个分组都做以上的操作，便得到了密文，明文和密文的位数是一致的。

表 2－2－4 终结置换表

40	8	48	16	56	24	64	32
39	7	47	15	55	23	63	31
38	6	46	14	54	22	62	30
37	5	45	13	53	21	61	29
36	4	44	12	52	20	60	28
35	3	43	11	51	19	59	27
34	2	42	10	50	18	58	26
33	1	41	9	49	17	57	25

八、子密钥产生过程

在每一轮的子加密过程中，48 位的明文数据要与 48 位的子密钥进行异或运算，子密钥的产生过程如图 2－2－5 所示。

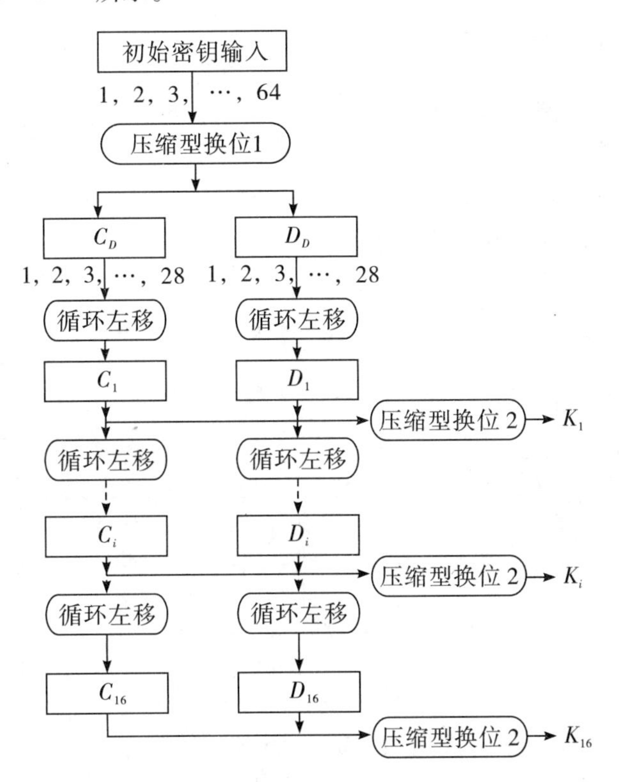

图 2－2－5 子密钥产生过程

64 位的初始密钥就是使用者所持有的 64 位密钥。初始密钥经过压缩型换位 1，将初始密钥的 8 个奇偶校验位剔除，并且将留下的 56 位密钥顺序按位打乱。压缩型换位 1 的置换表如表 2－2－5 所示。

表 2－2－5　压缩型换位 1 置换表

57	49	41	33	25	17	9
1	58	50	42	34	26	18
10	2	59	51	43	35	27
19	11	3	60	52	44	36
63	55	47	39	31	23	15
7	62	54	46	38	30	22
14	6	61	53	45	37	29
21	13	5	28	20	12	4

经过压缩型换位 1，64 位密钥被压缩成为 56 位。从中间将这 56 位密钥分开，每部分 28 位，左半部分记为 C，右半部分记为 D，然后进入子密钥生成的 16 轮循环，每一轮循环将产生一个子密钥。

九、子密钥的 16 轮循环

C 和 D 要经过 16 轮类似的操作产生 16 份子密钥，每一轮子密钥的产生都要经过循环左移和压缩型换位 2。

循环左移要求 C 部分和 D 部分根据循环左移表进行循环左移，如表 2－2－6 所示，循环左移表给出了每一轮需要循环左移的位数。循环左移后的 C 和 D 部分作为下一轮子密钥的输入数据，直到 16 轮全部完成。

表 2－2－6　循环左移表

轮数	循环左移位数	轮数	循环左移位数	轮数	循环左移位数	轮数	循环左移位数
1	1	5	2	9	1	13	2
2	1	6	2	10	2	14	2
3	2	7	2	11	2	15	2
4	2	8	2	12	2	16	1

经过循环左移之后，C 和 D 部分合并成为 56 位的数据，这 56 位数据再经过压缩型换位 2 生成最终的 48 位子密钥，这 48 位的子密钥将与 48 位的明文数据进行异或操作。表 2－2－7 为压缩型换位 2 的置换表。

表 2－2－7　压缩型换位 2 置换表

14	17	11	24	1	5
3	28	15	6	21	10
23	19	12	4	26	8
16	7	27	20	13	2
41	52	31	37	47	55
30	40	51	45	33	48
44	49	39	56	34	53
46	42	50	36	29	32

【实验步骤】

本练习主机 A、B 为一组，主机 C、D 为一组，主机 E、F 为一组。

首先使用“快照 X”恢复 Windows 系统环境。

练习一　DES 加密解密

1．本机进入“密码工具”|“加密解密”|“DES 加密算法”|“加密/解密”页签，在明文输入区输入明文：________________________________。

2．在密钥窗口输入 8（64 位）个字符的密钥 k，密钥 k =____________。单击“加密”按钮，将密文导出到 DES 文件夹（D：\ Work \ Encryption \ DES \ ）中，通告同组主机获取密文，并将密钥 k 告诉同组主机。

3．单击“导入”按钮，从同组主机的 DES 共享文件夹中将密文导入，然后在密钥窗口输入被同组主机通告的密钥 k，点击“解密”按钮进行 DES 解密。

4．将破解后的明文与同组主机记录的明文比较。

练习二　DES 算法

本机进入“密码工具”|“加密解密”|“DES 加密算法”|“演示”页签，在 64 位明文中输入 8 个字符（8 * 8 bit = 64），在 64 位密钥中输入 8 个字符（8 * 8 bit = 64）。点击“加密”按钮，完成加密操作。分别点击“初始置换”“密钥生成演示”“十六轮加密变换”和“终结置换”按钮，查看初始置换、密钥生成演示、十六轮加密变换和终结置换的详细加密操作流程。

练习三　源码应用（选做）

1．设计 DES 加密工具，利用 DES 加密算法对文件进行加密。

2．单击工具栏“DES 加密工具工程”按钮，基于此工程进行程序设计。

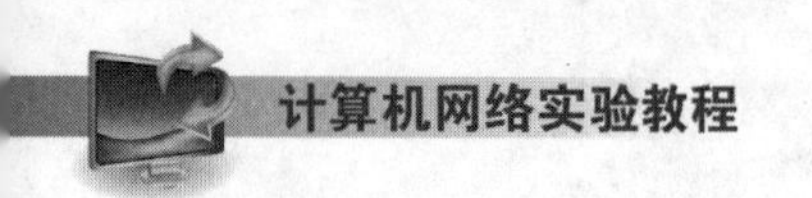

思考与探究

1. 根据实验原理的讲解，回答下列问题。

(1) DES每一个明文分组的长度是多少位？这个明文分组加密后密文的长度是多少位？

(2) 在DES算法的各种置换中，哪种置换为DES提供了最好的安全性？

2. DES的S盒在设计时就能够防止某些类型的攻击，当1991年Biham和Shamir发现了差分攻击的方法时，美国国家安全局就已承认某些未公布的S盒的设计原则正是为了使得差分密码分析变得不可行，也就是说，差分密码分析在DES最初被研发时就已为IBM的研发者所知，但是这种方法被保密了将近20年，直到Biham和Shamir又独立地发现了这种攻击。目前，DES加密方法已经被认为是不安全的了，请同学查阅相关资料，列出两种DES的分析方法。

实验（二） 3DES加密算法

【实验目的】

掌握3DES加密算法的原理。

【实验人数】

每组2人。

【系统环境】

Windows。

【网络环境】

交换网络结构。

【实验工具】

密码工具。

【实验类型】

验证型。

【实验原理】

一、概述

3DES 又称 Triple DES，是 DES 加密算法的一种模式，它使用 3 条 56 位的密钥，对数据进行 3 次加密。数据加密标准（DES）是美国由来已久的一种加密标准，它使用对称密钥加密法，并于 1981 年被 ANSI 组织规范为 ANSIX. 3. 92。DES 使用 56 位密钥和密码块的方法，而在密码块的方法中，文本先是被分成 64 位大小的文本块，然后再进行加密。与最初的 DES 相比，3DES 更为安全。3DES 是 DES 向 AES 过渡的加密算法（1999 年，NIST 将 3DES 指定为过渡的加密标准），是 DES 的一个更安全的变形。它以 DES 为基本模块，通过组合分组方法设计出分组加密算法，其具体实现如下：设 *Ek*（）和 *Dk*（）代表 DES 算法的加密和解密过程，*K* 代表 DES 算法使用的密钥，*P* 代表明文，*C* 代表密文，3DES 加密过程为：$C = Ek3(Dk2(Ek1(P)))$，3DES 解密过程为：$P = Dk1((EK2(Dk3(C))))$。

二、3DES 算法

3DES 算法是指使用双长度（16 字节）密钥 *K* =（KL‖KR）将 8 字节明文数据块进行 3 次 DES 加密/解密，过程如下所示：

加密方式为 *Y* = DES（KL)[DES－1(KR)[DES(KL[*X*])]]，

解密方式为 *X* = DES－1（KL)[DES(KR)[DES－1(KL[*Y*])]]。

其中，DES（KL[*X*]）表示用密钥 *K* 对数据 *X* 进行 DES 加密，DES－1（KL[*Y*]）表示用密钥 *K* 对数据 *Y* 进行解密。

SessionKey 的计算采用 3DES 算法，计算出单倍长度的密钥，表示法为：SK = Session（DK，DATA）。

3DES 加密算法为：

```
VOID 3DES(BYTE DoubleKeyStr[16],BYTEData[8],BYTE Out[8])
{
BYTE Buf1[8],Buf2[8];
DES(&DoubleKeyStr[0],Data,Buf1);
UDES(&DoubleKeyStr[8],Buf1,Buf2);
DES(&DoubleKeyStr[0],Buf2,Out);
}
```

【实验步骤】

本练习主机 A、B 为一组，主机 C、D 为一组，主机 E、F 为一组。

首先使用“快照 X”恢复 Windows 系统环境。

练习一　3DES 加密和解密

1. 本机进入“密码工具”|“加密解密”|“3DES 加密算法”|“加密/解密”

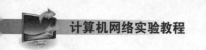

视图，确定好密钥 K_1 = ____________和 K_2 = ____________。

2. 在明文输入区输入明文（明文为英文），单击“加密”按钮对明文进行加密，加密完成后，单击“导出”按钮，将密文导出到“D:\Work\Encryption\3DES”共享目录中，并通告同组主机获取密文，获取后存放在“D:\Work\Encryption\3DES”目录下。单击“重置”按钮，恢复原始状态。

3. 同组主机单击“导入”按钮，选择将要导入的密文，填入密钥，单击“解密”按钮对密文进行解密。

4. 将解密后的明文与解密前记录的明文对照，如果双方的明文一致，则说明实验成功，否则说明解密前或导入后的3DES加密算法计算错误。

实验（三） AES算法

【实验目的】

理解AES算法的加密原理。

【实验人数】

每组2人。

【系统环境】

Windows。

【网络环境】

交换网络结构。

【实验工具】

1. VC++ 6.0。
2. 密码工具。

【实验类型】

验证型。

【实验原理】

一、AES 加密算法简介

1997 年 1 月 2 日，NIST（美国国家标准研究所）开始了征集 DES 替代者的工作。该替代者就称为高级加密标准，即 AES（Advanced Encryption Standard）。1997 年 9 月 12 日 NIST 正式发布了征集 AES 的公告，要求 AES 具有 128 比特的分组长度，并支持 128、192 和 256 比特的密钥长度，同时要求 AES 应能在全世界范围内免费获得。

到 1998 年 6 月 15 日，已有 21 个算法提交给 NIST。NIST 在 1998 年 8 月 20 日的"第一次 AES 候选大会"上宣布了 15 个 AES 的候选算法。在 1999 年 3 月举行了"第二次 AES 候选大会"之后，NIST 于 1999 年 8 月宣布有 5 个候选算法入围最后的决赛，这 5 个候选算法分别是：MARS，RC6，Rijndael，Serpent 和 Twofish。

2000 年 4 月，举行了"第三次 AES 候选大会"。2001 年 2 月 28 日，NIST 宣布了关于 AES 的联邦信息处理标准的草案，可供公众讨论。2001 年 11 月 26 日，Rijndael 被采纳，成为 AES 标准，并在 2001 年 12 月 4 日的联邦记录中作为 FIPS 197 公布。

AES 的候选算法主要依据以下三条原则进行评判：安全性、代价、算法与实现特性。其中，算法的"安全性"最为重要，如果一个算法被发现是不安全的就不会再被考虑。"代价"是各种实现算法的计算效率（如速度、存储需求等），包括软件实现、硬件实现和智能卡实现。"算法与实现特性"主要包括算法的灵活性、简洁性及其他因素。最后，5 个进入决赛的算法都被认为是安全的，而 Rijndael 之所以最后当选是由于它集安全性、高性能、高效率、可实现性及灵活性于一体，被认为优于其他 4 个算法。

二、AES 加密流程

对于任意长度的明文，AES 首先对其进行分组，每组的长度为 128 位。分组之后将分别对每个 128 位的明文分组进行加密。

对于每个长度为 128 位的明文分组的加密过程如下：

1. 将 128 位 AES 明文分组放入状态矩阵中。

2. AddRoundKey 变换。对状态矩阵进行 AddRoundKey 变换，与膨胀后的密钥进行异或操作。

3. 10 轮循环。AES 对状态矩阵进行了 10 轮类似的子加密过程。在前 9 轮子加密过程中，每一轮子加密过程包括 4 种不同的变换，而最后一轮只有 3 种变换，前 9 轮的子加密步骤如下：

（1）SubBytes 变换。SubBytes 变换是一个对状态矩阵非线性的变换。

（2）ShiftRows 变换。ShiftRows 变换对状态矩阵的行进行循环移位。

（3）MixColumns 变换。MixColumns 变换对状态矩阵的列进行变换。

（4）AddRoundKey 变换。AddRoundKey 变换对状态矩阵和膨胀后的密钥进行异或操作。

最后一轮的子加密步骤如下：

（1）SubBytes 变换。SubBytes 变换是一个对状态矩阵非线性的变换。

（2）ShiftRows 变换。ShiftRows 变换对状态矩阵的行进行循环移位。

（3）AddRoundKey 变换。AddRoundKey 变换对状态矩阵和膨胀后的密钥进行异或操作。

4. 经过 10 轮循环的状态矩阵中的内容就是加密后的密文。AES 的加密算法的伪代码如下。

```
Nb = 4                    //状态矩阵的列数
Nr = 10                   //加密的轮数
Cipher(bytein[4 * Nb],byteout[4 * Nb],wordw[Nb * (Nr + 1)])
begin
    bytestate[4,Nb]
    state = in
    AddRoundKey(state,w[0,Nb - 1])
    forround = 1 step 1 to Nr - 1
        SubBytes(state)
        ShiftRows(state)
        MixColumns(state)
        AddRoundKey(state,w[round * Nb,(round + 1) * Nb - 1])
    endfor
    SubBytes(state)
    ShiftRows(state)
    AddRoundKey(state,w[Nr * Nb,(Nr + 1) * Nb - 1])
    out = state
end
```

在 AES 算法中，AddRoundKey 变换需要使用膨胀后的密钥，原始的 128 位密钥经过膨胀会产生 44 个字（每个字为 32 位）的膨胀后的密钥，这 44 个字的膨胀后的密钥供 11 次 AddRoundKey 变换使用，一次 AddRoundKey 变换使用 4 个字（128 位）的膨胀后的密钥。

三、AES 的分组过程

对于任意长度的明文，AES 首先对其进行分组，分组的方法与 DES 相同，即对长度不足的明文分组后面补充 0 即可，只是每一组的长度为 128 位。

AES 的密钥长度有 128 比特、192 比特和 256 比特 3 种标准，其他长度的密钥并没有列入 AES 联邦标准中，在下面的介绍中，我们将以 128 位密钥为例。

四、状态矩阵

状态矩阵是一个 4 行 4 列的字节矩阵，所谓字节矩阵就是指矩阵中的每个元素都是一个 1 字节长度的数据。将状态矩阵记为 State，State 中的元素记为 S_{ij}，表示状态矩阵中第

i 行第 j 列的元素。128 比特的明文分组按字节分成 16 块，第一块记为“块 0”，第二块记为“块 1”，依此类推，最后一块记为“块 15”，然后将这 16 块明文数据放入到状态矩阵中，方法如表 2－2－8 所示。

表 2－2－8　将明文块放入状态矩阵中

块 0	块 4	块 8	块 12
块 1	块 5	块 9	块 13
块 2	块 6	块 10	块 14
块 3	块 7	块 11	块 15

五、AddRoundKey 变换

状态矩阵生成以后，首先要进行 AddRoundKey 变换，AddRoundKey 变换将状态矩阵与膨胀后的密钥进行按位异或运算，如下所示。

$[S'_0, c, S'_1, c, S'_2, c, S'_3, c] = [S_0, c, S_1, c, S_2, c, S_3, c] \oplus [W_{round*Nb+c}]$ for $0 \leqslant c < Nb$

其中，c 表示列数，数组 W 为膨胀后的密钥，*round* 为加密轮数，Nb 为状态矩阵列数。它的过程如图 2－2－6 所示。

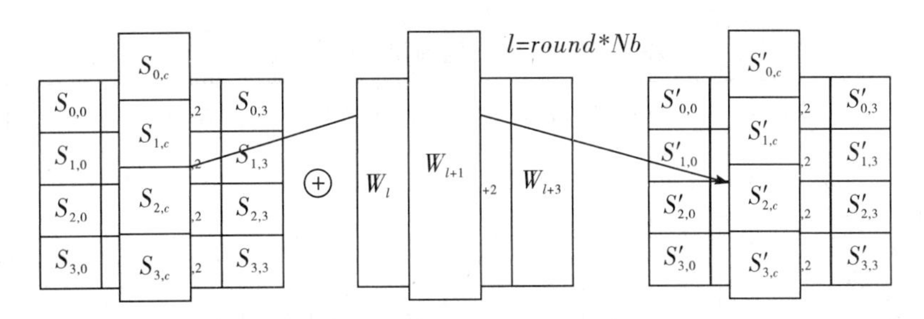

图 2－2－6　AES 算法 AddRoundKey 变换

六、10 轮循环

经过 AddRoundKey 的状态矩阵要继续进行 10 轮类似的子加密过程。在前 9 轮子加密过程中，每一轮要经过 4 种不同的变换，即 SubBytes 变换、ShiftRows 变换、MixColumns 变换和 AddRoundKey 变换，而最后一轮只有 3 种变换，即 SubBytes 变换、ShiftRows 变换和 AddRoundKey 变换。AddRoundKey 变换在前文已经讨论过，下面分别讨论余下的 3 种变换。

（一）SubBytes 变换

SubBytes 变换是一个独立作用于状态字节的非线性变换，它由以下两个步骤组成：

（1）在 $GF(2^8)$ 域，求乘法的逆运算，即对于 $\alpha \in GF(2^8)$ 求 $\beta \in GF(2^8)$，使 $\alpha\beta = \beta\alpha = 1 \bmod (x^8+x^4+x^3+x+1)$。

（2）在 $GF(2^8)$ 域做变换，变换使用矩阵乘法，如下所示：

$$\begin{bmatrix} y_0 \\ y_1 \\ y_2 \\ y_3 \\ y_4 \\ y_5 \\ y_6 \\ y_7 \end{bmatrix} = \begin{bmatrix} 11111000 \\ 01111100 \\ 00111110 \\ 00011111 \\ 10001111 \\ 11000111 \\ 11100011 \\ 11110001 \end{bmatrix} \begin{bmatrix} x_0 \\ x_1 \\ x_2 \\ x_3 \\ x_4 \\ x_5 \\ x_6 \\ x_7 \end{bmatrix} \oplus \begin{bmatrix} 0 \\ 1 \\ 1 \\ 0 \\ 0 \\ 0 \\ 1 \\ 1 \end{bmatrix}$$

由于所有的运算都在 $GF(2^8)$ 域上进行，所以最后的结果都在 $GF(2^8)$ 上。若 $g \in GF(2^8)$ 是 $GF(2^8)$ 的本原元素，则对于 $\alpha \in GF(2^8)$，$\alpha \neq 0$，则存在 $\beta \in GF(2^8)$，使得：$\beta = g^{\alpha} \bmod (x^8+x^4+x^3+x+1)$。由于 $g^{255} = 1 \bmod (x^8+x^4+x^3+x+1)$，所以 $g^{255-\alpha} = \beta^{-1} \bmod (x^8+x^4+x^3+x+1)$。

根据 SubBytes 变换算法，可以得出 SubBytes 的置换表，如表 2-2-9 所示，这个表也叫作 AES 的 S 盒。该表的使用方法如下：状态矩阵中每个元素都要经过该表来做替换，每个元素为 8 比特，前 4 比特决定了行号，后 4 比特决定了列号，例如求 SubBytes(0C)，则查表的 0 行 C 列，得 FE。

表 2-2-9　AES 的 SubBytes 置换表

	0	1	2	3	4	5	6	7	8	9	A	B	C	D	E	F
0	63	7C	77	7B	F2	6B	6F	C5	30	01	67	2B	FE	D7	AB	76
1	CA	82	C9	7D	FA	59	47	F0	AD	D4	A2	AF	9C	A4	72	C0
2	B7	FD	93	26	36	3F	F7	CC	34	A5	E5	F1	71	D8	31	15
3	04	C7	23	C3	18	96	05	9A	07	12	80	E2	EB	27	B2	75
4	09	83	2C	1A	1B	6E	5A	A0	52	3B	D6	B3	29	E3	2F	84
5	53	D1	00	ED	20	FC	B1	5B	6A	CB	B3	39	4A	4C	58	CF
6	D0	EF	AA	FB	43	4D	33	85	45	F9	02	7F	50	3C	9F	A8
7	51	A3	40	8F	92	9D	38	F5	BC	B6	DA	21	10	FF	F3	D2
8	CD	0C	13	EC	5F	97	44	17	C4	A7	7E	3D	64	5D	19	73
9	60	81	4F	DC	22	2A	90	88	46	EE	B8	14	DE	5E	0B	DB

续上表

	0	1	2	3	4	5	6	7	8	9	A	B	C	D	E	F
A	E0	32	3A	0A	49	06	24	5C	C2	D3	AC	62	91	95	E4	79
B	E7	C8	37	6D	8D	D5	4E	A9	6C	56	F4	EA	65	7A	AE	08
C	BA	78	25	2E	1C	A6	B4	C6	E8	DD	74	1F	4B	BD	8B	8A
D	70	3E	B5	66	48	03	F6	0E	61	35	57	B9	86	C1	1D	9E
E	E1	F8	98	11	69	D9	8E	94	9B	1E	87	E9	CE	55	28	DF
F	8C	A1	89	0D	BF	E6	42	68	41	99	2D	0F	B0	54	BB	16

它的变换过程如图 2－2－7 所示。

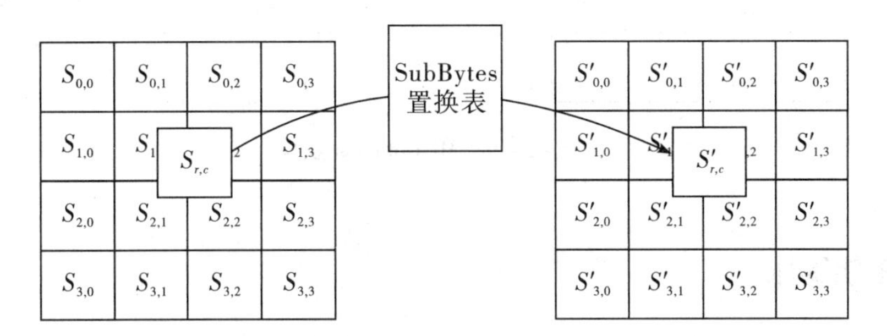

图 2－2－7 SubBytes 变换

AES 加密过程需要用到一些数学基础，其中包括 $GF(2)$ 域上的多项式、$GF(2^8)$ 域上的多项式的计算和矩阵乘法运算等，有兴趣的同学请参考相关的数学书籍。

（二）ShiftRows 变换

ShiftRows 变换比较简单，状态矩阵的第 1 行不发生改变，第 2 行循环左移 1 字节，第 3 行循环左移 2 字节，第 4 行循环左移 3 字节。ShiftRows 变换的过程如图 2－2－8 所示。

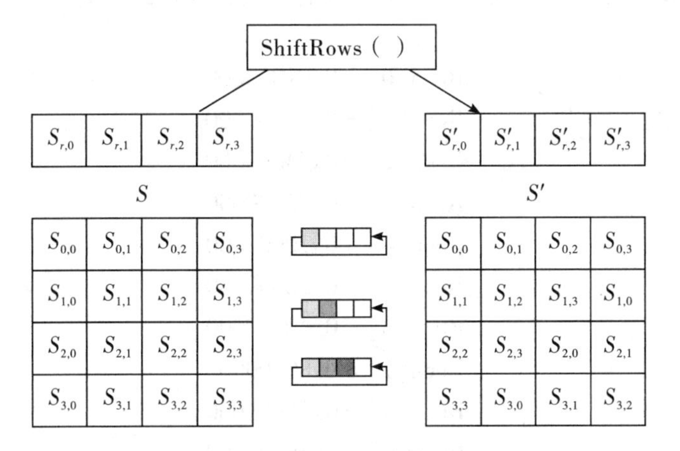

图 2－2－8 ShiftRows 变换

（三）MixColumns 变换

在 MixColumns 变换中，状态矩阵的列看作是域 $GF(2^8)$ 的多项式，模（x^4+1）乘以 $c(x)$ 的结果，其变换过程如图 2－2－9 所示。

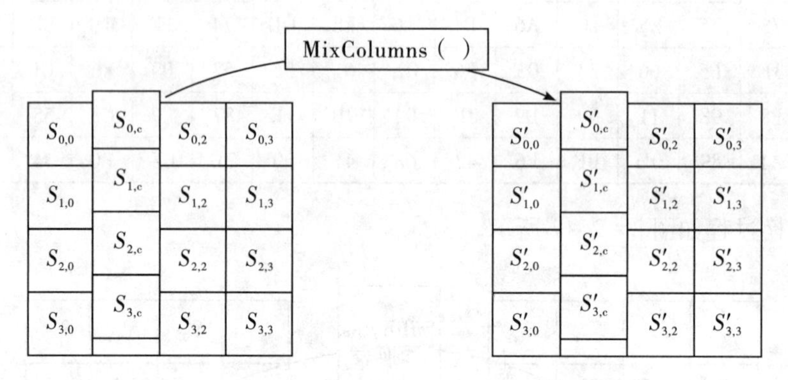

图 2－2－9　MixColumns 变换

七、密钥膨胀

在 AES 算法中，AddRoundKey 变换需要使用膨胀后的密钥，膨胀后的密钥记为子密钥。原始的 128 位密钥经过膨胀会产生 44 个字（每个字为 32 位）的子密钥，这 44 个字的子密钥供 11 次 AddRoundKey 变换使用，一次 AddRoundKey 使用 4 个字（128 位）的膨胀后的密钥。

密钥膨胀算法是以字为基础的（一个字由 4 个字节组成，即 32 比特）。128 比特的原始密钥经过膨胀后将产生 44 个字的子密钥，我们将这 44 个子密钥保存在一个字数组中，记为 $W[44]$。128 比特的原始密钥分成 16 份，存放在一个字节的数组：Key[0]，Key[1]，…，Key[15] 中。

在密钥膨胀算法中，Rcon 是一个 10 个字的数组，在数组中保存着算法定义的常数，分别为：

Rcon[0]＝0x01000000
Rcon[1]＝0x02000000
Rcon[2]＝0x04000000
Rcon[3]＝0x08000000
Rcon[4]＝0x10000000
Rcon[5]＝0x20000000
Rcon[6]＝0x40000000
Rcon[7]＝0x80000000
Rcon[8]＝0x1b000000
Rcon[9]＝0x36000000

另外，在密钥膨胀中包括其他两个操作 RotWord 和 SubWord，下面对这两个操作做说明：

RotWord(B_0，B_1，B_2，B_3) 对4个字节 B_0、B_1、B_2、B_3 进行循环移位，即 RotWord(B_0，B_1，B_2，B_3) = (B_1，B_2，B_3，B_0)；SubWord(B_0，B_1，B_2，B_3) 对4个字节 B_0、B_1、B_2、B_3 使用AES的S盒，即 SubWord(B_0，B_1，B_2，B_3) = (B'_0，B'_1，B'_2，B'_3)。其中，B'_i = SubBytes（B_i），i = 0，1，2，3。

密钥膨胀的算法如下：

```
Nk = 4              //密钥长度，以字为单位（32比特）
Nr = 10                        //加密的轮数
Nb = 4              //状态矩阵的列数
KeyExpansion(bytekey[4 * Nk],workw[Nb * (Nr + 1)], Nk)
begin
    wordtemp
    i = 0
    while(i < Nk)
        w[i] = word(key[4 * i], key[4 * i + 1], key[4 * i + 2], key[4 * i + 3])
        i = i + 1
    end while
    i = Nk
    while(i < Nb * (Nr + 1))
        temp = w[i - 1]
        if(i mod Nk = 0)
            temp = SubWord(RotWord(temp))xor Rcon[i/Nk]
        else if(Nk > 6 and i mod Nk = 4)
            temp = SubWord(temp)
        end if
        w[i] = w[i - Nk]xor temp
        i = i + 1
    end while
end
```

八、解密过程

AES的加密和解密过程并不相同。首先，密文按128位分组，分组方法和加密时的分组方法相同；其次进行轮变换。

AES的解密过程可以看成是加密过程的逆过程，它也由10轮循环组成，每一轮循环包括4个变换，分别为InvShiftRows变换、InvSubBytes变换、InvMixColumns变换和AddRoundKey变换；这个过程可以描述为如下代码片段所示：

```
Nk = 4          //状态矩阵的列数
Nr = 10              //加密的轮数
InvCipher(bytein[4 * Nb], byteout[4 * Nb], wordw[Nb * (Nr + 1)])
begin
    bytestate[4, Nb]
    state = in
    AddRoundKey(state, w[Nr * Nb, (Nr + 1) * Nb - 1])
    forround = Nr - 1step - 1downto1
        InvShiftRows(state)
        InvSubBytes(state)
        AddRoundKey(state, w[round * Nb, (round + 1) * Nb - 1])
        InvMixColumns(state)
    end for
    InvShiftRows(state)
    InvSubBytes(state)
    AddRoundKey(state, w[0, Nb - 1])

    out = state
end
```

九、InvShiftRows 变换

InvShiftRows 变换是 ShiftRows 变换的逆过程，其变换如下：$S_{r,(c+\text{shift}(r,Nb))}$ Fmod $Nb = S_{r,c}$ for $0 < r < 4$ and $0 \leqslant c < Nb$。图 2－2－10 演示了这个过程。

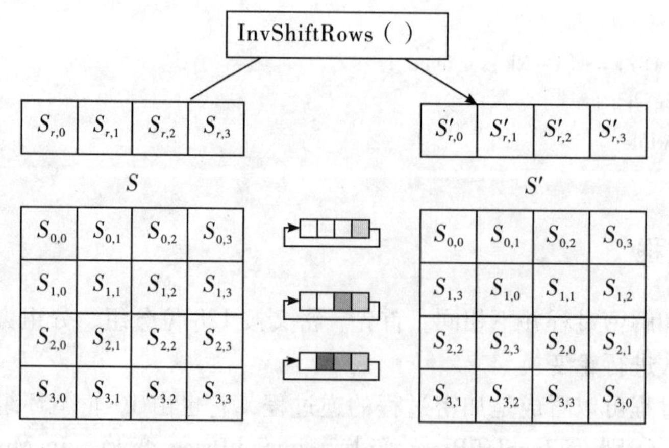

图 2－2－10　InvShiftRows 变换

十、InvSubBytes 变换

InvSubBytes 变换是 SubBytes 变换的逆变换，利用 AES 的逆 S 盒做字节置换。

十一、InvMixColumns 变换

InvMixColumns 变换与 MixColumns 变换类似，每列乘以 $d(x)$。

十二、AddRoundKey 变换

AES 解密过程的 AddRoundKey 变换与加密过程中的 AddRoundKey 变换一样，都是按位与子密钥做异或操作。解密过程的密钥膨胀算法也与加密的密钥膨胀算法相同，最后状态矩阵中的数据就是明文。

【实验步骤】

本练习主机 A、B 为一组，主机 C、D 为一组，主机 E、F 为一组。

首先使用“快照 X”恢复 Windows 系统环境。

练习一 AES 加密解密

1. 本机进入“密码工具” | “加密解密” | “AES 加密算法” | “加密/解密”页签，在明文输入区输入明文：________________________________。

2. 在密钥窗口输入 16（128 位）个字符的密钥 k，要记住这个密钥以用于解密，密钥 k = ____________。单击“加密”按钮，将密文导出到 AES 文件夹（D:\Work\Encryption\AES\）中，通告同组主机获取密文，并将密钥 k 告诉同组主机。

3. 单击“导入”按钮，从同组主机的 AES 共享文件夹中将密文导入，然后在密钥窗口输入被同组主机通告的密钥 k，点击“解密”按钮进行 AES 解密。

4. 将破解后的明文与同组主机记录的明文比较。

练习二 AES 算法执行过程

进入“密码工具” | “加密解密” | “AES 加密算法” | “演示”页签，输入 128 位明文与密钥，执行加密操作，查看各演示模块。

根据实验原理中对 AES 加密算法的 SubBytes 变换和 ShiftRows 变换的介绍，对于以下给出的状态矩阵：

$$\begin{bmatrix} 12 & 15 & 11 & 17 \\ 1F & 0E & 0A & 1D \\ 0F & 07 & 07 & 04 \\ 02 & 53 & 15 & 44 \end{bmatrix}$$

请计算它的 SubBytes 变换，以及经过 SubBytes 变换之后，再经过 ShiftRows 变换的结果。

练习三　源码应用（选做）

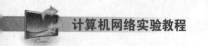

1. 设计 AES 加密工具，利用 AES 加密算法对文件进行加密。
2. 单击工具栏“AES 加密工具工程”按钮，基于此工程进行程序设计。

思考与探究

1. 在 AES 加密的 10 轮循环中，前 9 轮与第 10 轮有什么不同？
2. “AES 算法和 DES 算法一样，都是对比特进行操作从而完成加密的”，你认为这句话对吗？

实验（四）　IDEA 算法

【实验目的】

理解 IDEA 算法的加密原理。

【实验人数】

每组 2 人。

【系统环境】

Windows。

【网络环境】

交换网络结构。

【实验工具】

1. VC ++ 6.0。
2. 密码工具。

【实验类型】

验证型。

【实验原理】

一、IDEA 算法简介

IDEA（International Data Encryption Alogrithm）是由瑞士苏黎世联邦工业大学的 Xue-JiaLai 和 James L. Massey 于 1991 年提出的。IDEA 使用 128 比特密钥，整个算法和 DES 相似，也是将明文划分成 64 比特长的数据分组，然后经过几次迭代和一次变换，得出 64 比特的密文。

IDEA 是将两个 16 比特的值映射为一个 16 比特的值，其操作如下：

（1）半加运算，即“异或”运算，用符号“⊕”表示。所谓的半加运算，就是在进行二进制运算时只加不进位。

（2）模 2^{16} 的加法运算（即 mod 65536），用“ + ”表示。

（3）模（$2^{16}+1$）运算用符号“⊙”表示。

实际上，“⊙”是将两个输入的数先进行乘法运算，然后再对乘法结果进行模（$2^{16}+1$）运算，得出最终结果。对于这样的运算应该注意的是，参与运算的任何一个 n 位二进制数据，如果全是 0，则用（$n+1$）位数据表示，且最高位为 1，其余全为 0。

为了理解以上 3 种操作，我们用 2 位的数来表示以上的 3 种关系，如表 2 – 2 – 10 所示。

表 2 – 2 – 10　IDEA 三种操作的关系

X		Y		$X \boxplus Y$		$X \odot Y$		$X \oplus Y$	
十进制	二进制	十进制	二进制	十进制	二进制	十进制	二进制	十进制	二进制
0	00	0	00	0	00	1	01	0	00
0	00	1	01	1	01	0	00	1	01
0	00	2	10	2	10	3	11	2	10
0	00	3	11	3	11	2	10	3	11
1	01	0	00	1	01	0	00	1	01
1	01	1	01	2	10	1	01	0	00
1	01	2	10	3	11	2	10	3	11
1	01	3	11	0	00	3	11	2	10
2	10	0	00	2	10	3	11	2	10
2	10	1	01	3	11	2	10	3	11
2	10	2	10	0	00	0	00	0	00
2	10	3	11	1	01	1	01	1	01

续上表

X		Y		$X \boxplus Y$		$X \odot Y$		$X \oplus Y$	
十进制	二进制	十进制	二进制	十进制	二进制	十进制	二进制	十进制	二进制
3	11	0	00	3	11	2	10	3	11
3	11	1	01	0	00	3	11	2	10
3	11	2	10	1	01	1	01	1	01
3	11	3	11	2	10	0	00	0	00

二、IDEA 算法加密过程

（一）IDEA 迭代过程

IDEA 加密算法采用 8 次迭代，如图 2－2－11 所示。

64 比特的密钥生成的数据被分成 8 个子块，每个子块 16 比特。每一次迭代过程如图 2－2－12 所示。

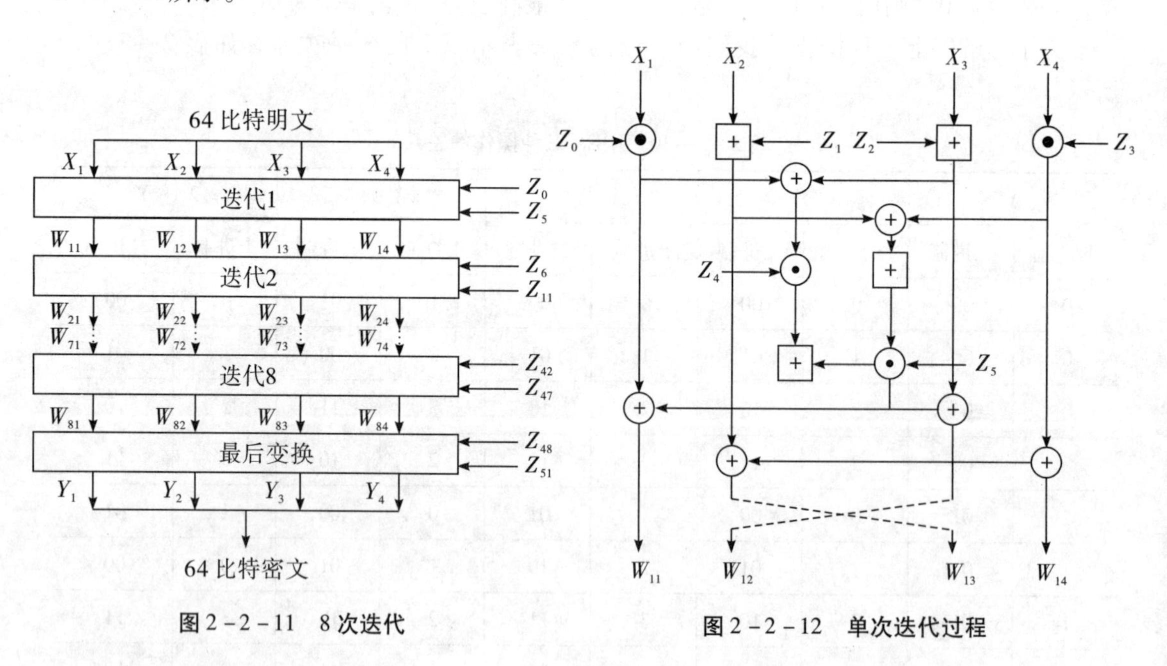

图 2－2－11　8 次迭代　　图 2－2－12　单次迭代过程

【说明】图中“⊕”表示异或运算；“⊞”表示模 2^{16} 的加法运算；“⊙”表示模（$2^{16}+1$）的乘法运算。

X_1，X_2，X_3 和 X_4 作为第一次迭代的输入，每轮的迭代都是 4 个子块以及 16 比特子密钥间的异或运算，模 2^{16} 的加法运算和模（$2^{16}+1$）的乘法运算。

迭代步骤如下：

（1）X_1 和第一个子密钥块做乘法运算。

（2）X_2和第二个子密钥块做加法运算。

（3）X_3和第三个子密钥块做加法运算。

（4）X_4和第四个子密钥块做乘法运算。

（5）步骤（1）和（3）的结果做异或运算。

（6）步骤（2）和（4）的结果做异或运算。

（7）步骤（5）的结果和第五个子密钥块做乘法运算。

（8）步骤（6）和（7）的结果做加法运算。

（9）步骤（8）的结果与第六个子密钥块做乘法运算。

（10）步骤（7）和（9）的结果做加法运算。

（11）步骤（1）和（9）的结果做异或运算。

（12）步骤（3）和（9）的结果做异或运算。

（13）步骤（2）和（10）的结果做异或运算。

（14）步骤（4）和（10）的结果做异或运算。

每轮完成以上 14 次运算，共进行 8 轮，然后进行最后的输出变换。经过 8 轮迭代运算后，W_{81}，W_{82}，W_{83}，W_{84}分别与Z_{48}，Z_{49}，Z_{50}，Z_{51}运算得到Y_1，Y_2，Y_3和Y_4。其方法如图 2－2－13 所示。

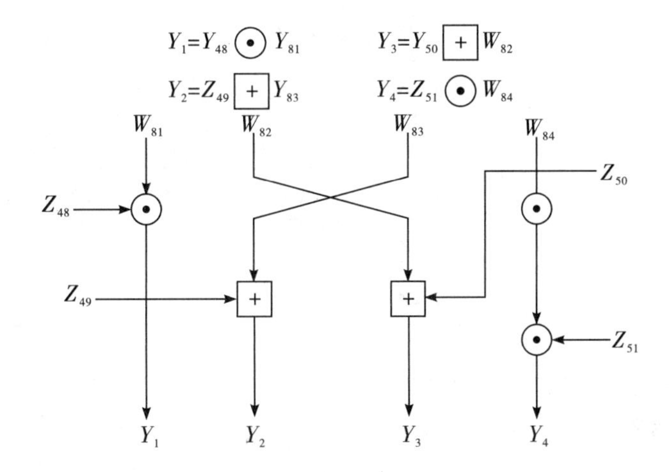

图 2－2－13　8 轮迭代变换后的输出变换

（二）IDEA 密钥生成过程

在图 2－2－13 中可以看出，在加密过程中共有 52 个子密钥块参与运算，每个块长 16 比特。这 52 个密钥块是由 128 比特密钥产生的，我们将这 52 个密钥块记为Z_0，Z_1，…，Z_{51}。最初的 8 个子密钥Z_0，Z_1，…，Z_7是直接来自用户输入，Z_0是用户输入密钥的前 16 比特；Z_1是用户输入密钥的第二个 16 比特……Z_7是用户输入密钥的最后 16 比特。这样从Z_0到Z_7的密钥长度共计 128 比特。

IDEA 每一轮迭代使用 6 个子密钥，每个子密钥有 16 位，这意味着在一轮迭代中，密钥中只有 96 位被使用。最初的 6 个连续的子密钥（Z_0到Z_5）直接用于第一轮迭代，然后

128位的密钥要循环左移25位，再取密钥的前96位作为下一轮的6个子密钥。以此类推，直到8轮迭代全部完成。

（三）IDEA解密算法与其加密的关系

IDEA的解密处理和其加密处理基本相同，只是解密处理输入的是密文，选择的密钥不大相同，但也有一定的联系。它与加密密钥的关系如下：

解密过程的第i轮前4个密钥是与加密过程中的第（$10-i$）轮的相同，最后置换作为第9轮。解密过程的第1轮和第4轮是对应加密处理过程第1轮和第4轮的模（$2^{16}+1$）乘法运算。解密过程的第2轮和第3轮是对应加密处理过程第2轮和第3轮的模2^{16}加法运算。

在前8轮运算中，解密的过程第i轮的最后两个子密钥块等于加密过程中的第（$9-i$）轮的最后两个子密钥块。每一轮的加密和解密的子密钥关系如表2-2-11所示。

表2-2-11　加密和解密的子密钥关系

加、解密轮次	每轮的加密密钥	原始密钥对应的位
第1轮	$Z_0Z_1Z_2Z_3Z_4Z_5$	$Z_{48}^{-1}-Z_{49}-Z_{50}^{-1}Z_{51}\ Z_{46}Z_{47}$
第2轮	$Z_6Z_7Z_8Z_9Z_{10}Z_{11}$	$Z_{42}^{-1}-Z_{44}-Z_{43}^{-1}Z_{45}\ Z_{40}Z_{41}$
第3轮	$Z_{12}Z_{13}Z_{14}Z_{15}Z_{16}Z_{17}$	$Z_{36}^{-1}-Z_{38}-Z_{37}^{-1}Z_{39}\ Z_{34}Z_{35}$
第4轮	$Z_{28}Z_{19}Z_{20}Z_{21}Z_{22}Z_{23}$	$Z_{30}^{-1}-Z_{32}-Z_{31}^{-1}Z_{33}\ Z_{28}Z_{29}$
第5轮	$Z_{34}Z_{25}Z_{26}Z_{27}Z_{28}Z_{29}$	$Z_{24}^{-1}-Z_{26}-Z_{25}^{-1}Z_{27}\ Z_{22}Z_{23}$
第6轮	$Z_{30}Z_{31}Z_{32}Z_{33}Z_{34}Z_{35}$	$Z_{18}^{-1}\ Z_{20}-Z_{19}^{-1}Z_{21}\ Z_{18}Z_{17}$
第7轮	$Z_{46}Z_{37}Z_{38}Z_{39}Z_{40}Z_{41}$	$Z_{12}^{-1}\ Z_{14}-Z_{13}^{-1}Z_{15}\ Z_{10}Z_{11}$
第8轮	$Z_{42}Z_{43}Z_{44}Z_{45}Z_{46}Z_{47}$	$Z_6^{-1}-Z_8^{-1}-Z_7Z_9\ Z_4Z_5$
最后的置换（第9轮）	$Z_{48}Z_{49}Z_{50}Z_{51}$	$Z_0^{-1}-Z_1^{-1}-Z_2Z_3$

【说明】以上Z_j与Z_j^{-1}及$-Z_j$与Z_j的关系为$Z_j \odot Z_j^{-1}=1$，$-Z_j \boxplus Z_j=0$。

【实验步骤】

本练习主机A、B为一组，主机C、D为一组，主机E、F为一组。

首先使用“快照X”恢复Windows系统环境。

练习一　IDEA加密解密

1. 本机进入“密码工具”|“加密解密”|“IDEA加密算法”|“加密/解密”页签，在明文输入区输入明文：________________。

2. 在密钥窗口输入密钥$k=$________。单击“加密”按钮，将密文导出到IDEA共享文件夹（D:\Work\Encryption\IDEA\）中，通告同组主机获取密文，并将密钥k告诉同组主机。

3. 单击“导入”按钮，从同组主机的 IDEA 共享文件夹中将密文导入，然后在密钥窗口输入被同组主机通告的密钥 k，点击“解密”按钮进行 IDEA 解密。

4. 将破解后的明文与同组主机记录的明文比较。

练习二　IDEA 算法执行过程

本机进入“密码工具” | “加密解密” | “IDEA 加密算法” | “演示”页签，在 64 位明文中输入 8 个字符（8 * 8 bit = 64），在 128 位密钥中输入 16 个字符（16 * 8 bit = 128）。点击“加密”按钮，完成加密操作。分别点击“8 轮迭代”“52 个子密钥”和“最后的变换”按钮，查看 8 轮相同迭代的中间结果、子密钥生成和最后的变换等详细的加密操作流程。

练习三　源码应用（选做）

1. 设计 IDEA 加密工具，利用 IDEA 加密算法对文件进行加密。
2. 单击工具栏“IDEA 加密工具工程”按钮，基于此工程进行程序设计。

思考与探究

IDEA 加密算法的加密、解密子密钥的生成过程。

实验（五）　RC4 算法

【实验目的】

理解 RC4 加密算法的加密过程。

【实验人数】

每组 2 人。

【系统环境】

Windows。

【网络环境】

交换网络结构。

【实验工具】

1. ASCII 码表。

2. VC ++ 6.0。
3. 密码工具。

【实验类型】

验证型。

【实验原理】

一、RC4 算法简介

RC4 是一种专有的字节流加密算法，设计于 1987 年。随着算法渐渐受到公众的注意，RSA 实验室把该算法说明当作商业机密，实现者应该与 RSA 实验室就此事进行商议。但是，在 1994 年，该算法被反推导出来并匿名公开。

二、RC4 算法的加密过程

由于 RC4 算法易实现，因此它也易于描述。RC4 的基本思想是生成一个叫密钥流的伪随机序列字节流，再与数据相异或（XOR）。异或运算规则如下：$1 \oplus 1 = 0$，$1 \oplus 0 = 1$，$0 \oplus 1 = 1$，$0 \oplus 0 = 0$。

异或运算有如下性质：如 $a \oplus b = c$，则有 $c \oplus a = b$，$c \oplus b = a$，即 $a \oplus b \oplus b = a$。

RC4 正是利用上面的运算性质实现了数据的加密和解密：

加密：明文⊕随机数 = 密文

解密：密文⊕随机数 = 明文

"随机"是指在攻击者看来是随机的，而连接的两端都能够产生相同的"随机"值处理每一个字节，因此它被称为伪随机，是由 RC4 算法生成的。

伪随机密钥流最重要的性质是，只要知道用于生成字节流的密钥，你就可能算出序列中的下一个字节。如果不知道密钥，那么它看起来就是像随机的。注意，异或操作完全隐藏了明文值，即使明文是一长串的 0，在攻击者看来密文依然是随机数。

RC4 有两个阶段：密钥安装阶段和伪随机生成阶段。

密钥安装阶段是用密钥安装算法建立一个由 0 ~ 255 排列组成的字节阵列，也就是说，所有的数字都出现在阵列中，但顺序已被打乱，阵列中的排列叫作 S_Box，最初由 0 ~ 255 顺序排列而成，然后 S_Box 通过下列过程进行重排。首先，第二个 256 字节的阵列（叫作 K_Box）用密钥填充，按照需求被重复填充直到填满整个阵列。其次，让 S_Box 中每一个字节与另一个字节进行互换。从第一个字节开始，做如下操作：

$j = j +$ S_Box 中的第一个字节的值 + K_Box 第一个字节的值，其中 j 是一个单字节的值忽略任何加法计算中的溢出。

现在把 j 作为 S_Box 的索引，把该位置上的值与第一个位置上的值进行互换，重复进行 255 次这样的操作，直到 S_Box 中的每一个字节都被换过。算法的程序伪代码描述如下。

```
i = j = 0;
for(i = 0;i < 256; + + i)
{
        j = (j + S[i] + K[i]) mod 256;
        Swap(S[i],S[j]);
}
```

伪随机生成阶段是在 S_Box 初始化后，是 S_Box 中更多字节的交换，每次迭代（R）生成一个伪随机字节。迭代操作程序伪代码如下：

```
i = j = k = u = 0;
i = (i + 1) mod 256;
j = (j + S[i]) mod 256;
Swap(S[i],S[j]);
K = (S[i] + S[j]) mod 256;
R = S[k];
```

明文第 u 个字节与 R 异或生成密文。每字节的明文与 RC4 算法产生的 R 值相异或，生成密文。注意完成整个过程只需要字节长度的加法和互换，这对于计算机是非常简单的操作。

理论上讲，RC4 不是一个完全安全的加密系统，因为它生成的是伪随机密钥流，不是真正的随机字节，但如果在协议中正确地使用，对于应用来说，它的确是足够安全的。

【实验步骤】

本练习主机 A、B 为一组，主机 C、D 为一组，主机 E、F 为一组。

首先使用“快照 X”恢复 Windows 系统环境。

练习一　RC4 加密和解密

1. 本机进入“密码工具”|“加密解密”|“RC4 加密算法”|“加密/解密”页签，在明文输入区输入明文：____。

2. 在密钥窗口输入密钥 k = ____________。单击“加密”按钮，将密文导出到 RC4 共享文件夹（D:\Work\Encryption\RC4\）中，通告同组主机获取密文，并将密钥 k 告诉同组主机。

3. 单击“导入”按钮，从同组主机的 RC4 共享文件夹中将密文导入，然后在密钥窗口输入被同组主机通告的密钥 k，点击“解密”按钮进行 RC4 解密。

4. 将破解后的明文与同组主机记录的明文比较。

练习二　RC4 算法执行过程

1. 手动模拟 RC4 加密。

(1) 实例化一个含有 MODE 个元素的 S_Box(S)（这里假设 MODE = 9），步骤如下：

①MODE 初始为 9，j 初始为 0，i 初始为 0，将 S_Box 赋值为 0 ~ (MODE − 1) 的一个序列；

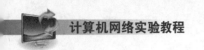

②将含有 MODE 个元素的 K_Box 使用密钥“abcde”序列循环填充；

③$j=[($S_Box 的第 i 个字节的值$)+($K_Box 的第 i 个字节的值$)+j]$ mod MODE；

④$i=\{0, 1, \cdots, \text{MODE}-1\}$；

⑤将 S_Box[j] 与 S_Box[i] 的值交换；

⑥i 加 1；

⑦i 是否等于 MODE，是则退出实例化结束操作，否则转至第 3 步。

实例化后的 S_Box 是：________________________。

（2）将（1）获得的 S_Box 按下面的方法加密“Hello RC4!”（可通过美国标准信息交换代码 ASCII 码对照表查询字符对应的 ASCII 码）。

①初始化 $m=i=j=0$，MODE=9，送入明文数据存入 Buf，长度 Len；

②$m=(i+1)$ mod MODE，$j=(j+$S_Box $[m])$ mod MODE；

③交换 S_Box[m]，S_Box[j]；

④$k=($S_Box[m]$+$S_Box[j]$)$ mod MODE；

⑤$R=$S_Box[k]；

⑥密文 i 等于 Buf[i] 异或 R 的值；

⑦i 加 1；

⑧i 是否小于 Len，否则完成加密并退出，是则转至第二步。

加密后的密文数字序列是：________________________。

2. 验证。

进入“密码工具”|“加密解密”|“RC4 加密算法”|“RC4 演示”页签，将 S_Box的元素个数调整为9，明文中填入“Hello RC4!”，密钥中填入“abcde”，执行加密操作，查看各演示模块，验证手动计算结果。

练习三　源码应用（选做）

1. 设计 RC4 加密工具，利用 RC4 加密算法对文件进行加密。
2. 单击工具栏“RC4 加密工具工程”按钮，基于此工程进行程序设计。

思考与探究

1. 思考 S_Box 的长度大小（1~256）与加密安全性之间的关系。
2. 简述 S_Box 的产生步骤。

实验（六）　SMS4 加密算法

【实验目的】

掌握 SMS4 加密算法的原理。

【实验人数】

每组 2 人。

【系统环境】

Windows。

【网络环境】

交换网络结构。

【实验工具】

密码工具。

【实验类型】

验证型。

【实验原理】

一、SMS4 加密算法简介

2006 年 1 月，我国公布了第一个商用密码算法标准 SMS4，在我国采用的无线局域网标准中被使用。SMS4 是一种 Feistel 结构 32 轮的迭代非平衡迭代结构的用于 WAPI 的分组密码算法，是我国官方公布的第一个商用密码算法。该算法的分组长度为 128 比特，密钥长度为 128 比特。加密算法与密钥扩展算法都采用 32 轮非线性迭代结构。

（一）加解密

设明文输入为 hello，密文输出为 68656C6C6F0000000000000000000000，轮密钥为（rk_0，rk_1，…，rk_{31}），其中 rki（$i=0$，…，31）为字。轮函数 F（X_0，X_1，X_3，rk）$=X_0 \oplus L(\tau(X_1 \oplus X_2 \oplus X_3 \oplus rk))$，$L$ 为线性变换，τ 为非线性变换。输入为（X_0，X_1，X_3），输出为（Y_0，Y_1，Y_3），SMS4 的加密过程为：

$$X_{i+4}=F(X_i, X_{i+1}, X_{i+2}, X_{i+3}, rk_i)=X_i \oplus T(X_{i+1} \oplus X_{i+2} \oplus X_{i+3} \oplus rk), \ i=0, 1, \cdots, 31 \quad (1)$$

$$(Y_0, Y_1, Y_3)=(x_{35}, x_{34}, x_{33}, x_{32}) \quad (2)$$

式（1）中，合成置换 T 是一个可逆变换，由非线性变换 τ 和线性变换 L 复合而成。由 4 个并行的 S 盒构成，L 为对输入变量进行一系列循环左移后再异或（用 F 表示）处理的线性操作。SMS4 密码算法的流程图如图 2－2－14 所示。

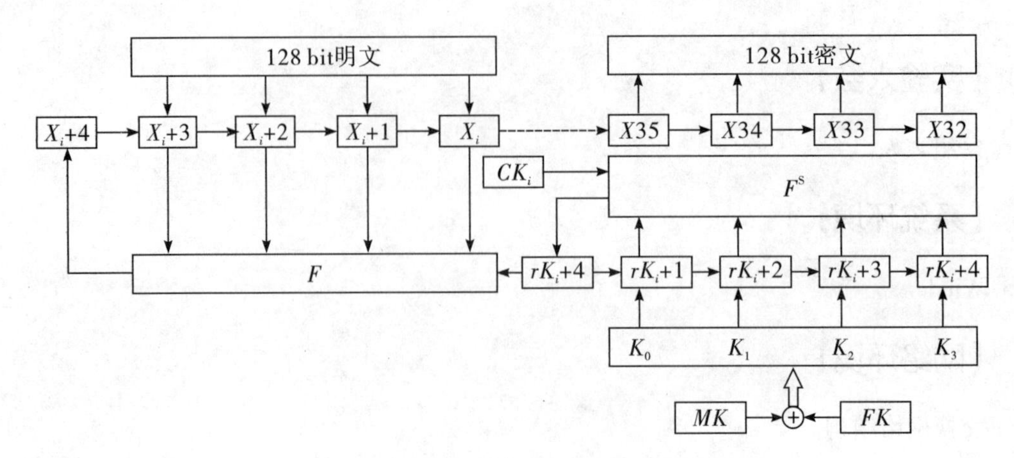

图 2-2-14　SMS4 密码算法流程图

解密过程与加密过程相同，只是轮密钥的使用顺序相反。

（二）轮密钥

轮密钥由密钥扩展算法生成，其基本结构与加密和解密算法相同，也是经过 32 轮迭代后生成 32 个子密钥。设加密密钥为 32 bit，则密钥为 $MK=(MK_0, MK_1, MK_2, MK_3)$，$i=0, 1, 2, 3$；中间变量为 K_i，$i=0, 1, \cdots, 35$；轮密钥为 rk_i，$i=0, 1, \cdots, 31$，其中 MK_i，rk_i 和 K_i 均为 32 比特，则密钥生成方式为：

$$(K_0, K_1, K_2, K_3)=(MK_0 \oplus FK_0 \oplus, MK_1 \oplus FK_1, MK_2 \oplus FK_2, MK_3 \oplus FK_3) \quad (3)$$

$$rk_i=K_{i+4}=K_i \oplus T'(K_{i+1} \oplus K_{i+2} \oplus K_{i+3} \oplus ck_i),\ i=0, 1, \cdots, 31 \quad (4)$$

式（3）中 FK 为 32 比特系统参数，（4）中 ck_i 为固定参数。T' 变换与加密和解密 SMS4 函数中的 T 变换类似，由非线性变换 τ 和线性变换 L' 复合而成。

【实验步骤】

本练习主机 A、B 为一组，主机 C、D 为一组，主机 E、F 为一组。

首先使用“快照 X”恢复 Windows 系统环境。

练习　SMS 加密解密

1. 本机进入“密码工具”|“加密解密”|“SMS4 加密算法”|“加密/解密”视图，在密钥框中输入双方协商好的密钥________________。

2. 在明文框中输入明文（明文为英文），单击“加密”按钮对明文进行加密，加密完成后，单击“导出”按钮，将密文导出到“D：\ Work \ Encryption \ SMS4”共享目录中；同组主机通过访问共享目录的方式获取密文，并存放在“D：\ Work \ Encryption \ SMS4”目录中。

3. 同组主机单击“导入”按钮将步骤 2 中生成的密文导入，填入确定好的密钥，单击“解密”按钮对密文进行解密。

4. 将解密后的明文与解密前记录的明文对照，如果明文一致，则说明实验成功，否则说明解密前或导入后的 SMS4 加密算法解密计算错误。

实验三

非对称密码算法

非对称密钥加密是指每个实体都有自己的公钥和私钥两个密钥，用其中的一个密钥对明文进行加密，只能用另一个密钥才能解开，并且从其中的一个密钥推导出另一个密钥在计算上是困难的。非对称密码算法解决了对称密码体制中密钥管理的难题，并提供了对信息发送人的身份进行验证的手段，是现代密码学最重要的发明。

实验（一）　RSA 算法

【实验目的】

1. 了解非对称加密机制。
2. 理解 RSA 算法的加密原理。

【实验人数】

每组 2 人。

【系统环境】

Windows。

【网络环境】

交换网络结构。

【实验工具】

1. VC ++ 6.0。
2. 密码工具。

【实验类型】

验证型。

【实验原理】

一、RSA 算法概述

RSA 加密算法于 1977 年由美国麻省理工学院的 Ronal Rivest，Adi Shamir 和 Len Adleman 3 位年轻教授提出，并以三人的姓氏 Rivest，Shamir 和 Adleman 命名为 RSA 算法。这 3 位科学家荣获 2002 年度图灵奖，以表彰他们在算法方面的突出贡献。RSA 算法利用了数论领域的一个事实，那就是把两个大质数相乘生成一个合数是件十分容易的事情，但要把一个合数分解为两个质数的乘积却十分困难。合数分解问题目前仍然是数学领域尚未解决的一大难题，至今没有任何高效的分解方法。RSA 算法无须收发双方同时参与加密过程，既可以用于保密也可以用于签名，因而非常适合于电子邮件系统的加密，以及互联网和信用卡安全系统。

二、RSA 算法的加密和解密过程

在 RSA 算法中，每个实体有自己的公钥（e，n）及私钥（d，n），其中 $n=pq$（p，q 是两个大素数），$\phi(n)=(p-1)(q-1)$，$ed=1 \bmod \phi(n)$，显然 e 应该满足 $gcd(e, \phi(n))=1$。实体 B 加密消息 m，将密文在公开信道上传送给实体 A。实体 A 接到密文后对其解密。具体算法如下：

（一）公钥和私钥的生成算法

RSA 公钥和私钥的生成算法可以分为 5 步：

（1）随机地选择两个大素数 p 和 q，而且保密；

（2）计算 $n=pq$，将 n 公开；

（3）计算 $\phi(n)=(p-1)(q-1)$，对 $\phi(n)$ 保密；

（4）随机地选择一个正整数 e，$1<e<\phi(n)$ 且 gcd（e，$\phi(n)$）$=1$，将 e 公开；

（5）根据 $ed=1 \bmod \phi(n)$，求出 d，并对 d 保密。

公钥由（e，n）构成，私钥由（d，n）构成。

（二）加密算法

实体 B 的操作如下：

（1）得到实体 A 的真实公钥（e，n）；

（2）把消息表示成整数 m，$0<m\leqslant n-1$；

（3）使用平方—乘积算法，计算 $C=E_k(m)=m^e \bmod n$；

（4）将密文 C 发送给实体 A。

（三）解密算法

实体 A 接收到密文 C，使用自己的私钥 d 计算 $m=D_k(C)=C^d \bmod n$。

例如，选择 $p=3$，$q=11$，得到 $n=33$，$\phi(n)=(p-1)(q-1)=2\times10=20$。由于7和20互质，故设 $e=7$。对于所选的 $e=7$，解方程 $7d=1 \bmod 20$，可以得到 $d=3$。因此，公钥为（7，33），私钥为（3，33）。

上述例子只是用来说明 RSA 算法的原理，对于明文 SUZANNE，RSA 的加密和解密过程如表 2－3－1 所示。

表 2－3－1　RSA 加密和解密过程示例

加密				解密			
明文（m）		m^e	密文（C）	密文（C）	C^d	明文（m）	
符号	值	M^7	M^7(mod 33)	M^7(mod 33)	C^3	C^3(mod 33) 值	符号
S	19	893871739	13	13	2197	19	S
U	21	1801088541	21	21	9261	21	U
Z	26	8031810176	5	5	125	26	Z
A	1	1	1	1	1	1	A
N	14	105413504	20	20	78125	14	N
N	14	105413504	20	20	78125	14	N
E	5	78125	14	14	2744	5	E

【实验步骤】

本练习主机 A、B 为一组，C、D 为一组，E、F 为一组。

首先使用“快照 X”恢复 Windows 系统环境。

练习一　RSA 生成公钥和私钥及加密和解密过程演示

1. 本机进入“密码工具”|“加密解密”|“RSA 加密算法”|“公私钥”页签，在生成公钥和私钥区输入素数 p 和素数 q，这里要求 p 和 q 不能相等（因为相等时很容易利用开平方求出 p 与 q 的值），并且 p 与 q 的乘积也不能小于 127（因为小于 127 时不能包括所有的 ASCII 码，导致加密失败），你选用的素数 p 与 q 分别是：$p=$______________；$q=$______________。

2. 单击“随机选取正整数 e”下拉按钮，随机选取 e，$e=$______________。

3. 单击“生成公私钥”按钮生成公钥和私钥，记录下公钥为______________，私钥为______________。

4. 在公钥和私钥生成演示区中输入素数 $p=$______________和素数 $q=$______________，还有正整数 $e=$______________。

单击“开始演示”按钮查看结果，填写表2-3-2。

表2-3-2　公私钥生成演示结果

私钥 d		私钥 n	
公钥 e		公钥 n	

5. 在加/解密演示区中输入明文 $m=$________，公钥 $n=$________（$m<n$），公钥 $e=$________。单击“加密演示”按钮，查看RSA加密过程，然后记录得到的密文 $C=$________。

6. 在密文 C 编辑框输入刚刚得到的密文，分别输入私钥 $n=$________，私钥 $d=$________，点击“解密演示”按钮，查看RSA解密过程，然后记录得到的明文 $m=$________。

7. 比较解密后的明文与原来的明文是否一致。

根据实验原理中对RSA加密算法的介绍，当素数 $p=13$，素数 $q=17$，正整数 $e=143$ 时，写出RSA私钥的生成过程：________________。

当公钥 $e=143$ 时，写出对明文 $m=40$ 的加密过程（加密过程计算量比较大，请使用密码工具的RSA工具进行计算）：________________。

利用生成的私钥 d，对生成的密文进行解密：________________。

练习二　RSA加密和解密

1. 本机在生成公钥和私钥区输入素数 p 和素数 q，这里要求 p 和 q 不能相等，并且 p 与 q 的乘积也不能小于127，记录你输入的素数：$p=$________，$q=$________。

2. 点击“随机选取正整数 e”下拉按钮，选择正整数 e，$e=$________。

3. 点击“生成公私钥”按钮生成公钥和私钥，记录公钥 $e=$________，$n=$________；私钥 $d=$________，$n=$________。将自己的公钥通告给同组主机。

4. 本机进入“加密/解密”页签，在“公钥 e 部分”和“公钥 n 部分”输入同组主机的公钥，在明文输入区输入明文：________________。单击“加密”按钮对明文进行加密，单击“导出”按钮将密文导出到RSA共享文件夹（D:\Work\Encryption\RSA\）中，通告同组主机获取密文。

5. 进入“加密/解密”页签，单击“导入”按钮，从同组主机的RSA共享文件夹中将密文导入，点击“解密”按钮，切换到解密模式，在“私钥 d 部分”和“私钥 n 部分”输入自己的私钥，再次点击“解密”按钮进行RSA解密。

6. 将破解后的明文与同组主机记录的明文比较。

练习三　源码应用（选做）

1. 设计RSA加密工具，利用RSA加密算法对文件进行加密。

2. 单击工具栏“RSA加密工具工程”按钮，基于此工程进行程序设计。

思考与探究

1. 简述 RSA 的公钥生成算法？
2. “无法证明 RSA 算法是安全的”，你认为这种说法对吗？

实验（二）　ELGamal 算法

【实验目的】

理解 ELGamal 算法的加密原理。

【实验人数】

每组 2 人。

【系统环境】

Windows。

【网络环境】

交换网络结构。

【实验工具】

1. VC ++ 6.0。
2. 密码工具。

【实验类型】

验证型。

【实验原理】

ELGamal 密码体制是 T. ElGamal 在 1985 年提出的公钥密码体制。它的安全性是基于求解离散对数问题的困难性，是继 RSA 算法后性能较好的一个公钥密码。美国的 DSS（Digital Signature Standard）的 DSA（Digital Signature Algorithm）算法就是经 ELGamal 算法演变而来，目前 DSA 算法应用也非常广泛。

（一）公钥的生成算法

系统提供一个大素数 p 和 $GF(p)$ 上的本 X_A 原元素 g。对每一个用户 A 可选择 $X_A \in$

[0, 1, 2, …, $p-1$]，计算 $Y_A=(g^{X_A}) \bmod p$，其中，X_A就是用户的私钥，Y_A就成为用户的公钥，将 Y_A公开，X_A保密，由 A 自己掌握。

（二）加密算法

若 A 欲与 B 保密通信，设明文是 m，$m \in [0, 1, 2, \cdots, p-1]$，则可按如下步骤进行：

（1）A 找出 B 的公钥 $Y_B=g^{X_B} \bmod p$。

（2）A 计算任意选的随机数 $x \in [0, 1, 2, \cdots, p-1]$，A 计算 $C_1=g^x \bmod p$。

（3）A 计算：$K=(Y_B)^x \bmod p=(g^x)^{X_B} \bmod p$，求 $C_2=(K*m) \bmod p$。

（4）A 将（C_1，C_2）作为密文发送给 B。

（三）解密算法

B 收到密文以后解密方法如下：

（1）B 用自己的密钥 X_B计算：$K=(Y_B)^x \bmod p=(g^x)^{X_B} \bmod p=(C_1)^{X_B} \bmod p$。

（2）B 计算：$K^{-1} \bmod p$。

（3）求 $m=(K^{-1}*C_2) \bmod p$。

举例说明如下：

设 $p=11$，$g=7$，在 GF（11）上有 $7^0=1$，$7^1=7$，$7^2=5$，$7^3=3$，$7^4=3$，$7^5=10$，$7^6=4$，$7^7=6$，$7^8=9$，$7^9=8$，$7^{10}=1$，因此 7 是 GF（11）上的本原元素。

设 A 的私钥 $X_A=3$，公钥 $Y_A=2$；B 的私钥 $X_B=5$，公钥 $Y_B=10$，假定 A 要将信息 $m=7$ 发送给 B，A 取随机数 $x=5$，A 计算 $C_1=g^5 \bmod 11=10$，$K=(Y_B)^5 \bmod 11=10$，$C_2=(10*7) \bmod 11=4$。A 将（10，4）作为密文发送给 B，B 收到后计算 $K=10^5 \bmod 11=10$，$K^{-1}=10$（根据 $K*K^{-1}=1 \bmod 11$），则 $m=40 \bmod 11=7$。

【实验步骤】

本练习主机 A、B 为一组，主机 C、D 为一组，主机 E、F 为一组。

首先使用“快照 X”恢复 Windows 系统环境。

练习一　ELGamal 生成公钥及加密和解密过程演示

1. 本机进入“密码工具” | “加密解密” | “ELGamal 加密算法” | “公钥”页签，输入素数 p，这里要求 p 不能小于 127，记录你输入的素数 $p=$____________。单击“本原元素 g”下拉按钮，选择本原元素 $g=$____________。输入私钥 X，X 在区间 [0, p) 上，记录私钥用于解密，$x=$____________。点击“生成公钥”按钮生成公钥，记录公钥 $y=$____________。

2. 在公钥生成演示区中输入素数 $p=$____________，本原元素 $g=$____________，私钥 $x=$____________。单击“开始演示”按钮查看 ELGamal 算法生成公钥过程，记录下公钥 $y=$____________。

3. 在加密演示区中输入明文 $m=$____________，素数 $p=$____________，本原元素

$g=$____________，公钥 $y=$____________，随机数 $x=$____________。单击“开始演示”按钮，查看 ELGamal 加密过程，记录密文 $C_1=$____________，$C_2=$____________。

4. 在解密演示区中输入刚刚得到的密文 C_1 和 C_2，输入素数 $p=$____________，私钥 $x=$____________。单击“开始演示”按钮，查看 ELGamal 解密过程，记录得到的明文 $m=$____________。根据实验原理中对 ELGamal 加密算法的介绍，当素数 $P=311$，本原元素 $g=136$，私钥 $x=3$ 时，写出 ELGamal 公钥的生成过程：________________________。

利用生成的公钥，写出对明文 $m=40$，随机数 $x=2$ 的加密过程：________________。

利用私钥 $X=3$，对生成的密文进行解密，请写出解密过程：__________________。

练习二　ELGamal 加密解密

1. 本机进入“密码工具”|“加密解密”|“ELGamal 加密算法”|“公钥”页签，输入素数 p，这里要求 p 不能小于 127，记录输入的素数 $p=$____________。单击“本原元素 g”下拉按钮，选择本原元素 $g=$____________。输入私钥 X，X 在区间 $[0, p)$ 上，记录下私钥用于解密，私钥 $X=$____________。单击“生成公钥”按钮生成公钥，记录下公钥 $Y=$____________，将自己的公钥通告给同组主机。

2. 进入“加密”页面，输入同组主机的系统素数、本原元素和公钥，再输入一个随机数 x（$0<x<p$）。在明文输入区输入明文：________________________。加密后将密文导出到 ELGamal 共享文件夹（D：\ Work \ Encryption \ ELGamal \ ）中，通告同组主机获取密文。

3. 本机进入“解密”页签，单击“导入”按钮，从同组主机的 ELGamal 共享文件夹中将密文导入，输入自己的“系统素数 P”和“私钥 X”，点击“解密”按钮进行ELGamal 解密。

4. 将破解后的明文与同组主机记录的明文比较。

练习三　源码应用（选做）

1. 设计 ELGamal 加密工具，利用 ELGamal 加密算法对文件进行加密。
2. 单击工具栏“ELGamal 加密工具工程”按钮，基于此工程进行程序设计。

思考与探究

1. 简述 ELGamal 的公钥生成算法。
2. 公钥加密算法一般是将对密钥的求解转化为对数学上难题的求解，请指出 RSA 算法和 ELGamal 算法分别是基于什么数学难题。

实验（三）　DSA 签名算法

【实验目的】

掌握 DSA 签名算法的原理。

【实验人数】

每组1人。

【系统环境】

Windows。

【网络环境】

交换网络结构。

【实验工具】

密码工具。

【实验类型】

验证型。

【实验原理】

一、参数

P = 一个范围在512至1024之间的素数且必须为64的倍数。

$Q = P - 1$ 的160 bit的素因子。

$G = h((p-1)/q) \bmod p$，H 必须 $< p-1$，$h((p-1)/q) \bmod p > 1$。

X = 小于 Q 的一个数。

$Y = G^x \bmod P$。

以上参数中 P，Q，G 以及 Y 为公匙，X 为必须保密的私匙，任何第三方用户想要从 Y 解密成 X 都必须解决整数有限域离散对数难题。

二、签名部分

若需要对 M 进行数字签名，则需要进行下列运算：

产生一个随机数 K（$K < Q$），不要将同样的 K 用于进行其他的签名运算。

计算 $R = (G^k \bmod P) \bmod Q$。

计算 $S = (K^{-1}_{*}(\mathrm{SHA}(M) + X * R)) \bmod Q$。

(R, S) 是 R 以及 S 为这次对 M 的数字签名结果。

三、验证部分

计算 $W = S^{-1} \bmod Q$；

计算 $U_1=(\text{SHA}(M)*W)\bmod Q$；

计算 $U_2=(R*W)\bmod Q$；

计算 $V=((G^{U_1}*Y^{U_2})\bmod P)\bmod Q$。

若 $V=R$，则认为签名有效。

四、DSA 算法的安全性

DSA 算法主要依赖于整数有限域离散对数难题。素数 p 必须足够大，且 $p-1$ 至少包含一个大素数因子，以抵抗 Pohlig & Hellman 算法的攻击。M 一般都应采用信息的 HASH 值（官方推荐为 SHA 算法）。DSA 的安全性主要依赖于 p 和 g，若选取不当则签名容易伪造，应保证 g 对于 $p-1$ 的大素数因子不可约。还有一点值得注意的是，DSA 算法的验证过程（R，S）是以明文形式出现的，使其容易被利用。

五、Cracker 眼中的 DSA 被破解的关键

DSA 算法鲜有被用于国产共享软件的注册验证部分，即使在国外的共享软件中也远不如 RSA、Blowfish 等算法应用广泛。DSA 算法在破解时，关键的参数就是 X，根据 $Y=G^X \bmod P$，只要知道 P，G，Y，Q 且能分解出 X 就可以伪造 R，S，写出 KeyGen。

【实验步骤】

本练习单人一组。

首先使用“快照 X”恢复 Windows 系统环境。

练习　DSA 签名算法加密解密过程

1. 本机进入“密码工具”|“加密解密”|“DSA 签名算法”|“加密/解密”视图，点击“生成”按钮，即生成相应的参数。

2. 在待签名的文件处选择文件的路径（D：\ Work \ Encryption \ DSA），即单击浏览按钮选择待签名的文件（自行建立待签名的文件），并在待签名的字符串中输入相应的字符串，选择一种摘要算法。

3. 单击“签名”按钮，将生成相应的（R，S）。

4. 点击“验证”按钮，发现生成的 V 与签名时的 R 相同。

思考与探究

对极大整数做因数分解的难度决定了 RSA 算法的可靠性，然而当前量子计算机的出现是否会威胁到 RSA 算法的可靠性？

实验（四）　大整数运算

【实验目的】

1. 理解大整数之间的简单运算。
2. 理解大整数之间的输入、输出转换。

【实验人数】

每组1人。

【系统环境】

Windows。

【网络环境】

交换网络结构。

【实验工具】

VC ++ 6.0。

【实验类型】

设计型。

【实验原理】

许多运算器只能支持小于64位的整数运算，这不能满足加密算法的需要。这就需要建立大整数运算库来解决这一问题。第一种方法是将大整数当作字符串处理，也就是将大整数用10进制字符数组表示，这样便于人们理解，但效率较低。第二种方法是将大整数当作二进制流进行处理。

一、大整数的表示

在长度为32位的系统里，基本数据类型有：
8位数，BYTE，单字节：char，unsigned char。
16位数，WORD，字：short，unsigned short。
32位数，DWORD，双字：int，unsigned int。
64位数，QWORD，四字：_ _ int64，unsigned_ _ int64。
这些基本数据类型的运算可以被机器指令直接支持。

在计算机操作系统 X86 平台上，多个字节的数据存放顺序是低位数据存放在低位地址。比如，0x00010203，在内存中的存放顺序是 03，02，01，00。依此类推，128 位整数，8 字，16 字节，0x000102030405060708090A0B0C0D0E0F 的内存映像是：0F，0E，0D，0C，0B，0A，09，08，07，06，05，04，03，02，01，00。位数是 2 的整数次方，如 64 位、128 位、256 位等整数，我们称之为规范整数。

进行大整数的四则运算的时候，一个基本的原理就是把大整数运算降解为 32 位四则运算的复合运算。降解的方式一种是位数减半，即 256 位降解为 128 位，128 位降解为 64 位，直到降解为机器指令支持范围内的整数。这样的降解过程用到的所有中间变量都是规范的整数。另一种是逐次降解，从高到低，每次降解 32 位。这样在降解过程中会使用到 256 - 32 = 224，224 - 32 = 192，192 - 32 = 160 等长度不等于 2 的整数次方的整数，我们称之为不规范的整数。位数减半降解运算过程比较容易理解，而逐次降解则会获得较好的性能。

一般来说，在大整数的运算中，负数的使用是非常少的。如果要使用符号的话，同基本数据一样，最高位表示符号，剩余的数位用来表示有效值。

二、大整数的加法

在大整数的四则运算中，加法是基本的运算，也最容易实现，只要处理好进位数据就可以了。在机器指令层面上，X86 平台有 ADC（带进位加），JC（进位条件跳转），CMOVC（进位条件复制）等丰富指令的高效支持。在 C 语言层面上，我们用无符号整数型 unsigned_int64 来存贮 2 个 32 位整数之和，低 32 位（0 ~ 31）是结果，第 32 位是进位。有兴趣的读者可以通过跟踪/反编译 C 代码来研究以上机器指令的使用方法。

【实验步骤】

本练习单人一组。

首先使用“快照 X”恢复 Windows 系统环境。

练习　大整数运算除法操作

1. 单击工具栏“大整数运算工程”按钮，启动工程界面。
2. 程序设计。参见已实现的代码功能，在“BigInt. h”文件中实现“除法”操作。
3. 程序功能测试。在 main 函数中调用类 BigInt 的相关功能，测试程序是否满足要求。

实验（五）　ECC 签名算法

【实验目的】

掌握 ECC 加密算法的原理。

【实验人数】

每组 1 人。

【系统环境】

Windows。

【网络环境】

交换网络结构。

【实验工具】

密码工具。

【实验类型】

验证型。

【实验原理】

一、椭圆曲线上简单的加密/解密

公开密钥算法总是要基于一个数学上的难题。比如 RSA 依据的是：给定两个素数 p，q，很容易相乘得到 n，而对 n 进行因式分解却相对困难。那椭圆曲线上有什么难题呢？

考虑如下等式：

$K=kG$ ［其中 K，G 为 $E_p(a,\ b)$ 上的点，k 为小于 n（n 是点 G 的阶）的整数］

不难发现，给定 k 和 G，根据加法法则，计算 K 很容易，但给定 K 和 G，求 k 就相对困难了。

这就是椭圆曲线加密算法采用的难题。我们把点 G 称为基点（base point），$k(k<n$，n 为基点 G 的阶）称为私有密钥（privte key），K 称为公开密钥（public key）。

现在我们描述一个利用椭圆曲线进行加密通信的过程：

（1）用户 A 选定一条椭圆曲线 $E_p(a,\ b)$，并取椭圆曲线上一点，作为基点 G。

（2）用户 A 选择一个私有密钥 k，并生成公开密钥 $K=kG$。

（3）用户 A 将 $E_p(a,\ b)$ 和点 K，G 传给用户 B。

（4）用户 B 接到信息后，将待传输的明文编码到 $E_p(a,\ b)$ 上一点 M（编码方法很多，这里不做讨论），并产生一个随机整数 r（$r<n$）。

（5）用户 B 计算点 $C_1=M+rK$；$C_2=rG$。

（6）用户 B 将 C_1、C_2 传给用户 A。

（7）用户 A 接到信息后，计算 $C_1-kC_2=M+rK-k(rG)=M+rK-r(kG)=M$，即结

果就是点 M。再对点 M 进行解码就可以得到明文。

在这个加密通信中，如果有一个偷窥者 H，他只能看到 $E_p(a, b)$，K，G，C_1，C_2，而通过 K，G 求 k 或通过 C_2，G 求 r 都是相对困难的。因此，H 无法得到 A、B 间传送的明文信息，如图 2－3－1所示。

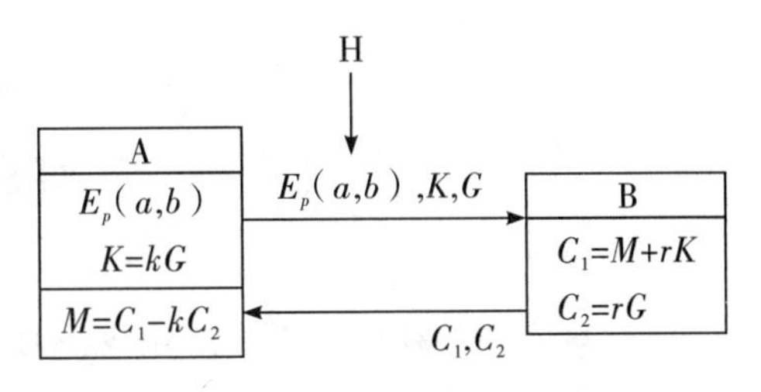

图 2－3－1　利用椭图曲线加密通信过程

在密码学中，描述一条 F_p 上的椭圆曲线，常用到 6 个参量：$T=(p, a, b, G, n, h)$，其中，(p, a, b) 用来确定一条椭圆曲线，G 为基点，n 为点 G 的阶，h 是椭圆曲线上所有点的个数 m 与 n 相除的整数部分。这几个参量取值的选择，直接影响了加密的安全性。参量值一般要求满足以下几个条件：

（1）p 越大越安全，但越大，计算速度会变慢，200 位左右可以满足一般安全要求；

（2）$p \neq n \times h$；

（3）$pt \neq 1 \pmod n$，$1 \leqslant t < 20$；

（4）$4a3+27b2 \neq 0 \pmod p$；

（5）n 为素数；

（6）$h \leqslant 4$。

【实验步骤】

本练习单人一组。

首先使用“快照 X”恢复 Windows 系统环境。

练习　ECC 签名算法加密解密

1. 本机进入“密码工具”｜“加密解密”｜“ECC 签名算法”｜“加密/解密”视图，点击“生成公私钥”按钮，在椭圆曲线参数框及密钥对框中生成相应的参数。

2. 在“D:\ Work \ Encryption \ ECC”共享目录中创建一个 txt 文件，在文件中可以输入数字或汉字（字符长度不能小于6 位）。

3. 在明文框后的浏览按钮中选择 D 盘新建的文件，格式为“. txt”，然后单击“加密”按钮对明文进行加密，加密完成后，在密文框中出现密文的存档格式为“ECC 密文 . txt”。单击“解密”按钮，此时在明文框中出现明文的存档格式为“ECC 解密明文 . txt”。

4. 查看加密前的明文文档及解密后的文档是否一致。

思考与探究

请比较 RSA 与 ECC 签名算法在安全可靠性方面的优劣，并说明理由。

实验四

Hash 算法

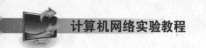

信息安全的核心技术是应用密码技术。密码技术的应用远不局限于提供机密性服务，密码技术也提供数据完整性服务。密码学上的散列函数（Hash Functions）就是能提供数据完整性保障的一个重要工具。

实验（一） MD5 算法

【实验目的】

1. 理解 Hash 函数的计算原理和特点。
2. 理解 MD5 算法原理。

【实验人数】

每组 2 人。

【系统环境】

Windows。

【网络环境】

交换网络结构。

【实验工具】

1. VC ++ 6.0。
2. 密码工具

【实验类型】

验证型。

【实验原理】

一、Hash 函数简介

Hash 函数常用来构造数据的短“指纹”，消息的发送者使用所有的消息则产生一个短“指纹”，并将该短“指纹”与消息一起传输给接收者。即使数据存储在不安全的地方，接收者重新计算数据的“指纹”，并验证“指纹”是否改变，就能够检测数据的完整性。这是因为一旦数据在中途被破坏或改变，短“指纹”就不再正确。

散列函数以一个变长的报文作为输入，并产生一个定长的散列码，有时也称为报文摘要，作为函数的输出。散列函数最主要的作用是用于鉴别，鉴别在网络安全中起到举足轻重的地位。鉴别的目的有以下两个：第一，验证信息的发送者不是冒充的，同时发信息者也不能抵赖，此为信源识别；第二，验证信息的完整性，在传递或存储过程中未被篡改、重放或延迟等。

二、Hash 函数的特点

密码学 Hash 函数（Cryptography Hash Function，简称为哈希函数）在现代密码学中起着重要的作用，主要用于数据完整性认证和消息认证。Hash 函数的基本思想是对数据进行运算以得到一个摘要，运算过程满足以下特点：

（1）压缩性。任意长度的数据，算出的摘要长度都固定。

（2）容易计算。从原数据容易计算出摘要。

（3）抗修改性。对原数据进行任何改动，哪怕只修改 1 个字节，所得到的摘要都有很大区别。

（4）弱抗碰撞。已知原数据和其摘要，想找到一个具有相同摘要的数据（即伪造数据），在计算上是困难的。

（5）强抗碰撞。想找到两个不同的数据，使它们具有相同的摘要，在计算上是困难的。

三、针对 Hash 函数的攻击

对散列函数的攻击方法主要有两种：

（1）穷举攻击。它可以用于对任何类型的散列函数的攻击，最典型的方式就是“生日攻击”。采用“生日攻击”的攻击者将产生许多明文消息，并计算这些明文消息的摘要，进行比较。

（2）利用散列函数的代数结构攻击其函数的弱性质。通常的有中间相遇攻击、修正分组攻击和差分分析攻击等。

四、MD5 Hash 函数

1990 年 R. L. Rivest 提出 Hash 函数 MD4。MD4 不是建立在其他密码系统和假设之上，而是一种直接构造法，所以计算速度快，特别适合32位计算机软件实现，对于长的信息签名很实用。MD5是MD4的改进版，比MD4更复杂，但是其设计思想相似并且也产生了128位摘要。

五、MD5 Hash 算法流程

对于任意长度的明文，MD5首先对其进行分组，使得每一组的长度为512位，然后对这些明文分组反复处理。

对于每个明文分组的摘要生成过程如下：

（1）将512位的明文分组划分为16个子明文分组，每个子明文分组为32位。

（2）申请4个32位的链接变量，记为 A，B，C，D。

（3）子明文分组与链接变量 A 进行第1轮运算。

（4）子明文分组与链接变量 B 进行第2轮运算。

（5）子明文分组与链接变量 C 进行第3轮运算。

（6）子明文分组与链接变量 D 进行第4轮运算。

（7）链接变量 A' 与初始链接变量 A 进行求和运算。

（8）链接变量 A'，B'，C'，D' 作为下一个明文分组的输入重复进行以上操作。

（9）最后，4个链接变量A里面的数据就是MD5摘要。

六、MD5 分组过程

对于任意长度的明文，MD5可以产生128位的摘要。首先，对任意长度的明文需要添加位数，使明文总长度为448（mod 512）位。在明文后添加位的方法是第一个添加位是1，其余都是0。其次，将真正明文的长度（没有添加位以前的明文长度）以64位表示，附加于已添加过位的明文后，此时的明文长度正好是512位的倍数。当明文长度大于2的64次方时，仅仅使用低64位比特填充，附加到最后一个分组的末尾。

经过添加处理的明文，其长度正好为512位的整数倍，然后按512位的长度进行分组（block），可以划分成 L 份明文分组，我们用 Y_0，Y_1，…，Y_{L-1} 表示这些明文分组。对于每一个明文分组，都要反复地处理，如图2-4-1所示。

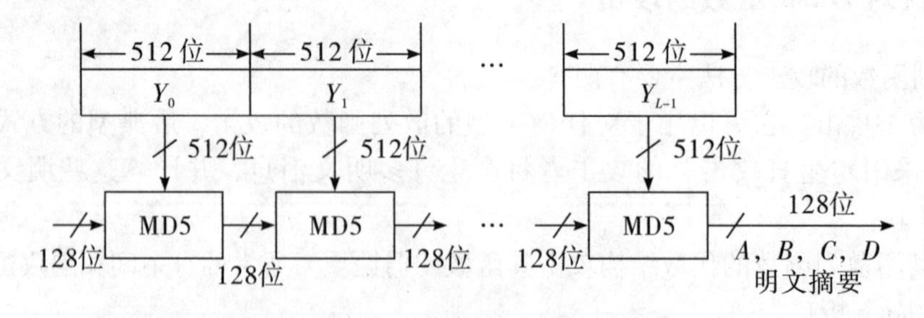

图2-4-1　MD5的分组处理方法

七、MD5 子明文分组和链接变量

对于 512 位的明文分组，MD5 将其再分成 16 份子明文分组（sub - block），每份子明文分组为 32 位，我们使用 $M[k]$（$k=0, 1, \cdots, 15$）来表示这 16 份子明文分组。

MD5 有 4 轮非常相似的运算，每一轮包括 16 个类似的步骤，每一个步骤的数据处理都是针对 4 个 32 位记录单元中的数据进行的。这 4 个 32 位记录单元称为“链接变量”，分别标记为 A，B，C，D。这 4 个链接变量的初始值用 16 进位制表示如下（低字节优先）：

A：0x01234567；B：0x89ABCDEF，C：0xFEDCBA98，D：0x76543210

这时 A，B，C，D 4 个链接变量的值为：

A = 0x67452301，B = 0xEFCDAB89，C = 0x98BADCFE，D = 0x10325476

链接变量用于存放中间散列函数值，经过 4 轮运算（共 64 个步骤）之后，链接变量 A，B，C，D 中的 128 位即为中间散列函数值。中间散列函数值作为下一个明文分组的输入继续使用，当所有的明文分组都处理完毕后，链接变量 A，B，C，D 中的 128 位数据就是摘要。

八、MD5 第 1 轮运算

当 MD5 第 1 轮运算中的第 1 个步骤开始处理时，4 个链接变量 A，B，C，D 中的值分别先赋值到另外 4 个记录单元 A'，B'，C'，D'中，这 4 个值将保留，用于第 4 轮最后一个步骤完成之后与 A，B，C，D 进行求和操作。

如第 1 轮的操作程序为 $FF(a, b, c, d, M[k], S, T[i])$，它表示的逻辑为：$a \leftarrow b + ((a+F(b, c, d) + M[k] + T[i]) <<< S)$。其中，$a$，$b$，$c$，$d$ 为 32 位的变量，$M[k]$ 表示相应的子明文分组，对于 4 轮共 64 步的 MD5 算法中，$T[i]$ 是 64 个不同的固定的数值，S 为循环左移的位数，$F(x, y, z)$ 是第一轮的逻辑函数，最后将结果存放在链接变量 A 中。固定值 $T[i]$、循环左移位数和逻辑函数将在后文讨论。

第 1 轮 16 步的固定值 $T[i]$ 的取值如表 2－4－1 所示。

表 2－4－1　MD5 第 1 轮固定值 $T[i]$ 的取值

$T[1]$ = D76AA478	$T[5]$ = F57C0FAF	$T[9]$ = 698098D8	$T[13]$ = 6B901122
$T[2]$ = E8C7B756	$T[6]$ = 4787C62A	$T[10]$ = 8B44F7AF	$T[14]$ = FD987193
$T[3]$ = 242070DB	$T[7]$ = A8304613	$T[11]$ = FFFF5BB1	$T[15]$ = A679438E
$T[4]$ = C1BDCEEE	$T[8]$ = FD469501	$T[12]$ = 895CD7BE	$T[16]$ = 49B40821

MD5 规定，第 1 轮 16 步的操作程序如表 2－4－2 所示。

表 2-4-2　MD5 第 1 轮 16 步操作程序

步骤数	运算
1	$FF(A, B, C, D, M[0], 7, \text{0xD76AA478})$
2	$FF(D, A, B, C, M[1], 12, \text{0xE8C7B756})$
3	$FF(C, D, A, B, M[2], 17, \text{0x242070DB})$
4	$FF(B, C, D, A, M[3], 22, \text{0xC1BDCEEE})$
5	$FF(A, B, C, D, M[4], 7, \text{0xF57C0FAF})$
6	$FF(D, A, B, C, M[5], 12, \text{0x4787C62A})$
7	$FF(C, D, A, B, M[6], 17, \text{0xA8304613})$
8	$FF(B, C, D, A, M[7], 22, \text{0xFD469501})$
9	$FF(A, B, C, D, M[8], 7, \text{0x698098D8})$
10	$FF(D, A, B, C, M[9], 12, \text{0x8B44F7AF})$
11	$FF(C, D, A, B, M[10], 17, \text{0xFFFF5BB1})$
12	$FF(B, C, D, A, M[11], 22, \text{0x895CD7BE})$
13	$FF(A, B, C, D, M[12], 7, \text{0x6B901122})$
14	$FF(D, A, B, C, M[13], 12, \text{0xFD987193})$
15	$FF(C, D, A, B, M[14], 17, \text{0xA6794383})$
16	$FF(B, C, D, A, M[15], 22, \text{0x49B40821})$

由于 MD5 的算法比较复杂，每一轮包括 16 步类似的运算，下面我们以第 1 轮的第 1 步为例来展示每一步的运算。

例如，子明文分组 $M[0]=\text{0x6E696843}$，第 1 轮的操作程序为 $FF(a, b, c, d, M[k], S, T[i])$，它表示的逻辑为：$a \leftarrow b+((a+F(b, c, d)+M[k]+T[i]) <<< S)$。

第一轮的逻辑函数为 $F(x,y,z)=(x \& y) \mid (\tilde{}x \& z)$，由表 2-4-2 知，第 1 轮第 1 步的运算为：$FF(A, B, C, D, M[0], 7, \text{0xD76AA478})$，注意这里的 0xD76AA478 就是 $T[1]$ 的值，变量 a，b，c，d 分别代表链接变量 A，B，C，D。首先，b，c，d 要经过逻辑函数 F，即：

$$(b \& c) \mid (\tilde{}b \& d) = (\text{0xEFCDAB89}\&\text{0x98BADCFE}) \mid (\tilde{}\text{0xEFCDAB89}\&\text{0x10325476}) = \text{0x98BADCFE}$$

将得到的值与 A，$M[0]$ 和 $T[1]$ 相加得：

$$\text{x67452301}+\text{0x98BADCFE}+\text{0x6E696843}+\text{0xD76AA478}=\text{0x45D40CBA}$$

0x45D40CBA 循环左移 7 位，得到结果：0xEA065D22，再与 b 相加得：

$$\text{0xEA065D22}+\text{0xEFCDAB89}=\text{0xD9D408AB}$$

最后，将这个结果赋值给 a，即完成第 1 步的计算。若链接变量 A 发生了改变，这时链接标量的值为：

$$A = 0xD9D408AB$$
$$B = 0x89ABCDEF$$
$$C = 0xFEDCBA98$$
$$D = 0x76543210$$

经过 16 个步骤之后，MD5 的第一轮运算就完成了，链接变量 A，B，C，D 将携带第 1 轮运算后的数值进入第二轮运算。

九、MD5 后 3 轮运算

MD5 第 2 轮、第 3 轮和第 4 轮运算与第 1 轮运算相似，这里给出相应的操作程序、固定数 T、每一步运算和逻辑函数。

第 2 轮的逻辑函数为：$G(x, y, z) = (x \& z) \mid (y \& \sim z)$。

第 3 轮的逻辑函数为：$H(x, y, z) = x \oplus y \oplus z$。

第 4 轮的逻辑函数为：$I(x, y, z) = y \oplus (x \& \sim z)$。

第 2 轮的操作程序为：$GG(A, B, C, D, M[k], S, T[i])$，它表示的逻辑为：$a \leftarrow b + ((a + G(B, C, D) + M[k] + T[i]) <<< S)$。

第 3 轮的操作程序为：$HH(A, B, C, D, M[k], S, T[i])$，它表示的逻辑为：$a \leftarrow b + ((a + H(B, C, D) + M[k] + T[i]) <<< S)$。

第 4 轮的操作程序为：$II(A, B, C, D, M[k], S, T[i])$，它表示的逻辑为：$a \leftarrow b + ((a + I(B, C, D) + M[k] + T[i]) <<< S)$。

后 3 轮每个步骤的运算如表 2－4－3 至表 2－4－5 所示。

表 2－4－3　MD5 第 2 轮 16 步运算

1	$GG(A, B, C, D, M[1], 5, 0xF61E2562)$
2	$GG(D, A, B, C, M[6], 9, 0xC040B340)$
3	$GG(C, D, A, B, M[11], 14, 0x275E5A51)$
4	$GG(B, C, D, A, M[0], 20, 0xE9B6C7AA)$
5	$GG(A, B, C, D, M[5], 5, 0xD62F105D)$
6	$GG(D, A, B, C, M[10], 9, 0x02441453)$
7	$GG(C, D, A, B, M[15], 14, 0xD8A1E681)$
8	$GG(B, C, D, A, M[4], 20, 0xE7D3FBC8)$
9	$GG(A, B, C, D, M[9], 5, 0x21E1CDE6)$
10	$GG(D, A, B, C, M[14], 9, 0xC33707D6)$
11	$GG(C, D, A, B, M[3], 14, 0xF4D50D87)$
12	$GG(B, C, D, A, M[8], 20, 0x455A14ED)$
13	$GG(A, B, C, D, M[13], 5, 0xA9E3E905)$

续上表

14	$GG(D, A, B, C, M[2], 9, 0xFCEFA3F8)$
15	$GG(C, D, A, B, M[7], 14, 0x676F02D9)$
16	$GG(B, C, D, A, M[12], 20, 0x8D2A4C8A)$

表 2-4-4 MD5 第 3 轮 16 步运算

1	$HH(A, B, C, D, M[5], 4, 0xFFFA3942)$
2	$HH(D, A, B, C, M[8], 11, 0x8771F681)$
3	$HH(C, D, A, B, M[11], 16, 0x6D9D6122)$
4	$HH(B, C, D, A, M[14], 23, 0xFDE5380C)$
5	$HH(A, B, C, D, M[1], 4, 0xA4BEEA44)$
6	$HH(D, A, B, C, M[4], 11, 0x4BDECFA9)$
7	$HH(C, D, A, B, M[7], 16, 0xF6BB4B60)$
8	$HH(B, C, D, A, M[10], 23, 0xBEBFBC70)$
9	$HH(A, B, C, D, M[13], 4, 0x289B7EC6)$
10	$HH(D, A, B, C, M[0], 11, 0xEAA127FA)$
11	$HH(C, D, A, B, M[3], 16, 0xD4EF3085)$
12	$HH(B, C, D, A, M[6], 23, 0x04881D05)$
13	$HH(A, B, C, D, M[9], 4, 0xD9D4D039)$
14	$HH(D, A, B, C, M[12], 11, 0xE6DB99E5)$
15	$HH(C, D, A, B, M[15], 16, 0x1FA27CF8)$
16	$HH(B, C, D, A, M[2], 23, 0xC4AC5665)$

表 2-4-5 MD5 第 4 轮 16 步运算

1	$II(A, B, C, D, M[0], 6, 0xF4292244)$
2	$II(D, A, B, C, M[7], 10, 0x411AFF97)$
3	$II(C, D, A, B, M[14], 15, 0xAB9423A7)$
4	$II(B, C, D, A, M[5], 21, 0xFC93A039)$
5	$II(A, B, C, D, M[12], 6, 0x655B59C3)$
6	$II(D, A, B, C, M[3], 10, 0x8F0CCC92)$
7	$II(C, D, A, B, M[10], 15, 0xFFEFF47D)$

续上表

8	$II(B, C, D, A, M[1], 21, 0x85845DD1)$
9	$II(A, B, C, D, M[8], 6, 0x6AFA87E4F)$
10	$II(D, A, B, C, M[15], 10, 0xFE2CE6E0)$
11	$II(C, D, A, B, M[6], 15, 0xA3014314)$
12	$II(B, C, D, A, M[13], 21, 0x4E0811A1)$
13	$II(A, B, C, D, M[4], 6, 0xF7537E82)$
14	$II(D, A, B, C, M[11], 10, 0xBD3AF235)$
15	$II(C, D, A, B, M[2], 15, 0x2AD7D2BB)$
16	II (B, C, D, A, M[9], 21, 0xEB86D391

后 3 轮的固定值 $T[i]$ 的取值如表 2－4－6 所示。

表 2－4－6　后 3 轮的固定值 $T[i]$ 的取值

T[17] = F61E2562	T[33] = FFFA3942	T[49] = F4292244
T[18] = C040B340	T[34] = 8771F681	T[50] = 432AFF97
T[19] = 265E5A51	T[35] = 699D6122	T[51] = AB9423A7
T[20] = E9B6C7AA	T[36] = FDE5380C	T[52] = FC93A039
T[21] = D62F105D	T[37] = A4BEEA44	T[53] = 655B59C3
T[22] = 02441453	T[38] = 4BDECFA9	T[54] = 8F0CCC92
T[23] = D8A1E681	T[39] = F6BB4B60	T[55] = FFEFF47D
T[24] = E7D3FBC8	T[40] = BEBFBC70	T[56] = 85845DD1
T[25] = 21E1CDE6	T[41] = 289B7EC6	T[57] = 6FA87E4F
T[26] = C33707D6	T[42] = EAA127FA	T[58] = FE2CE6E0
T[27] = F4D50D87	T[43] = D4EF3085	T[59] = A3014314
T[28] = 455A14ED	T[44] = 04881D05	T[60] = 4E0811A1
T[29] = A9E3E905	T[45] = D9D4D039	T[61] = F7657E82
T[30] = FCEEA3F8	T[46] = E6DB99E5	T[62] = BD3AF235
T[31] = 676F02D9	T[47] = 1FA27CF8	T[63] = 2AD7D2BB
T[32] = 8D2A4C8A	T[48] = C4AC5665	T[64] = EB86D391

十、求和运算

第 4 轮最后一个步骤的 A，B，C，D 输出值将分别与 A'，B'，C'，D'记录单元中的数值进行求和操作，其结果将成为处理下一个 512 位明文分组时记录单元 A，B，C，D 的初始值。

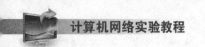

当完成了最后一个明文分组运算时，A，B，C，D 中的数值就是最后的散列函数值。

【实验步骤】

本练习主机 A、B 为一组，主机 C、D 为一组，主机 E、F 为一组。

首先使用“快照 X”恢复 Windows 系统环境。

练习一　MD5 生成文件摘要

1. 本机进入“密码工具”|“加密解密”|“MD5 哈希函数”|“生成摘要”页签，在明文框中编辑文本内容：______________________________。

单击“生成摘要”按钮，生成文本摘要：______________________________。单击“导出”按钮，将摘要导出到 MD5 共享文件夹（D:\ Work \ Encryption \ MD5 \ ）中，并通告同组主机获取摘要。

2. 单击“导入摘要”按钮，从同组主机的 MD5 共享文件夹中将摘要导入。在文本框中输入同组主机编辑过的文本内容，单击“生成摘要”按钮，将新生成的摘要与导入的摘要进行比较，验证相同文本会产生相同的摘要。

3. 对同组主机编辑过的文本内容做很小的改动，再次生成摘要，与导入的摘要进行对比，验证 MD5 算法的抗修改性。

练习二　MD5 算法加密和解密

本机进入“密码工具”|“加密解密”|“MD5 哈希函数”|“演示”页签，在明文输入区输入文本（文本不能超过48 个字符），单击“开始演示”，查看各模块数据及算法流程。

根据实验原理中对 MD5 算法的介绍，如果链接变量的值分别为（其中，$M[1] = 31323334$）：

A：2B480E7C

B：DAEAB5EF

C：2E87BDD9

D：91D9BEE8

请写出第 2 轮第 1 步的运算过程以及经过运算后的链接变量。

练习三　源码应用（选做）

1. 设计 MD5 文件校验工具，利用 MD5 算法计算文件摘要。

2. 单击工具栏“MD5 文件校验工具工程”按钮，基于此工程进行程序设计。

思考与探究

MD5 生成摘要的长度是多少位？

实验（二） SHA1 算法

【实验目的】

1. 理解 SHA1 函数的计算原理和特点。
2. 理解 SHA1 算法原理。

【实验人数】

每组 2 人。

【系统环境】

Windows。

【网络环境】

交换网络结构。

【实验工具】

1. VC ++ 6.0。
2. 密码工具。

【实验类型】

验证型。

【实验原理】

一、SHA1 与 MD5 的差异

SHA1 对任意长度明文的预处理和 MD5 的过程是一样的，即预处理完后的明文长度是 512 位的整数倍，但是有一点不同，那就是 SHA1 的原始报文长度不能超过 2 的 64 次方，并且 SHA1 生成 160 位的报文摘要。SHA1 算法简单而且紧凑，容易在计算机上实现。

表 2 -4 -7 列出了 MD5 与 SHA1 的差异之处。下面根据各项特性，简要说明两种算法的不同。

表 2－4－7　MD5 与 SHA1 的比较

差异处	MD5	SHA1
摘要长度	128 位	160 位
运算步骤数	64	80
基本逻辑函数数目	4	4
常数数目	64	4

（1）安全性。SHA1 所产生的摘要比 MD5 长 32 位。若两种散列函数在结构上没有任何问题的话，SHA1 比 MD5 更安全。

（2）速度。两种方法都主要考虑以 32 位处理器为基础的系统结构，但 SHA1 的运算步骤比 MD5 多 16 步，而且 SHA1 记录单元的长度比 MD5 多了 32 位。因此，若是以硬件来实现 SHA1，其速度大约比 MD5 慢了 25%。

（3）简易性。两种方法在实现上都不需要很复杂的程序或是大量存储空间。然而总体上来讲，SHA1 对每一步骤的操作描述比 MD5 简单。

二、SHA1 Hash 算法流程

对于任意长度的明文，SHA1 首先对其进行分组，使得每一组的长度为 512 位，然后对这些明文分组反复处理。

对于每个明文分组的摘要生成过程如下：

（1）将 512 位的明文分组划分为 16 个子明文分组，每个子明文分组为 32 位。

（2）申请 5 个 32 位的链接变量，记为 A，B，C，D，E。

（3）16 份子明文分组扩展为 80 份。

（4）80 份子明文分组进行 4 轮运算。

（5）链接变量与初始链接变量进行求和运算。

（6）链接变量作为下一个明文分组的输入重复进行以上操作。

（7）最后，5 个链接变量里面的数据就是 SHA1 摘要。

三、SHA1 的分组过程

对于任意长度的明文，SHA1 的明文分组过程与 MD5 的类似。首先，需要对明文添加位数，使明文总长度为 448（mod 512）位。在明文后添加位的方法是第一个添加位是 1，其余都是 0。其次，将真正明文的长度（没有添加位以前的明文长度）以 64 位表示，附加于已添加过位的明文后，此时的明文长度正好是512 位的倍数。与 MD5 不同的是 SHA1 的原始报文长度不能超过 2 的 64 次方，另外 SHA1 的明文长度从低位开始填充。

与 MD5 相同，经过添加位数处理的明文，其长度正好为 512 位的整数倍，然后按 512 位的长度进行分组，可以划分成 L 份明文分组，我们用 Y_0，Y_1，…，Y_{L-1} 表示这些明文分组。对于每一个明文分组，都要反复地处理。

对于 512 位的明文分组，SHA1 将其再分成 16 份子明文分组，每份子明文分组为

32 位，我们使用 $M[k]$（$k=0, 1, \cdots, 15$）来表示 16 份子明文分组，将这 16 份子明文分组扩充到 80 份子明文分组，我们记为 $W[k]$（$k=0, 1, \cdots, 79$）。扩充的方法如下：

$$W_t = M_t，当 0 \leqslant t \leqslant 15$$

$$W_t = (W_{t-3} \oplus W_{t-8} \oplus W_{t-14} \oplus W_{t-16}) <<< 1，当 16 \leqslant t \leqslant 79$$

SHA1 有 4 轮运算，每一轮包括 20 个步骤，最后产生 160 位摘要，这 160 位摘要存放在 5 个 32 位的链接变量中，分别标记为 A，B，C，D，E。这 5 个链接变量的初始值以 16 进制位表示如下：

$$A = 0x67452301$$

$$B = 0xEFCDAB89$$

$$C = 0x98BADCFE$$

$$D = 0x10325476$$

$$E = 0xC3D2E1F0$$

四、SHA1 的 4 轮运算

当 SHA1 第 1 轮运算中的第 1 个步骤开始处理时，A，B，C，D，E 这 5 个链接变量中的值先赋值到另外 5 个记录单元 A'，B'，C'，D'，E'中。这 5 个值将保留，用于第 4 轮最后一个步骤完成之后与链接变量 A，B，C，D，E 进行求和操作。

SHA1 的 4 轮运算，共 80 个步骤使用同一个操作程序，如下：

$$A, B, C, D, E \leftarrow [(A <<< 5) + f_t(B, C, D) + E + W_t + K_t], A, (B <<< 30), C, D$$

其中 $f_t(B, C, D)$ 为逻辑函数，W_t 为子明文分组 $W[t]$，K_t 为固定常数。这个操作程序有如下意义：

（1）将 $[(A <<< 5) + f_t(B, C, D) + E + W_t + K_t]$ 的结果赋值给链接变量 A；

（2）将链接变量 A 初始值赋值给链接变量 B；

（3）将链接变量 B 初始值循环左移 30 位赋值给链接变量 C；

（4）将链接变量 C 初始值赋值给链接变量 D；

（5）将链接变量 D 初始值赋值给链接变量 E。

SHA1 规定 4 轮运算的逻辑函数如表 2－4－8 所示。

表 2－4－8　SHA1 的逻辑函数

轮	步骤	函数定义	轮	步骤	函数定义
1	$0 \leqslant t \leqslant 19$	$f_t(B, C, D) = (B \cdot C) \vee (\sim B \cdot D)$	3	$40 \leqslant t \leqslant 59$	$f_t(B, C, D) = (B \cdot C) \vee (B \cdot D) \vee (C \cdot D)$
2	$20 \leqslant t \leqslant 39$	$f_t(B, C, D) = B \oplus C \oplus D$	4	$60 \leqslant t \leqslant 79$	$f_t(B, C, D) = B \oplus C \oplus D$

在操作程序中需要使用固定常数 K_t（$t=0, 1, 2, \cdots, 79$），K_t 的取值如表 2－4－9 所示。

表 2-4-9　SHA1 的常数 K_t 取值表

轮	步骤	函数定义	轮	步骤	函数定义
1	$0 \leqslant t \leqslant 19$	$K_t = 5A827999$	3	$40 \leqslant t \leqslant 59$	$K_t = 8F188CDC$
2	$20 \leqslant t \leqslant 39$	$K_t = 6ED9EBA1$	4	$60 \leqslant t \leqslant 79$	$K_t = CA62C1D6$

同样举一个例子来说明 SHA1 Hash 算法中的每一步的运算。假设 $W[1] = 0x12345678$，此时链接变量的值分别为 $A = 0x67452301$，$B = 0xEFCDAB89$，$C = 0x98BADCFE$，$D = 0x10325476$，$E = 0xC3D2E1F0$，那么第 1 轮第 1 步的运算过程如下：

（1）将链接变量 A 循环左移 5 位，得到的结果为 0xE8A4602C。

（2）将 B，C，D 经过相应的逻辑函数：

$(B \& C) | (\tilde{} B \& D) = (0xEFCDAB89\&0x98BADCFE) | (\tilde{} 0xEFCDAB89\&0x10325476) = 0x98BADCFE$

（3）将第（1）步，第（2）步的结果与 E，$W[1]$，和 $K[1]$ 相加得：

0xE8A4602C + 0x98BADCFE + 0xC3D2E1F0 + 0x12345678 + 0x5A827999 = 0xB1E8EF2B

（4）将 B 循环左移 30 位，得（B <<< 30）= 0x7BF36AE2。

（5）将第（3）步的结果赋值给 A，A 的原始值赋值给 B，步骤（4）的结果赋值给 C，C 的原始值赋值给 D，D 的原始值赋值给 E。

（6）最后得到第 1 轮第 1 步的结果：

$$A = 0xB1E8EF2B$$
$$B = 0x67452301$$
$$C = 0x7BF36AE2$$
$$D = 0x98BADCFE$$
$$E = 0x10325476$$

按照这种方法，将 80 个步骤进行完毕。

第 4 轮最后一个步骤的 A，B，C，D，E 输出值将分别与记录单元 A'，B'，C'，D'，E' 中的数值进行求和运算，其结果将作为输入成为下一个 512 位明文分组的链接变量 A，B，C，D，E，当最后一个明文分组计算完成以后，A，B，C，D，E 中的数据就是最后的散列函数值。

【实验步骤】

本练习主机 A、B 为一组，主机 C、D 为一组，主机 E、F 为一组。

首先使用“快照 X”恢复 Windows 系统环境。

练习一　SHA1 生成文件摘要

1. 本机进入“密码工具”|“加密解密”|“SHA1 哈希函数”|“生成摘要”页面，在明文框中编辑文本内容：________________________________。单击“生成摘要”按钮，生成文本摘要：________________________。

单击“导出”按钮，将摘要导出到SHA1共享文件夹（D:\Work\Encryption\SHA1\）中，并通告同组主机获取摘要。

2. 单击“导入”按钮，从同组主机的SHA1共享文件夹中将摘要导入。在文本框中输入同组主机编辑过的文本内容，单击“生成摘要”按钮，将新生成的摘要与导入的摘要进行比较，验证相同文本会产生相同的摘要。

3. 对同组主机编辑过的文本内容做很小的改动，再次生成摘要，与导入的摘要进行对比，验证SHA1算法的抗修改性。

练习二　SHA1算法加密和解密

本机进入“密码工具”|“加密解密”|“SHA1哈希函数”|“演示”页签，在明文输入区输入文本（文本不能超过48个字符），单击“开始演示”，查看各模块数据及算法流程。

根据实验原理中对SHA1算法的介绍，如果链接变量的值分别为（其中，$M[1]$ = E7CBEB94）：

A：39669B34

B：61E7F48C

C：C04BD57B

D：8279FF1E

E：4E85FC91

请写出第21步的运算过程以及经过运算后的链接变量。

练习三　源码应用（选做）

1. 设计SHA1文件校验工具，利用SHA1算法计算文件摘要。
2. 单击工具栏“SHA1文件校验工具工程”按钮，基于此工程进行程序设计。

思考与探究

1. Hash函数密码技术有哪些应用？
2. 试着自己构造一个Hash函数算法。

实验五

密码应用

伴随着密码学的发展，数字签名技术也得以实现，利用数字签名技术可以保证信息传输过程中的数据的完整性以及提供对信息发送者身份的认证和不可抵赖性。

实验（一）　文件安全传输

【实验目的】

1. 掌握安全通信中常用的加密算法。
2. 掌握数字签名过程。
3. 掌握安全文件传输的基本步骤。

【实验人数】

每组 2 人。

【系统环境】

Windows。

【网络环境】

交换网络结构。

【实验工具】

密码工具。

【实验类型】

设计型。

【实验原理】

一、数字签名

传统的签名在商业和生活中得到广泛使用，它主要作为身份的证明手段。在现代的网

络活动中，人们希望把签名制度引入网络商业和网络通信的领域，用以实现身份的证明。密码学的发展，为数字签名这项技术的实现提供了基础，PKI（公钥基础设施）体系也正是利用数字签名技术来保证信息传输过程中的数据完整性以及提供对信息发送者身份的认证和不可抵赖性。

数字签名的过程如图 2－5－1 所示。

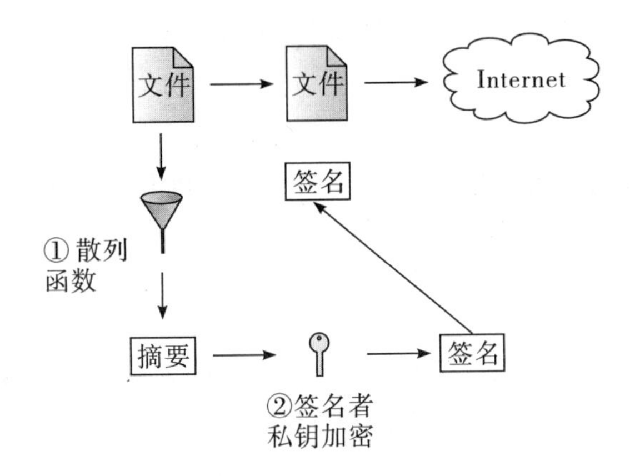

图 2－5－1 数字签名的过程

数字签名的验证过程如图 2－5－2 所示。

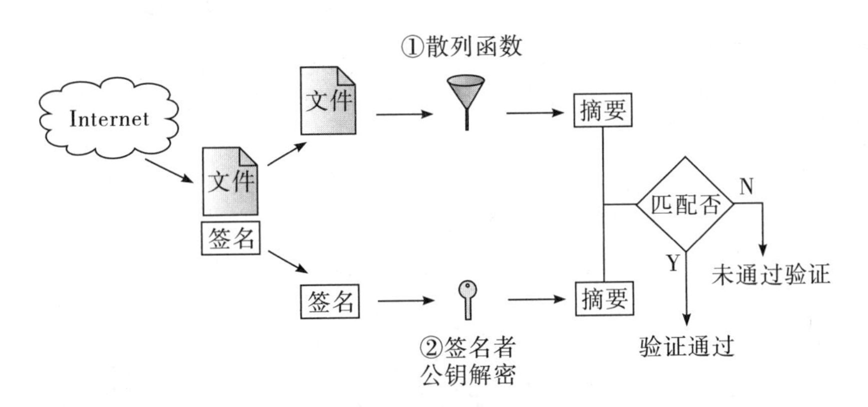

图 2－5－2 数字签名的验证过程

二、安全通信要求

假设要进行网络通信的两个终端（A 和 B）所处的环境如下：

终端 A 和终端 B 相距很远，彼此间很难见面（但可以通过 Internet 通信）；

终端 A 有很重要的信息必须要发送给终端 B；

这个过程中，终端 A 不能使用除计算机网络之外的其他通信方式，比如电话、传真等。

那么安全通信有如下要求：

（1）保密要求。终端A的信息（明文）要加密通信给终端B。

（2）认证要求。终端B能认证发送人的身份是终端A，而不是其他人。

（3）数据完整性要求。终端B能认证收到的密文没有被篡改。

（4）不可否认要求。终端A事后不能否认曾经把信息传递给终端B。

以上这些要求也是真实世界中安全通信的基本要求，只能提供较好的安全性，但是不能达到绝对的安全通信（有关更高级的安全通信方法请参考PKI的相关知识）。

【实验步骤】

本练习主机A、B为一组，主机C、D为一组，主机E、F为一组。

首先使用"快照X"恢复Windows系统环境。

练习一　手动实现信息的安全传输

【说明】实验应采用对称加密算法、非对称加密算法和Hash算法相结合的方式，通过使用密码工具实现信息的安全传输。以终端A为发送方，终端B为接收方为例，实现流程大致如下：

1. 终端A的操作。

（1）与终端B预先协商好通信过程中所要使用的对称加密算法、非对称加密算法和Hash函数；

（2）采用对称加密算法（密钥称之为会话密钥）对传输信息进行加密来得到密文，确保传输信息的保密性；

（3）使用终端B的公钥对会话密钥进行加密，确保传输信息的保密性以及信息接收方的不可否认性；

（4）采用Hash函数（生成文件摘要）确保传输信息的完整性，并使用自己的私钥对文件摘要进行签名（得到数字签名），确保信息发送方的不可否认性；

（5）将密文、加密后的会话密钥和数字签名放到一起打包封装后，通过网络传输给终端B。

2. 终端B的操作。

（1）与终端A预先协商好通信过程中所要使用的对称加密算法、非对称加密算法和Hash函数；

（2）使用自己的私钥对终端A加密的会话密钥进行解密，得到准会话密钥；

（3）使用准会话密钥对得到的密文进行解密，得到准明文；

（4）使用终端A的公钥对得到的数字签名进行签名验证，得到准明文摘要；

（5）使用Hash函数计算得到准明文摘要；

（6）将计算得到的摘要与准明文摘要进行比较，若相同则表明文件安全传输成功。

【要求】实验同组主机根据实验流程自行设计实验操作步骤，最终实现文件安全传输。

练习二　实验操作步骤设计

请详细描述你所设计的实验步骤。

思考与探究

1．你所设计的实验步骤，哪些步骤实现了信息传输的保密性、完整性和不可否认性？

2．在实验设计中，为什么不直接应用非对称加密算法直接对明文进行加密传输，而是使用对称加密算法完成对明文的加密工作？

实验（二）　PGP 应用

【实验目的】

1．学会利用 PGP 工具实现安全通信。

2．理解安全通信的实现过程。

【实验人数】

每组 2 人。

【系统环境】

Windows。

【网络环境】

交换网络结构。

【实验工具】

GnuPG。

【实验类型】

验证型。

【实验原理】

一、PGP 简介

在现代社会里，电子邮件和网络上的文件传输已经成为生活的一部分，随之产生邮件的安全问题。在互联网上传输的数据是不加密的，如果用户不保护自己的信息，第三者就会轻易获得用户的隐私。还有一个问题就是信息认证，如何让收信人确信邮件没有被第三者篡改？这就需要使用数字签名技术。

RSA公钥体系的特点使它非常适合用来满足两个要求：保密性和认证性。PGP（Pretty Good Privacy）是一个基于RSA公钥加密体系的邮件加密软件，它提供了非对称加密和数字签名，其创始人是美国的Phil Zimmermann，他把RSA公钥体系的方便和传统加密体系高速结合起来，并且在数字签名和密钥认证管理机制上做了巧妙的设计，因此，PGP成为目前非常流行的公钥加密软件包。

PGP有以下主要功能：

（1）使用PGP对邮件加密，以防止非法阅读；

（2）能给加密的邮件追加数字签名，从而使收信人进一步确信邮件的发送者，而事先不需要任何保密的渠道用来传递密钥；

（3）可以实现只签名而不加密，适用于发表公开声明时证实声明人身份，也可防止声明人抵赖，这一点在商业领域有很大的应用前景；

（4）能够加密文件，包括图形文件、声音文件以及其他各类文件；

（5）利用PGP代替Unicode（统一码）生成Radix-64（即多用途互联网邮件扩展类型MIME的BASE64格式）的编码文件。

二、PGP加密机制

假设甲要寄信给乙，他们互相知道对方的公钥，甲可用乙的公钥加密邮件寄出，乙收到后用自己的私钥解密出甲的原文。一方面，由于别人不知道乙的私钥，所以即使是甲本人也无法解密那封信，这就解决了信件保密的问题。另一方面，由于每个人都知道乙的公钥，他们都可以给乙发信，那么乙怎么确定来信是不是甲的？这就是数字签名的必要性，用数字签名来确认发信的身份。

PGP的数字签名利用的是一个叫“邮件文摘”的功能，简单地讲，“邮件文摘”就是对一封邮件用某种算法算出一个最能体现这封邮件特征的数（一旦邮件有任何改变这个数都会发生变化），这个数加上用户的名字（在用户的密钥里）和日期等就可以作为一个签名。确切地说，PGP是用一个128位的二进制数作为“邮件文摘”的，用来产生它的算法就是MD5。

PGP给邮件加密和签名的过程如下：首先，甲用自己的私钥将128位值加密，附加在邮件后，再用乙的公钥将整个邮件加密（要注意这里的次序，如果先加密再签名，别人可以将签名去掉后签上自己的签名，从而篡改签名）。密文被乙收到以后，乙用自己的私钥将邮件解密，得到甲的原文和签名，乙的PGP也从原文计算出一个128位的特征值，并与用甲的公钥解密签名所得到的数进行比较，如果符合就说明这份邮件确实是甲寄来的。这样两个安全性要求都得到了满足。

PGP还可以只签名而不加密，这适用于公开发表的声明，声明人为了证实自己的身份，可以用自己的私钥签名，这样就可以让收件人能确认发信人的身份，也可以防止发信人抵赖自己的声明。这一点在商业领域有很大的应用前景，它可以防止发信人抵赖和信件在途中被篡改。

之所以说PGP用的是RSA和传统加密的杂合算法，是因为RSA算法计算量很大而且在速度上也不适合加密大量数据，所以PGP实际上用来加密的不是RSA本身，而是采用

了一种叫 IDEA 的传统加密算法。

IDEA 是一个有专利的算法，它的加（解）密速度比 RSA 快得多，所以实际上 PGP 是一个随机生成的密钥（每次加密不一样），用 IDEA 算法对明文加密，然后用 RSA 算法对该密钥加密。收件人用 RSA 解出这个随机密钥，再用 IDEA 解密邮件本身。这样的链式加密就做到了既有 RSA 体系的保密性，又有 IDEA 算法的快捷性。

PGP 加密前会对文件进行预压缩处理，PGP 内核使用 PKZIP 算法来压缩加密前的明文。一方面，对文件而言，压缩后加密产生的密文可能比明文更短，这就节省了网络传输的时间；另一方面，明文经过压缩，相当于经过一次变换，信息更加杂乱无章，对明文攻击的抵御能力更强。PKZIP 算法是一个公认的压缩率和压缩速度都相当好的压缩算法。在 PGP 中使用的是 PKZIP 2.0 版本兼容的算法。

【实验步骤】

本练习主机 A、B 为一组，主机 C、D 为一组，主机 E、F 为一组。

首先使用“快照 X”恢复 Windows 系统环境。

练习一 PGP 安全通信

【说明】实验应用 PGP 工具实现信息的安全通信，其实现流程为：本机首先生成公私钥对，并导出公钥给同组主机；在收到同组主机的公钥后将其导入本机中，并利用其对文件进行加密；将加密后的密文传回给同组主机，本机利用自己的私钥对来自同组主机的密文进行解密。

【要求】应用 PGP 工具过程中所使用的用户名均为 userGX 格式，其中 G 为组编号（1～32），X 为主机编号（A～F），如第 2 组主机 D，其使用的用户名应为 user2D。

1. 生成公私密钥。

（1）本机单击实验平台“GnuPG”工具按钮，进入工作目录，键入命令：gpg -- gen - key，开始生成公私钥对。其间 gpg 会依次询问如下信息：

①欲产生密钥种类（默认选择 1）。

②密钥大小（默认大小 2048 字节）。

③密钥有效期限（默认选择 0——永不过期）。

确定上述输入后进入操作步骤（2）。

（2）生成用户标识，期间 gpg 会依次询问如下信息：

①Real name（用户名，请按本机的组编号和主机编号确定你的用户名）。

②E-mail address（E-mail 地址，如 user2D@ CServer. Netlab）。

③Common（注释信息，建议与用户名相同）。

确定上述输入后，gpg 会提示将要生成的 USER - ID，形如：user2D(user2D) (user2D@ CServer. Netlab)。

键入“O”确定以上信息后，gpg 需要一个密码来保护即将生成的用户私钥，为了方便记忆，我们选择密码与用户名相同。

（3）接下来 gpg 会根据以上信息生成公私密钥对，并将它们存放在“C: \ Documents and Settings \ Administrator \ Application Data \ gnupg”目录下，名字分别为：“pubring. gpg”和

"secring. gpg"。

【说明】默认情况下"Application Data"目录是隐藏的，通过"资源浏览器"|"工具"菜单|"文件夹选项"|"查看"选项卡，选中"显示所有文件和文件夹"项，即可显示隐藏的目录和文件。

2. 导出公钥。

本机在 gpg 工作目录键入命令：gpg – a – o D:\Work\PGP\userGXpubkey. asc -- exportuserGX（userGX)(userGX@ CServer. Netlab)，gpg 会将公钥导入指定目录"D:\Work\PGP\"的文件"userGXpubkey. asc"中。

将文件"userGXpubkey. asc"发送到同组主机 PGP 共享目录中。

3. 导入同组主机公钥。

本机从同组主机发送来的文件 userGYpubkey. asc 中，将对方公钥导入至本机 gpg 库，其命令如下：gpg -- import D:\Work\PGP\userGYpubkey. asc。

4. 利用对方公钥进行加密。

（1）在"D:\Work\PGP\"目录中新建一个文本文件"userGX. txt"，内容是：____。

（2）利用对方公钥对"userGX. txt"加密，并对其进行签名。

在 gpg 工作目录键入如下命令：gpg – sea – r userGY@CServer.Netlab 加密文件绝对路径，其中 userGY@ CServer. Netlab 为 USER – ID。加密完成后，gpg 还要对其进行签名以表明这个密文文件是"我"发出的，而不是"其他人"，在提示处输入前面设置的用于保护本机私钥的密码即可。最后在原文件所在目录下，生成一个名为"userGX. txt. asc"的文件，将该文件发送到同组主机 PGP 目录中。

5. 解密密文。

在 gpg 工作目录下键入命令：gpg – d 加密文件绝对路径 > 解密后文件路径，此时 gpg 要求输入前面设置的用于保护本机私钥的密码，则输入密码，解开私钥，在存放加密文件的目录下就生成了一个解密后的文件，打开解密文件，浏览正文，与同组主机确定其正确性。

思考与探究

根据 PGP 的加密原理，说明为什么 PGP 比 RSA 的加密速度要快得多。

实验（三） 加密编程（一）

【实验目的】

1. 了解 BouncyCastleAPI 接口的主要功能。
2. 掌握 BouncyCastleAPI 接口的调用。
3. 掌握通过 BouncyCastleAPI 接口实现基本的加密算法。

【实验人数】

每组 1 人。

【系统环境】

Windows。

【网络环境】

交换网络结构。

【实验类型】

设计型。

【实验原理】

BouncyCastle 是一种用于 Java 平台的开放源码的轻量级密码术包。它支持大量的密码术算法，并提供 JCE 1.2.1 的实现。因为 BouncyCastle 被设计成轻量级的，所以从 J2SE 1.4 到 J2ME（包括 MIDP）平台，它都可以运行，并且是在 MIDP 上运行的唯一完整的密码术包。

CryptoAPI 使用两种密钥：会话密钥与公共/私人密钥对。会话密钥使用相同的加密和解密密钥，这种算法较快，但必须保证密钥的安全传递。公共/私人密钥对使用一个公共密钥和一个私人密钥，私人密钥只有专人才能使用，公共密钥可以广泛传播。如果密钥对中的一个用于加密，另一个一定用于解密。公共/私人密钥对算法很慢，一般只用于加密小批量数据，例如用于加密会话密钥。

CryptoAPI 支持两种基本的编码方法：流式编码和块编码。流式编码在明码文本的每一位上创建编码位，速度较快，但安全性较低。块编码在一个完整的块（一般为 64 位）上工作，需要使用填充的方法对要编码的数据进行舍入，以组成多个完整的块，这种算法速度较慢，但更安全。

【实验步骤】

本练习主机 A、B 为一组，主机 C、D 为一组，主机 E、F 为一组。

首先使用“快照 X”恢复 Windows 系统环境。

练习　BouncyCastleAPI 对数据的加密和解密

【说明】BouncyCastleAPI 功能很强大，对于初学者来说，辨认类之间的关系以及方法参数和返回值的正确类型有一定难度。通常，开发人员必须浏览源代码和测试用例来研究 BouncyCastleAPI 的主要功能。从网站 http://www.bouncycastle.org/上可以下载最新类库和源代码。

利用 BouncyCastleAPI 对数据进行加密和解密的实例。

编写“DESEncrypto.java”文件：

在D盘根目录下建立一个“test”文件夹，然后在“test”文件夹内建立一个“DESEncrypto.txt”文本文件，接下来把后缀名改成“DESEncrypto.java”。

查看盘符如图2-5-3所示。

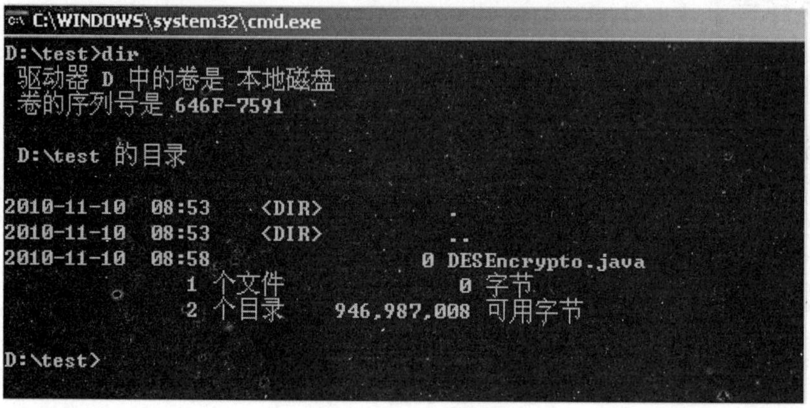

```
C:\WINDOWS\system32\cmd.exe
D:\test>dir
 驱动器 D 中的卷是 本地磁盘
 卷的序列号是 646F-7591

 D:\test 的目录

2010-11-10  08:53    <DIR>          .
2010-11-10  08:53    <DIR>          ..
2010-11-10  08:58                 0 DESEncrypto.java
               1 个文件              0 字节
               2 个目录    946,987,008 可用字节

D:\test>
```

图2-5-3　查看盘符

编写“DESEncrypto.java”解代码如下：

```
import java.io.BufferedReader;
import java.io.File;
import java.io.FileInputStream;
import java.io.FileNotFoundException;
import java.io.FileOutputStream;
import java.io.IOException;
import java.io.InputStream;
import java.io.InputStreamReader;
import java.io.OutputStream;
import java.io.Reader;
import java.security.SecureRandom;
import java.util.Scanner;

import org.bouncycastle.crypto.*;
import org.bouncycastle.crypto.engines.DESedeEngine;
import org.bouncycastle.crypto.generators.DESedeKeyGenerator;
import org.bouncycastle.crypto.modes.CBCBlockCipher;
import org.bouncycastle.crypto.paddings.PaddedBufferedBlockCipher;
import org.bouncycastle.crypto.params.DESedeParameters;
import org.bouncycastle.crypto.params.KeyParameter;
import org.bouncycastle.util.encoders.Hex;
```

```
public class DESEncrypto { /// true:解密; false:解密
    private boolean encrypt = true;/// 句柄
    private PaddedBufferedBlockCipher cipher = null;/// 输入流(源文件)
    private FileInputStream inStr = null;
    private Reader instr = null;/// 输出流(目标文件)
    private FileOutputStream outStr = null;/// The key
    private byte[] key = null;
    public static void main(String[] args){
      Scanner in = new Scanner(System.in);
//    System.out.println("请输入要加密/解密的文件路径:");
//    String infile = in.next();
//    System.out.println("请输入要保存的文件路径:");
//    String outfile = in.next();
//    System.out.println("请输入运算模式:true(加密); false(解密)");
//    boolean encrypt = in.nextBoolean();
        if(args.length < 3){
            System.out.println("------------------------------");
            System.out.println("请输入三个参数:");
            System.out.println("第一个参数是要加密/解密的文件;");
            System.out.println("第二个参数是输出保存的文件;");
            System.out.println("第三个参数是运算模式: 输入 true(加密);输入 false(解密)");
            System.out.println("参数之间用空格隔开, 如果和 java 运行文件处于同一目录, 可直接
            输入文件名, 否则需要绝对路径");
            System.out.println("同级目录加密例如: java DESEncrypto a.txt b.txt true;");
            System.out.println("不同级目录加密例如: java DESEncrypto c:\a.txt c:\b.txt true");
            System.out.println("------------------------------");
        }
        String infile = args[0];
        String outfile = args[1];
        String encryptStr = args[2];
        boolean encrypt = true;
        if("true".equalsIgnoreCase(args[2])){
            encrypt = true;}
        else if("false".equalsIgnoreCase(args[2])){
          encrypt = false;
        }
        String keyfile = "deskey.dat";
        DESEncrypto des = new DESEncrypto(infile, outfile, keyfile, encrypt);
        des.process();
        System.out.println("完成");
      //javax.swing.JOptionPane.showMessageDialog(null, "操作完成");
 }
```

```
public DESEncrypto() {
}
public DESEncrypto(String infile,String outfile,String keyfile,boolean encrypt) {
    this.encrypt = encrypt;
    try{
        File file = new File(infile);
        inStr = new FileInputStream(file);//inStr = File.OpenRead(infile); //打开文件
    }
    catch (FileNotFoundException e) {//Console.Error.WriteLine("Input file not found [" +infile +"]");
      System.out.println("Input file not found [" +infile +"]");
      System.exit( -1);
    }
    try{
        outStr = new FileOutputStream(new File(outfile));//outStr = File.Create(outfile); //打开文件
    }
    catch (IOException e) {
        //Console.Error.WriteLine("Output file not created [" +outfile +"]");
        System.out.println("Output file not created [" +outfile +"]");
        System.exit( -1);
    }
    if (encrypt) {
        try{
            ///创建密钥文件 deskey.dat
            SecureRandom sr = new SecureRandom(new byte[1024]);
            KeyGenerationParameters kgp =
                    new KeyGenerationParameters(sr,DESedeParameters.DES_EDE_KEY_LENGTH * 8);
            DESedeKeyGenerator kg = new DESedeKeyGenerator();
            kg.init(kgp);
            key = kg.generateKey();
            FileOutputStream keystream = new FileOutputStream(keyfile);
            //FileInputStream fis = new FileInputStream(new File(keyfile));
            //Stream keystream = File.Create(keyfile);
            byte[] keyhex = Hex.encode(key);
                System.out.println(keyhex.length);
                //len = keyhex.length;
            keystream.write(keyhex, 0, keyhex.length);
            keystream.flush();
            keystream.close();
        }
        catch (IOException e) {
            System.out.println("Could not decryption create key file " +"[" +keyfile +"]");
```

```
                System.exit( -1);
            }
        }
        else{
            try{
                ///读密钥文件 deskey.dat
                FileInputStream keystream = new FileInputStream(keyfile);
                byte[] b = new byte[8192];
                int len = keystream.read(b);
                while(len > 0){
                keystream.read(b, 0, len);
                key = Hex.decode(b);
            }
                Stream keystream = File.OpenRead(keyfile);
                int len = 48;
                byte[] keyhex = new byte[len];
                keystream.read(keyhex, 0, len);
                key = Hex.decode(keyhex);
            }
            catch (IOException e){
                System.out.println("Decryption key file not found, " + "or not valid [" +keyfile +"]");
                System.exit( -1);
            }
        }
}
private void process(){
    cipher = new PaddedBufferedBlockCipher((BlockCipher) new CBCBlockCipher(new DESedeEngine
()));//填充模式 CBC; 分组模式 Pkcs7
    if (encrypt){
        performEncrypt(key);
    }
    else{
        performDecrypt(key);
    }
    try{
        inStr.close();
        outStr.flush();
        outStr.close();
    }
    catch (IOException e){
    }
}
```

```
/// <summary>
/// 加密
/// </summary>
/// <param name = "key"> </param>
private void performEncrypt(byte[] key){
    cipher.init(true, new KeyParameter(key));
    int inBlockSize = 47;
    int outBlockSize = cipher.getOutputSize(inBlockSize);
    byte[] inblock = new byte[inBlockSize];
    byte[] outblock = new byte[outBlockSize];
    try{
        int inL;
        int outL;
        byte[] rv = null;
        while ((inL = inStr.read(inblock, 0, inBlockSize)) > 0){
          outL = cipher.processBytes(inblock, 0, inL, outblock, 0);
            if (outL > 0){
              rv = Hex.encode(outblock, 0, outL);
              outStr.write(rv, 0, rv.length);
              outStr.write((byte) '\n ');
            }
        }
      try{
          outL = cipher.doFinal(outblock, 0);
          if (outL > 0){
            rv = Hex.encode(outblock, 0, outL);
            outStr.write(rv, 0, rv.length);
            outStr.write((byte) '\n ');
          }
      }
          catch (CryptoException e){
              e.printStackTrace();
      }
}
      catch (IOException ioeread){
          ioeread.printStackTrace();
      }
}
/// <summary>
/// 解密
/// </summary>
/// <param name = "key"> </param>
```

```
private void performDecrypt(byte[] key){
        cipher.init(false, new KeyParameter(key));
        BufferedReader br = new BufferedReader(new InputStreamReader(inStr));
        //StreamReader br = new StreamReader(inStr);
        try{
           int outL;
           byte[] inblock = null;
           byte[] outblock = null;
           String rv = null;
           while ((rv = br.readLine()) ! = null){
                inblock = Hex.decode(rv);
                outblock = new byte[cipher.getOutputSize(inblock.length)];
                outL = cipher.processBytes(inblock, 0, inblock.length, outblock, 0);
                if (outL > 0){
                     outStr.write(outblock, 0, outL);
                }
           }
           try{
                outL = cipher.doFinal(outblock, 0);
                if (outL > 0){
                     outStr.write(outblock, 0, outL);
                }
           }
           catch (CryptoException e)
           {
           }
        }
        catch (IOException ioeread){
             ioeread.printStackTrace();
           }
        }
}
```

对文件“DESEncrypto.java”进行编译，如图2－5－4所示。

```
C:\WINDOWS\system32\cmd.exe
D:\test>javac DESEncrypto.java

D:\test>
```

图2－5－4　编译java文件

运行程序：

"11. txt"为明文，其内容为"123456789abcdefghijklmnopqrstuvwxyz"，如图2－5－5所示。

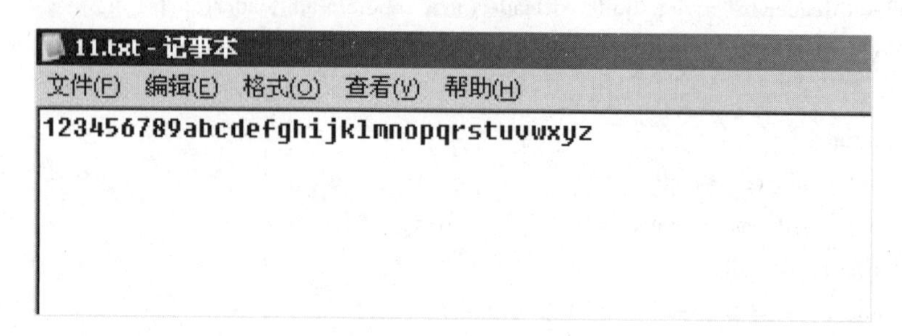

图2－5－5　11. txt

对"11. txt"进行加密，第一个参数表示要加密的文件，第二个参数表示加密后的文件，第三个参数表示的是加密还是解密（true表示加密，false表示解密），如图2－5－6所示。

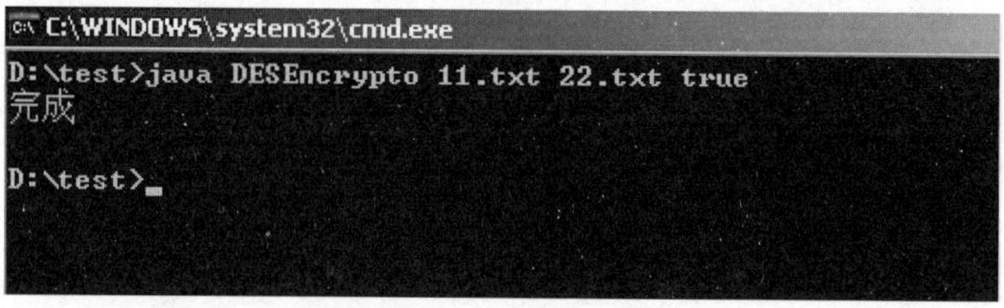

```
C:\WINDOWS\system32\cmd.exe
D:\test>java DESEncrypto 11.txt 22.txt true
完成

D:\test>_
```

图2－5－6　加密文件

加密后的文件为"22. txt"，如图2－5－7所示。

图2－5－7　加密后的文件

对"22. txt"进行解密，第一个参数表示要解密的文件，第二个参数表示解密后的文件，第三个参数表示的是加密还是解密（true表示加密，false表示解密），如图2－5－8所示。

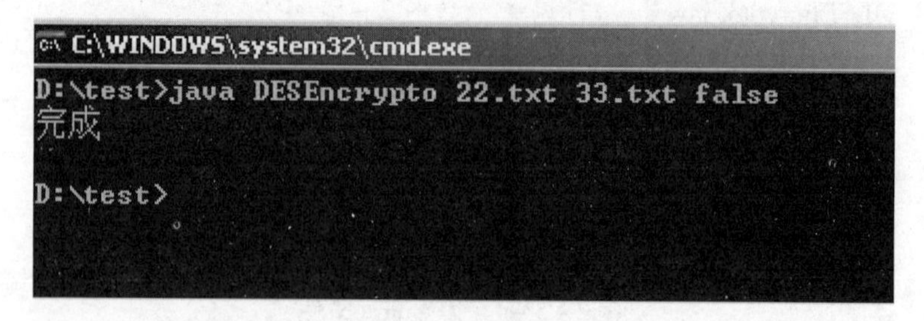

图2－5－8　解密文件

解密后的文件为“33. txt”，如图 2－5－9 所示。

图 2－5－9　解密后的文件

比较加密前后相关文件的内容。

实验（四）　加密编程（二）

【实验目的】

1. 了解 CryptoAPI 接口的主要功能。
2. 掌握 CryptoAPI 接口的调用。
3. 掌握通过 CryptoAPI 接口实现基本的加密算法。

【实验人数】

每组 1 人。

【系统环境】

Windows。

【网络环境】

交换网络结构。

【实验工具】

VC ++ 6.0。

【实验类型】

设计型。

【实验原理】

微软公司在 NT 4.0 以上版本中提供了一套完整的 CryptoAPI 的函数，其功能是为应用程序开发者提供在 Win32 环境下使用加密、验证等安全服务时的标准加密接口。用户在对软件进行保护的时候可以直接利用 CryptoAPI 来完成这些工作，比如计算注册码、检查程序的完整性等。用这些 API 进行加密和解密的时候，只需要知道应用方法，而不必知道 API 的底层实现。

CryptoAPI 处于应用程序和 CSP 之间。CryptoAPI 共由 5 个部分组成：简单消息函数、底层消息函数、基本加密函数、证书编解码函数和证书库管理函数。其中前三者可用于对敏感信息进行加密或签名处理，可保证网络传输信息的私有性；后两者通过对证书的使用，可保证网络信息交流中的认证性。

运用 CryptoAPI 编程的运行环境：首先，需要 Crypt32. lib，将它加到 project -> setting -> link 下面，也可以在程序中用 #pragmacomment（lib,"crypt32. lib"）加入。其次，在程序开头，要加入两个头文件“windows. h”和“wincrypt. h”以及一个 #defineMY_ENCODING_TYPE（PKCS_7_ASN_ENCODING | X509_ASN_ENCODING）。

【实验步骤】

本练习单人一组。

首先使用“快照 X”恢复 Windows 系统环境。

练习　CryptoAPI 对数据的加密和解密

1. 利用 CryptoAPI 实现加密程序。

（1）启动 VC ++ 6.0，新建一个“Win32 Console Application”名为“Crypto”的工程，下一步选择“一个简单的程序”。

（2）编写加密程序主函数如下：

```
#include "stdafx. h"
#include <stdio. h>
#include <stdlib. h>
#include <windows. h>
#include <wincrypt. h>

#define MY_ENCODING_TYPE (PKCS_7_ASN_ENCODING | X509_ASN_ENCODING)
#define KEYLENGTH   0x00800000
void HandleError( char *s);
#define ENCRYPT_ALGORITHM CALG_RC4
#define ENCRYPT_BLOCK_SIZE 8

bool EncryptFile(
```

```
                PCHAR szSource,
                PCHAR szDestination,
                  PCHAR szPassword);

int main(int argc, char * argv[])
{
    CHAR szSource[100];
    CHAR szDestination[100];
    CHAR szPassword[100];

    printf("Encrypt a file. \n\n");
    printf("Enter the name of the file to be encrypted: ");//输入要加密的源文件名
    scanf("%s",szSource);
    printf("Enter the name of the output file: ");//加密后文件输出存放地址
    scanf("%s",szDestination);
    printf("Enter the password:");//加密密码
    scanf("%s",szPassword);

    //调用加密方法
    if(EncryptFile(szSource, szDestination, szPassword))
    {
        printf("Encryption of the file %s was a success. \n", szSource);
        printf("The encrypted data is in file %s. \n",szDestination);
    }
    else
    {
        HandleError("Error encrypting file!");
    }
    system("pause");
    return 0;
}
```

(3) 编写加密功能实现函数如下:

```
//加密方法
static bool EncryptFile(PCHAR szSource,PCHAR szDestination,PCHAR szPassword)
{    //声明和初始化局部变量
    FILE *hSource;
    FILE *hDestination;
    HCRYPTPROV hCryptProv;
    HCRYPTKEY hKey;
    HCRYPTHASH hHash;
    PBYTE pbBuffer;
```

```
DWORD dwBlockLen;
DWORD dwBufferLen;
DWORD dwCount;
// 打开源文件
if(hSource = fopen(szSource,"rb"))
{
    printf("The source plaintext/cryptotext file, %s, is open.\n", szSource);
}
else
{
    HandleError("Error opening source plaintext file!");

//打开目的文件
if(hDestination = fopen(szDestination,"wb"))
{
     printf("Destination file %s is open.\n", szDestination);
}
else
{
    HandleError("Error opening destination ciphertext file!");
}
//以下获得一个 CSP 句柄
if(CryptAcquireContext(
&hCryptProv,
     NULL,//NULL 表示使用默认密钥容器，默认密钥容器名为用户登录名
     NULL, PROV_RSA_FULL, 0))
{
  printf("A cryptographic provider has been acquired.\n");
}
else
{     //创建密钥容器
       if(CryptAcquireContext(
            &hCryptProv, NULL, NULL, PROV_RSA_FULL, CRYPT_NEWKEYSET))
    {//创建密钥容器成功,并得到 CSP 句柄
        printf("A new key container has been created.\n");
}
else
{
       HandleError("Could not create a new key container.\n");
}
}
```

```
// 创建一个会话密钥(session key)
// 会话密钥也叫对称密钥，用于对称加密算法
        if(CryptCreateHash(
            hCryptProv,
            CALG_MD5,
            0,
            0,
            &hHash))
    {
        printf("A hash object has been created. \n");
    }
    else
    {
        HandleError("Error during CryptCreateHash! \n");
    }
    // 用输入的密码产生一个散列
    if(CryptHashData(hHash,(BYTE *)szPassword,strlen(szPassword), 0))
    {
        printf("The password has been added to the hash. \n");
    }
    else
    {
        HandleError("Error during CryptHashData. \n");
    }
    // 通过散列生成会话密钥
    if(CryptDeriveKey(hCryptProv,ENCRYPT_ALGORITHM, hHash, KEYLENGTH,&hKey))
    {
        printf("An encryption key is derived from the password hash. \n");
    }
    else
    {
        HandleError("Error during CryptDeriveKey! \n");
    }

    //删除散列表
    CryptDestroyHash(hHash);
    hHash = NULL;

    // 因为加密算法是按 ENCRYPT_BLOCK_SIZE 大小的块加密的，所以被加密的
    // 数据长度必须是 ENCRYPT_BLOCK_SIZE 的整数倍。下面计算一次加密的
    // 数据长度
    dwBlockLen = 1000 - 1000 % ENCRYPT_BLOCK_SIZE;
```

```
//如果使用块编码，则需要额外空间
    if(ENCRYPT_BLOCK_SIZE > 1)
      dwBufferLen = dwBlockLen + ENCRYPT_BLOCK_SIZE;
    else
      dwBufferLen = dwBlockLen;

    // 分配内存
    if(pbBuffer = (BYTE *)malloc(dwBufferLen))
    {
      printf("Memory has been allocated for the buffer. \n");
    }
    else
    {
      HandleError("Out of memory. \n");
    }

//加密源文件，并将数据写入目标文件
    do
    {
    // 从源文件中读出 dwBlockLen 个字节
    dwCount = fread(pbBuffer, 1, dwBlockLen, hSource);
    if(ferror(hSource))
    {
        HandleError("Error reading plaintext! \n");
    }

    // 加密数据
    if(! CryptEncrypt(
                hKey,           //密钥
                0,              //如果数据同时进行散列和加密，这里传入一个散列对象
                feof(hSource),  //如果是最后一个被加密的块，输入 TRUE，如果不是输入 FALSE
                                //这里通过判断是否到文件尾来决定是否为最后一块
                0,              //保留
                pbBuffer,       //输入被加密数据，输出加密后的数据
                &dwCount,       //输入被加密数据实际长度，输出加密后数据长度
                dwBufferLen))   //pbBuffer 的大小
    {
        HandleError("Error during CryptEncrypt. \n");
    }
```

```
        // 将加密过的数据写入目标文件
        fwrite(pbBuffer, 1, dwCount, hDestination);
        if(ferror(hDestination))
        {
                HandleError("Error writing ciphertext.");
        }
    }while(! feof(hSource));

//关闭文件、释放内存
        if(hSource)
          fclose(hSource);
        if(hDestination)
          fclose(hDestination);

        if(pbBuffer)
          free(pbBuffer);

        if(hKey)
          CryptDestroyKey(hKey);

        if(hHash)
          CryptDestroyHash(hHash);

        if(hCryptProv)
          CryptReleaseContext(hCryptProv, 0);
        return(TRUE);
}

//异常处理方法
void HandleError(char *s)
{
        fprintf(stderr,"An error occurred in running the program. \n");
        fprintf(stderr,"%s\n",s);
        fprintf(stderr, "Error number %x. \n", GetLastError());
        fprintf(stderr, "Program terminating. \n");
        exit(1);
}
```

2. 利用 CryptoAPI 实现解密程序。

(1) 新建名为“Decrypto”的工程。

(2) 编写解密程序主函数如下:

```
#include "stdafx.h"
#include <stdio.h>
#include <stdlib.h>
#include <windows.h>
#include <wincrypt.h>
#define MY_ENCODING_TYPE (PKCS_7_ASN_ENCODING | X509_ASN_ENCODING)
#define KEYLENGTH 0x00800000
void HandleError(char *s);

#define ENCRYPT_ALGORITHM CALG_RC4
#define ENCRYPT_BLOCK_SIZE 8

bool EncryptFile(
                PCHAR szSource,
                PCHAR szDestination,
                PCHAR szPassword);

int main(int argc, char* argv[])
{

    CHAR szSource[100];
    CHAR szDestination[100];
    CHAR szPassword[100];

    printf("Decrypt a file. \n\n");
    printf("Enter the name of the file to be decrypted: ");//输入要解密的源文件名
    scanf("%s",szSource);
    printf("Enter the name of the output file: ");//解密后文件输出存放地址
    scanf("%s",szDestination);
    printf("Enter the password:");//解密密码
    scanf("%s",szPassword);

    //调用解密方法
    if(EncryptFile(szSource, szDestination, szPassword))
    {
        printf("Decryption of the file %s was a success. \n", szSource);
        printf("The decrypted data is in file %s. \n",szDestination);
    }
    else
    {
        HandleError("Error decrypting file!");
    }
    system("pause");
    return 0;
}
```

(3) 编写解密功能实现函数如下:

```
//解密方法
static bool EncryptFile(PCHAR szSource,PCHAR szDestination,PCHAR szPassword)
{   //声明和初始化局部变量
    FILE *hSource;
    FILE *hDestination;

    HCRYPTPROV hCryptProv;
    HCRYPTKEY hKey;
    HCRYPTHASH hHash;

    PBYTE pbBuffer;
    DWORD dwBlockLen;
    DWORD dwBufferLen;
    DWORD dwCount;

    // 打开源文件
    if(hSource = fopen(szSource,"rb"))
    {
        printf("The source plaintext/cryptotext file, %s, is open. \n", szSource);
    }
    else
    {
        HandleError("Error opening source plaintext file!");
    }
    //打开目的文件
    if(hDestination = fopen(szDestination,"wb"))
    {
        printf("Destination file %s is open. \n", szDestination);
    }
    else
    {
        HandleError("Error opening destination ciphertext file!");
    }
    //以下获得一个 CSP 句柄
    if(CryptAcquireContext(
                &hCryptProv,
                NULL,       //NULL 表示使用默认密钥容器, 默认密钥容器名为用户登录名
                NULL, PROV_RSA_FULL, 0))
    {
        printf("A cryptographic provider has been acquired. \n");
    }
```

```
    else
    { //创建密钥容器
      if(CryptAcquireContext(&hCryptProv, NULL, NULL, PROV_RSA_FULL, CRYPT_NEWKEYSET))
      {
          //创建密钥容器成功，并得到 CSP 句柄
          printf("A new key container has been created. \n");
      }
      else
      {
          HandleError("Could not create a new key container. \n");
      }
    }

// 创建一个会话密钥(session key)
    // 会话密钥也叫对称密钥，用于对称加密算法
    if(CryptCreateHash(hCryptProv, CALG_MD5, 0, 0, &hHash))
    {
          printf("A hash object has been created. \n");
    }
    else
    {
          HandleError("Error during CryptCreateHash! \n");
    }
    // 用输入的密码产生一个散列
    if(CryptHashData(hHash,(BYTE *)szPassword,strlen(szPassword), 0))
    {
          printf("The password has been added to the hash. \n");
    }
    else
    {
          HandleError("Error during CryptHashData. \n");
    }
    // 通过散列生成会话密钥
    if(CryptDeriveKey(hCryptProv,ENCRYPT_ALGORITHM, hHash, KEYLENGTH,&hKey))
    {
          printf("An encryption key is derived from the password hash. \n");
    }
    else
    {
          HandleError("Error during CryptDeriveKey! \n");
    }
```

```
//删除散列表
CryptDestroyHash(hHash);
hHash = NULL;

// 因为加密算法是按 ENCRYPT_BLOCK_SIZE 大小的块加密的，所以被加密的
// 数据长度必须是 ENCRYPT_BLOCK_SIZE 的整数倍
// 下面计算一次加密的数据长度
dwBlockLen = 1000 - 1000 % ENCRYPT_BLOCK_SIZE;

//如果使用块编码，则需要额外空间
if(ENCRYPT_BLOCK_SIZE > 1)
        dwBufferLen = dwBlockLen + ENCRYPT_BLOCK_SIZE;
else
        dwBufferLen = dwBlockLen;

// 分配内存
      if(pbBuffer = (BYTE *)malloc(dwBufferLen))
{
        printf("Memory has been allocated for the buffer. \n");
}
else
{
        HandleError("Out of memory. \n");
}

//解密源文件,并将数据写入目标文件
    do
    {  // 从源文件中读出 dwBlockLen 个字节
      dwCount = fread(pbBuffer, 1, dwBlockLen, hSource);
      if(ferror(hSource))
      {
            HandleError("Error reading plaintext! \n");
      }

      // 解密数据
      if(! CryptDecrypt(
           hKey,              //密钥
           0,                 //如果数据同时进行散列和解密，这里传入一个散列对象
           feof(hSource),     //如果是最后一个被解密的块，输入 TRUE，如果不是输入 FALSE
                              //这里通过判断是否到文件尾来决定是否为最后一块
           0,                 //保留
           pbBuffer,          //输入被解密数据，输出解密后的数据
```

```
                &dwCount))          //输入被解密数据实际长度，输出解密后数据长度
            {
                HandleError("Error during CryptEncrypt. \n");
            }

            // 将解密过的数据写入目标文件
            fwrite(pbBuffer, 1, dwCount, hDestination);
            if(ferror(hDestination))
            {
                HandleError("Error writing ciphertext. ");
            }
        }while(! feof(hSource));

        //关闭文件，释放内存
        if(hSource)
            fclose(hSource);
        if(hDestination)
            fclose(hDestination);
        if(pbBuffer)
            free(pbBuffer);
        if(hKey)
            CryptDestroyKey(hKey);
        if(hHash)
            CryptDestroyHash(hHash);
        if(hCryptProv)
            CryptReleaseContext(hCryptProv, 0);
        return(TRUE);
    }
    //异常处理方法
    void HandleError(char *s)
    {
        fprintf(stderr,"An error occurred in running the program. \n");
        fprintf(stderr,"%s\n",s);
        fprintf(stderr, "Error number %x. \n", GetLastError());
        fprintf(stderr, "Program terminating. \n");
        exit(1);
    }
```

3. 对文件进行加密和解密，对程序进行验证。

（1）在D盘下新建一个名为“src. txt”的文件，在该文件中输入任意字符，保存后将该文件作为加密的原始文件。

（2）编译并运行Crypto，对文件“src. txt”进行加密，将加密后的文件放在D盘下，

并命名为“out. txt”，加密密码为“123456”，如图2－5－10所示。

```
Encrypt a file.

Enter the name of the file to be encrypted: D:\src.txt
Enter the name of the output file: D:\out.txt
Enter the password:123456
The source plaintext/cryptotext file, D:\src.txt, is open.
Destination file D:\out.txt is open.
A new key container has been created.
A hash object has been created.
The password has been added to the hash.
An encryption key is derived from the password hash.
Memory has been allocated for the buffer.
Encryption of the file D:\src.txt was a success.
The encrypted data is in file D:\out.txt.
请按任意键继续. . .
```

图2－5－10　加密过程

（3）打开加密后的文件，观察文件内容是否加密。

（4）编译并运行Decrypto，对文件“out. txt”进行解密（如图2－5－11所示），将解密后的文件放在D盘下，并命名为“desrc. txt”，解密密码与加密密码相同。

```
Decrypt a file.

Enter the name of the file to be decrypted: D:\out.txt
Enter the name of the output file: D:\desrc.txt
Enter the password:123456
The source plaintext/cryptotext file, D:\out.txt, is open.
Destination file D:\desrc.txt is open.
A cryptographic provider has been acquired.
A hash object has been created.
The password has been added to the hash.
An encryption key is derived from the password hash.
Memory has been allocated for the buffer.
Decryption of the file D:\out.txt was a success.
The decrypted data is in file D:\desrc.txt.
请按任意键继续. . .
```

图2－5－11　解密过程

（5）打开解密后的文件，查看内容是否与加密前的内容一致。

【注意】如果在代码编写过程中遇到问题，可参考“D:\ExpNIC\CrypApp\Projects\Crypto”和“D:\ExpNIC\CrypApp\Projects\Decrypto”的样例代码。

实验（五）　基于USBKey的软件授权编程

【实验目的】

1. 了解USBKey的工作原理。
2. 掌握USBKey的使用方法。

【实验人数】

每组1人。

【系统环境】

Windows。

【网络环境】

交换网络结构。

【实验工具】

VC ++ 6.0。

【实验类型】

设计型。

【实验原理】

USBKey就是一种插在计算机并行口上的软硬件结合的加密产品，是一种类似于U盘的小硬件。硬件加密锁厂家提供一套硬件加密锁的读写接口（API）给开发商，厂家卖给开发商的锁有各自的区别，一个开发商只能操作自己买的硬件加密锁。硬件加密锁通过在软件执行过程中和硬件加密锁交换数据来实现加密。硬件加密锁内置单片机电路（也称CPU），使得它具有判断、分析的处理能力，增强了主动的反解密能力。这种加密产品称它为“智能型”硬件加密锁。硬件加密锁内置的单片机里还包含专用于加密的算法软件，该软件被写入单片机后，就不能再被读出。这样，就保证了硬件加密锁硬件不能被复制。

本实验介绍的硬件加密锁是一种类似于U盘的小硬件，是一种防盗版的方式，为多数软件开发商所采用。硬件加密锁一般都有几十或几百字节的非易失性存储空间可供读写，现在较新的硬件加密锁内部还包含了单片机。软件开发者可以通过接口函数和硬件加密锁进行数据交换（即对硬件加密锁进行读写），来检查硬件加密锁是否插在并行口上；或者直接用硬件加密锁附带的工具加密自己的exe文件（俗称“包壳”）。这样，软件开发者可以在软件中设置多处软件锁，利用硬件加密锁作为钥匙来打开这些锁；如果没插硬件加密锁或硬件加密锁不对应，软件将不能正常执行。

【实验步骤】

本练习单人为一组。

首先使用“快照X”恢复Windows系统环境。

练习　硬件加密锁使用的简单实例

点击平台工具栏“硬件加密锁程序工程”按钮。

此实例通过硬件加密锁来控制软件的启动。图 2－5－12 为主程序窗口的运行画面，要运行画面和程序，必须先成功启动硬件加密锁。

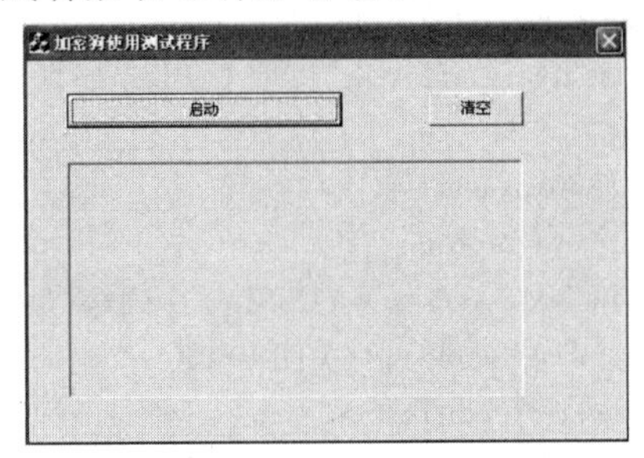

图 2－5－12　**启动界面**

主要代码如下：

```
void CUSBKeyDlg::OnStart(){
    CString editText;//存储对话框消息
    CString serialNum;//USBKey 串号
    ULONG Num;
    std::string strUserPwd = "#jsUser! &";
    char message[16];//要写入的消息
    char message_out[16];//读取消息存放位置
    menset(message,0,16);
    menset(message_out,0,16);
    message[0] = 'H';
    message[1] = 'e';
    message[2] = 'l';
    message[3] = 'l';
    message[4] = 'o';
    message[5] = '';
    message[6] = 'U';
    message[7] = 'S';
    message[8] = 'B';
    message[9] = 'K';
    message[10] = 'e';
    message[11] = 'y';
    ULONG m_ulDogHandle;//加密锁句柄
    UCHAR ucDegree = '\0';
    CEdit * pEdit = (CEdit *)GetDlgItem(IDC_EDIT1);
    HRESULT rs = RC_OpenDog(1,"JlcssDog",&m_ulDogHandle);//打开 USBKey
    if(rs! =((HRESULT)0X00000000L)){
        pEdit -> GetWindowText(editText);
        pEdit -> SetWindowText(editText + "无法找到 USBKey\r\n");
    }else{
        pEdit -> GetWindowText(editText);
        pEdit -> SetWindowText(editText + "找到并打开 USBKey\r\n");
        ULONG ulBufLen = sizeof(RC_HARDWARE_INFO);
```

```
            rs = RC_GetProductCurrentNo( m_ulDogHandle,&Num);//取得硬件序列号
            if(rs! =((HRESULT)0X00000000L){
                pEdit -> GetWindowText(editText);
                pEdit -> SetWindowText(editText + "读取 USBKey 序列号失败\r\n");
            }esle{
                pEdit -> GetWindowText(editText);
                serialNum. Format("%d",Num);
                pEdit -> SetWindowText(editText + "USBKey 序列号:" + serialNum + "\r\n");
                RC_CloseDog(m_ulDogHandle);//关闭 USBKey
                pEdit -> GetWindowText(editText);
                pEdit -> SetWindowText(editText + "关闭 USBKey\r\n");
                rs = RC_OpenDog(1,"JlcssDog",&m_ulDogHandle);//重新打开 USBKey
                rs = RC_VerifyPassword(m_ulDogHandle,1,const_cast < char * > (strUsrPwd. c_str()),
                &ucDegree);//验证密码
            if(rs! =((HRESULT)0X00000000L){
                pEdit -> GetWindowText(editText);
                pEdit -> SetWindowText(editText + "验证失败\r\n");
            }
            rs = RC_WriteFile(m_ulDogHandle,0x3f00,0x0001,0,
                sizeof(message),reinterpret_cast < unsigned char * > (&message));//写入信息
            if(rs! =((HRESULT)0X00000000L){
                pEdit -> GetWindowText(editText);
                pEdit -> SetWindowText(editText + "写入消息失败\r\n");
            }else{
                pEdit -> GetWindowText(editText);
                pEdit -> SetWindowText(editText + "成功写入消息:" + message + "\r\n");
                rs = RC_ReadFile(m_ulDogHandle,0x3f00,0x0001,0,
                  sizeof(message_out),reinterpret_cast < unsigned char * > (&message_out));//读取信息
                if(rs! =((HRESULT)0X00000000L){
                    pEdit -> GetWindowText(editText);
                    pEdit -> SetWindowText(editText + "读取消息失败\r\n");
                }else{
                    pEdit -> GetWindowText(editText);
                    pEdit -> SetWindowText(editText + "成功读取消息:" + message_out + "\r\n");
                    C_CloseDog(m_ulDogHandle);//关闭
                if(MessageBox("成功启动加密锁","success",MB_OK) = =IDOK){
                        Start startDlg;
                        startDlg. DoModal();
                    }
                }
            }
        }
    }
}
```

【说明】把硬件加密锁所提供的 obj 文件（本实验为 win32vc. obj）加载到程序所在的目录下。

运行此实例的界面：

如果没有正确加载硬件加密锁，程序会告诉我们没有发现硬件加密锁，如图 2－5－13 所示。

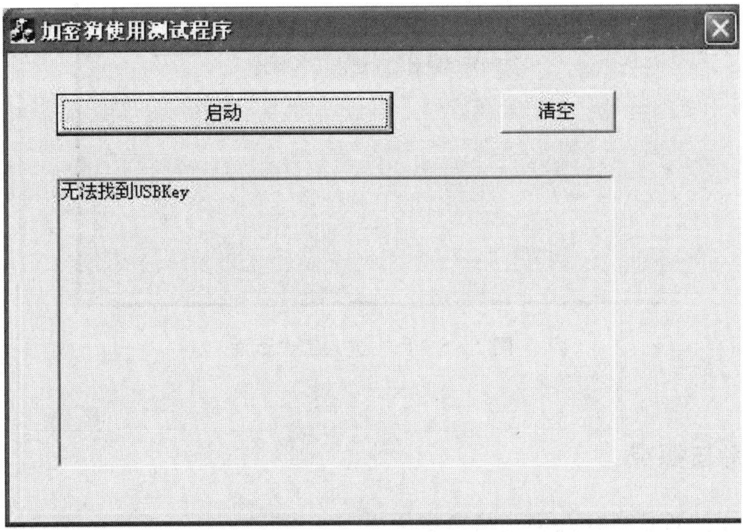

加密狗使用测试程序
启动
清空
无法找到USBKey

图 2－5－13　未找到硬件加密锁

如果正确加载硬件加密锁，程序会提示，如图 2－5－14 所示。

加密狗使用测试程序
启动
清空
找到并打开USBKey
USBKey Serial Number:662
关闭USBKey
成功写入消息:Hello USBKey
成功读取消息:Hello USBKey
success
成功启动加密狗
确定

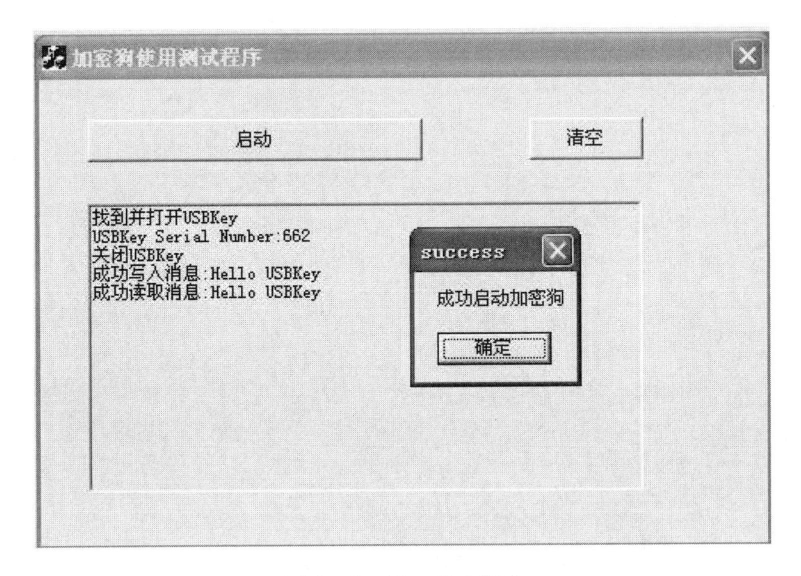

图 2－5－14　成功启动

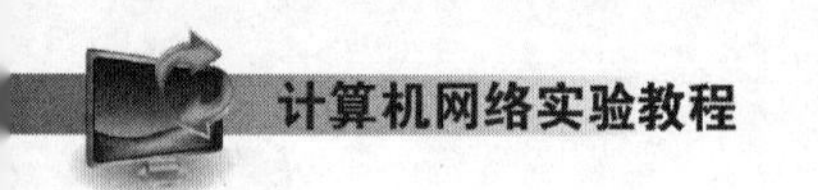

点击“确定”按钮后，进入工作页面，如图 2－5－15 所示。

图 2－5－15　进入工作页面

思考与探究

查阅文献后，总结硬件加密锁的难解方法。

实验六
PKI 技术

PKI 的主要目的是通过自动管理密钥和证书，为用户建立起一个安全的网络运行环境，使用户可以在多种应用环境下方便地使用加密和数字签名技术，从而保证网上数据的完整性、机密性、不可否认性。

实验（一）　证书应用

【实验目的】

1. 了解 PKI 体系。
2. 了解用户进行证书申请和 CA 颁发证书的过程。
3. 掌握认证服务的安装及配置方法。
4. 掌握使用数字证书配置安全站点的方法。
5. 掌握使用数字证书发送签名邮件和加密邮件的方法。

【实验人数】

每组 3 人。

【系统环境】

Windows。

【网络环境】

交换网络结构。

【实验工具】

网络协议分析器。

【实验类型】

验证型。

【实验原理】

一、PKI 简介

PKI 是 Public Key Infrastructure 的缩写，通常译为公钥基础设施，称为“基础设施”是因为它具备基础设施的主要特征。PKI 在网络信息空间的地位与其他基础设施在人们生活中的地位非常类似。电力系统通过延伸到用户端的标准插座为用户提供能源；PKI 通过延伸到用户的接口为各种网络应用提供安全服务，包括身份认证、识别、数字签名、加密等。一方面，PKI 给网络应用提供了广泛而开放的支撑；另一方面，PKI 系统的设计、开发、生产及管理都可以独立进行，不需要考虑应用的特殊性。

目前，安全的电子商务就是采用建立在 PKI 基础上的数字证书，通过对要传输的数字信息进行加密和签名来保证信息传输的机密性、真实性、完整性和不可否认性（又称非否认性），从而保证信息的安全传输和交易的顺利进行。PKI 已成为电子商务应用系统乃至电子政务系统等网络应用的安全基础和根本保障。

二、证书申请

PKI 组件主要包括认证中心（CA）、注册机构（RA）、证书服务器、证书库、时间服务器和 PKI 策略等。

（一）CA

CA 是 PKI 的核心，是 PKI 应用中权威的、可信任的、公正的第三方机构。

CA 用于创建和发布证书，它通常为一个称为安全域的有限群体发放证书。创建证书的时候，首先，CA 系统获取用户的请求信息，其中包括用户公钥（公钥一般由用户端产生，如电子邮件程序或浏览器等）。其次，CA 将根据用户的请求信息产生证书，并用自己的私钥对证书进行签名。其他用户、应用程序或实体将使用 CA 的公钥对证书进行验证。如果一个 CA 系统是可信的，则验证证书的用户可以确信，他所验证的证书中的公钥属于证书所代表的那个实体。

CA 还负责维护和发布证书废止列表（CRL）。当一个证书，特别是其中的公钥因为其他原因无效时，CRL 提供了一种通知用户和其他应用程序的中心管理方式。CA 系统生成 CRL 以后，可以放到 LDAP（轻量级目录访问协议）服务器中供用户查询或下载，也可以放置在 Web 服务器的合适位置，以页面超级链接的方式供用户直接查询或下载。

CA 的核心功能就是发放和管理数字证书，具体描述如下：

（1）接收验证最终用户数字证书的申请。

（2）确定是否接受最终用户数字证书的申请。

（3）向申请者颁发或拒绝颁发数字证书。

（4）接收、处理最终用户的数字证书更新请求。

（5）接收最终用户数字证书的查询、撤销。

(6) 产生和发布证书废止列表。
(7) 数字证书的归档。
(8) 密钥归档。
(9) 历史数据归档。
根 CA 证书是一种特殊的证书，它使用 CA 自己的私钥对自己的信息和公钥进行签名。

(二) RA

RA 负责申请者的登记和初始鉴别，在 PKI 体系结构中起到承上启下的作用。一方面，向 CA 转发安全服务器传输过来的证书申请请求；另一方面，向 LDAP 服务器和安全服务器转发 CA 颁发的数字证书和证书废止列表。

(三) 证书服务器

证书服务器负责根据注册过程中提供的信息生成证书的机器或服务。

(四) 证书库

证书库是发布证书的地方，提供证书的分发机制。到证书库访问可以得到希望与之通信的实体的公钥和查询最新的 CRL。它一般采用 LDAP 目录访问协议，其格式符合 X. 500 标准。

(五) 时间服务器

提供单调增加的精确的时间源，并且安全地传输时间戳，对时间戳签名以验证可信时间值的发布者。

(六) PKI 策略

PKI 安全策略建立和定义了一个组织信息安全方面的指导方针，同时也定义了密码系统使用的处理方法和原则。它包括一个组织怎样处理密钥和有价值的信息，根据风险的级别定义安全控制的级别。

一般情况下，在 PKI 中有两种类型的策略：一是证书策略，用于管理证书的使用，比如，可以确认某一 CA 是在 Internet 上的公有 CA，还是某一企业内部的私有 CA；二是 CPS (Certificate Practice Statement，证书操作管理规范)。一些商业证书发放机构 (CCA) 或者可信的第三方操作的 PKI 系统需要 CPS，这是一个包含如何在实践中增强和支持安全策略的一些操作过程的详细文档，包括 CA 是如何建立和运作的，证书是如何发行、接收和废除的，密钥是如何产生、注册、存储的，以及用户是如何得到它的，等等。

三、证书应用

数字证书是由权威、公正的第三方 CA 机构所签发的符合 X. 509 标准的权威的电子文档。

（一）数据加密

数字证书技术利用一对互相匹配的密钥进行加密和解密。当你申请证书的时候，会得到一个私钥和一个数字证书，数字证书中包含一个公钥。其中公钥可以发给他人使用，而私钥则应该保管好，不能泄露给其他人，否则别人将能用它以你的名义签名。

当发送方向接收方发送一份保密文件时，需要使用对方的公钥对数据加密，接收方收到文件后，则使用自己的私钥解密，没有私钥就不能解密文件，从而保证数据的安全保密性。这种加密是不可逆的，即使已知明文、密文和公钥也无法推导出私钥。

（二）数字签名

数字签名是数字证书的重要应用之一，是指证书用户使用自己的私钥对原始数据做 Hash 变换后所得的消息摘要进行加密所得的数据。信息接收者使用信息发送者的证书对附在原始信息后的数字签名进行解密后获得消息摘要，并对收到的原始数据采用相同的杂凑算法计算其消息摘要，将二者进行对比，即可校验原始信息是否被篡改。数字签名可以提供数据完整性的保护和不可抵赖性。

使用数字证书完成数字签名功能，需要向相关数字证书运营机构申请具备数字签名功能的数字证书，然后才能在业务过程中使用数字证书的签名功能。

（三）应用范围

PKI 技术的广泛应用能满足人们对网络交易安全保障的需求。作为一种基础设施，PKI 的应用范围非常广泛，并且在不断发展之中，下面给出几个应用实例。

（1）Web 应用。

浏览 Web 页面是人们最常用的访问 Internet 的方式。如果要通过 Web 进行一些商业交易，该如何保证交易的安全呢？为了解决 Web 的安全问题，在两个实体进行通信之前，先要建立 SSL（安全套接层协议）连接，以此实现对应用层透明的安全通信。

SSL 是一个介于应用层和传输层之间的可选层，它在 TCP 之上建立了一个安全通道，提供基于证书的认证，具有信息完整性和数据保密性。SSL 协议已在 Internet 上得到广泛的应用。

安全 Web 服务的流程（SSL 协议工作流程）如图 2－6－1 所示。

（2）安全电子邮件。

电子邮件凭借其易用、低成本和高效已经成为现代商业中的一种标准信息交换工具。随着 Internet 的发展，商业机构或政府机构都开始用电子邮件交换一些秘密的或是有商业价值的信息，这就引出了一些安全方面的问题，如消息和附件可以在不为通信双方所知的情况下被读取、篡改或截取；发信人的身份无法确认等。电子邮件的安全需求也是机密性、完整性、认证性和不可否认性，而这些都可以利用 PKI 技术来获得。目前发展很快的安全电子邮件协议是 S/MIME，这是一个允许发送加密和有签名邮件的协议，该协议的实现需要依赖于 PKI 技术。

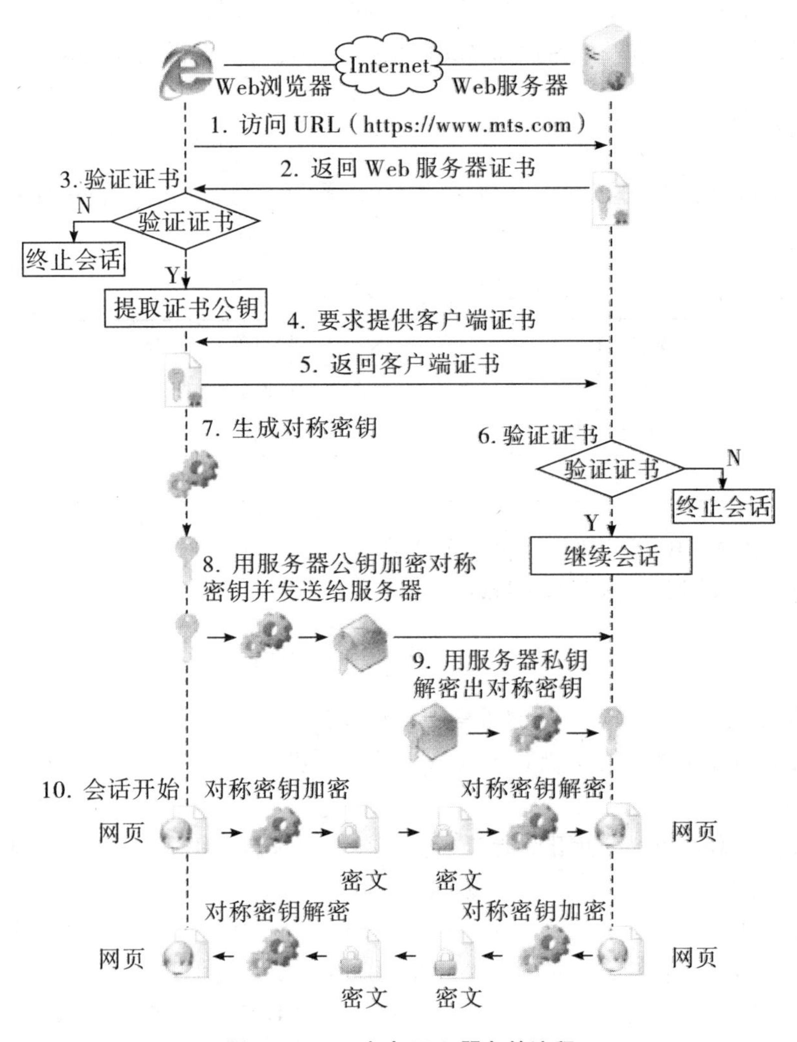

图 2-6-1　安全 Web 服务的流程

四、Microsoft 证书服务

Windows Server 2003 有一个非常健壮的公钥基础结构，它提供了一整套服务和工具，用以支持公钥应用程序的部署和管理。它的关键部分是 Microsoft 证书服务，能够支持部署一个或多个企业级 CA，这些 CA 支持证书的颁发和吊销，并与 Active Directory 集成在一起。Active Directory 主要提供 CA 的位置信息和策略，并公布颁发证书和吊销证书的信息。

Microsoft 证书服务使企业能够方便地建立 CA，以满足其商业需求。证书服务包含一个默认策略模块，适于将证书颁发给企业实体。证书服务还包括请求实体的验证以及该域 PKI 安全策略是否允许所请求证书的验证。因为证书服务是基于标准的，所以它为异构环境中支持公钥的应用程序提供了广泛的支持。

PKI 由一组在一起工作的服务和组件组成，它用来建立一个受保护的通信环境，以保护 Intranet 和 Internet 上的电子邮件通信安全，同时还可以保护 Web 站点和公司基于 Web 的事务处理，加强或更进一步保护加密文件系统，并使智能卡得以实施等。

【实验步骤】

本练习主机 A、B、C 为一组，主机 D、E、F 为一组。实验角色说明如表 2－6－1 所示。

表 2－6－1 实验角色表

实验主机	实验角色
主机 A、D	CA（证书颁发机构）
主机 B、E	服务器
主机 C、F	客户端

下面以主机 A、B、C 为例，说明实验步骤。

首先使用“快照 X”恢复 Windows 系统环境。

练习一 安全 Web 通信

1. 无认证（服务器和客户端均不需要身份认证）。

通常在 Web 服务器端没有做任何加密设置的情况下，其与客户端的通信是以明文方式进行的。

(1) 客户端启动协议分析器，选择“文件” | “新建捕获窗口”，然后单击工具栏中的按钮开始捕获。

客户端在 IE 浏览器地址栏中输入“http://服务器 IP”，访问服务器 Web 服务。成功访问服务器 Web 主页面后，单击协议分析器捕获窗口工具栏中的“刷新”按钮刷新显示，在“会话分析”视图中依次展开“会话分类树” | “HTTP 会话” | “本机 IP 与同组主机 IP 地址间的会话”，在端口会话中选择源端口或目的端口为 80 的会话，在右侧会话视图中选择名为“GET”的单次会话，并切换至“协议解析”视图。

如图 2－6－2 所示，通过协议分析器对 HTTP 会话的解析中可以确定，在无认证模式下，服务器与客户端的 Web 通信过程是以明文实现的。

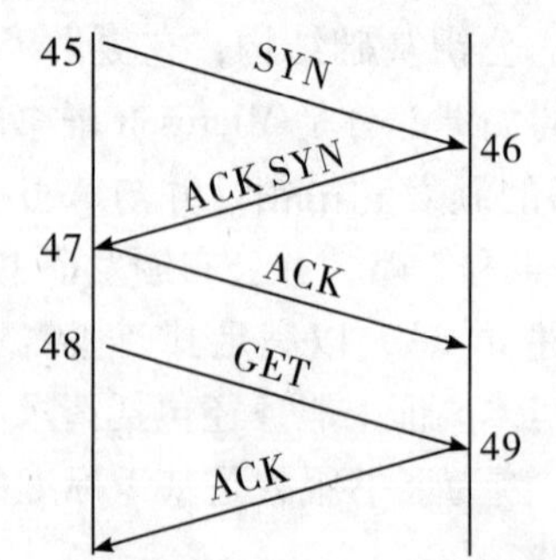

..m7..GET/HTTP/1.1..
Accept:image/gif,image/x-xbitmap,image/jpeg,image/pjepg,application/vnd.ms-excel,application/vnd.ms-powerpoint,application/msword,*/*..Accept-Language:zh-cn..UA-CPU:x86..Accept

图 2－6－2 HTTP 明文会话

2. 单向认证（仅服务器需要身份认证）。

（1）CA（主机 A）安装证书服务。

主机 A 依次选择“开始”|“设置”|“控制面板”|“添加或删除程序”|“添加/删除 Windows 组件”，选中组件中的“证书服务”，此时出现“Microsoft 证书服务”提示信息，单击“是”，然后单击“下一步”。在接下来的安装过程中依次要确定如下信息：

①CA 类型（选择独立根 CA）。

②CA 的公用名称［userGXCA，其中 G 为组编号（1～32），X 为主机编号（A～F），如第 2 组主机 D，其使用的用户名应为 user2D］。

③证书数据库设置（默认）。

在确定上述信息后，系统会提示要暂停 Internet 信息服务，单击“是”，系统开始进行组件安装。在安装过程中弹出的“所需文件”对话框中指定“文件复制来源”为“D:\ExpNIC\CrypApp\Tools\WindowsCA\i386”即可（若安装过程中出现提示信息，请忽略该提示继续安装）。

【注意】若安装过程中，出现“Windows 文件保护”提示，单击“取消”按钮，选择“是”继续；在证书服务安装过程中若网络中存在主机重名，则安装过程会提示错误；安装证书服务之后，计算机将不能再重新命名，不能加入到某个域或从某个域中删除；要使用证书服务的 Web 组件，需要先安装互联网信息服务 IIS（本系统中已安装 IIS）。

在启动“证书颁发机构”服务后，主机 A 便拥有了 CA 的角色。

（2）服务器（主机 B）证书申请。

【说明】服务器向 CA 进行证书申请时，要确保在当前时间 CA 已经成功拥有了自身的角色。

①提交服务器证书申请。

服务器在“开始”|“程序”|“管理工具”中打开“Internet 信息服务（IIS）管理器”，通过“Internet 信息服务（IIS）管理器”左侧树状结构中的“Internet 信息服务”|“计算机名（本地计算机）”|“网站”|“默认网站”打开默认网站。

右键单击“默认网站”，单击“属性”，在“默认网站属性”的“目录安全性”页签中单击“安全通信”中的“服务器证书”，此时出现“Web 服务器证书向导”，单击“下一步”。

在“选择此网站使用的方法”中，选择“新建证书”，单击“下一步”。

选择“现在准备证书请求，但稍后发送”，单击“下一步”。

填入有关证书申请的相关信息，单击“下一步”。

在“证书请求文件名”中，指定证书请求文件的文件名和存储的位置（默认“C:\certreq. txt”），单击“下一步”直到“完成”。

②通过 Web 服务向 CA 申请证书。

服务器在 IE 浏览器地址栏中输入“http://CA 的 IP/certsrv/”并确认。

服务器依次单击“申请一个证书”|“高级证书申请”|“使用 base64 编码…提交一个申请”进入“提交一个证书申请或续订申请”页面。

打开证书请求文件“certreq. txt”，将其内容全部复制并粘贴到提交证书申请页面的“保存的申请”文本框中，然后单击“提交”，并通告 CA 已提交证书申请；等待 CA 颁发证书。

③CA 为服务器颁发证书。

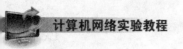

在服务器提交了证书申请后，CA 在“管理工具”|“证书颁发机构”中单击左侧树状结构中的“挂起的申请”项，会看到服务器提交的证书申请；右键单击服务器提交的证书申请，选择“所有任务”|“颁发”，为服务器颁发证书（这时“挂起的申请”目录中的申请立刻转移到“颁发的证书”目录中，双击查看为服务器颁发的证书），并通告服务器查看证书。

(3) 服务器（主机 B）安装证书。

①服务器下载并安装由 CA 颁发的证书。

通过 CA“证书服务主页”|“查看挂起的证书申请的状态”|“保存的申请证书”，进入“证书已颁发”页面，分别点击“下载证书”和“下载证书链”，将证书和证书链文件下载到本地。

在“默认网站”|“属性”|“目录安全性”页签中单击“服务器证书”按钮，此时出现“Web 服务器证书向导”，单击“下一步”。

选择“处理挂起的请求并安装证书”，单击“下一步”。

在“路径和文件名”中选择存储到本地计算机的证书文件，单击“下一步”。

在“SSL 端口”文本框中填入“443”，单击“下一步”，直到“完成”。

此时服务器证书已安装完毕，可以单击“目录安全性”页签中的“查看证书”按钮，查看证书的内容，回答下面问题。

证书信息描述：______________________________。

颁发者：____________。

打开 IE 浏览器点击“工具”|“Internet 选项”|“内容”|“证书”，在“受信任的根证书颁发机构”页签中查看名为 userGX 的颁发者（也就是 CA 的根证书），查看其是否存在____________。

②服务器下载并安装 CA 根证书。

右键单击“certnew. p7b”证书文件，在弹出菜单中选择“安装证书”，进入“证书导入向导”页面，单击“下一步”按钮，在“证书存储”中选择“将所有的证书放入下列存储”，浏览并选择“受信任的根证书颁发机构”|“本地计算机”，如图 2-6-3 所示。

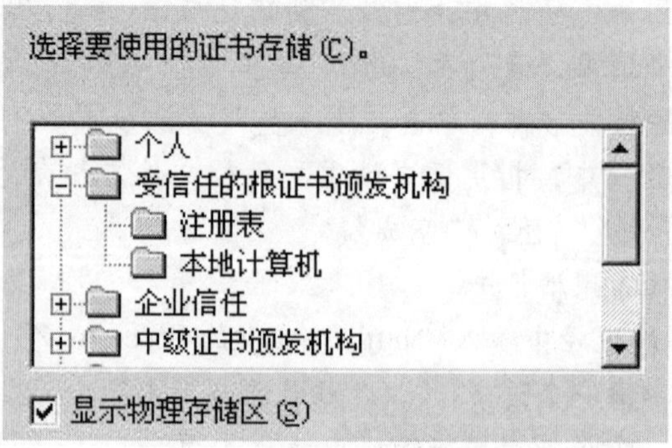

选择要使用的证书存储(C)。

个人
受信任的根证书颁发机构
注册表
本地计算机
企业信任
中级证书颁发机构

☑ 显示物理存储区(S)

图 2-6-3　CA 根证书存储

单击“下一步”按钮，直到完成。

再次查看服务器证书，回答下列问题：

证书信息描述：______________________________。

颁发者：____________。

再次通过 IE 浏览器查看“受信任的根证书颁发机构”，查看名为 userGX 的颁发者（也就是 CA 的根证书），查看其是否存在____________。

（4）Web 通信。

服务器在“默认网站”｜“属性”｜“目录安全性”页签的“安全通信”中单击“编辑”按钮，选中“要求安全通道 SSL”，并且“忽略客户端证书”（不需要客户端身份认证），单击“确定”按钮使设置生效。

客户端重启 IE 浏览器，在地址栏输入“http：//服务器 IP/”并确认，此时访问的 Web 页面出现如图 2－6－4 所示信息。

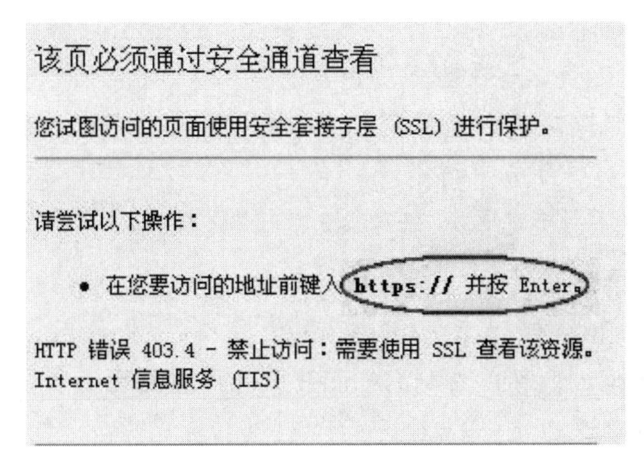

图 2－6－4　页面信息

客户端启动协议分析器，设置过滤条件：仅捕获客户端与服务器间的会话通信，并开始捕获数据。

客户端在 IE 浏览器地址栏中输入“https：//服务器 IP/”并确认，访问服务器 Web 服务。此时会出现“安全警报”对话框提示“即将通过安全链接查看网页”，单击“确定”，又出现“安全警报”对话框询问“是否继续?”，单击“是”。此时客户端即可以访问服务器 Web 页面了。访问成功后，停止协议分析器捕获，并在会话分类树中找到含有客户端与服务器 IP 地址的会话。在协议解析页面可观察到服务器与客户端的 Web 通信过程是以密文实现的，如图 2－6－5 所示。

3. 双向认证（服务器和客户端均需身份认证）。

（1）服务器要求客户端身份认证。

服务器在“默认网站”｜“属性”｜“目录安全性”页签中单击“编辑”按钮，选中“要求安全通道 SSL”，并且“要求客户端证书”，单击“确定”按钮使设置生效。

（2）客户端访问服务器。

客户端在 IE 浏览器地址栏中输入“https：//服务器 IP”，访问服务器 Web 服务。此

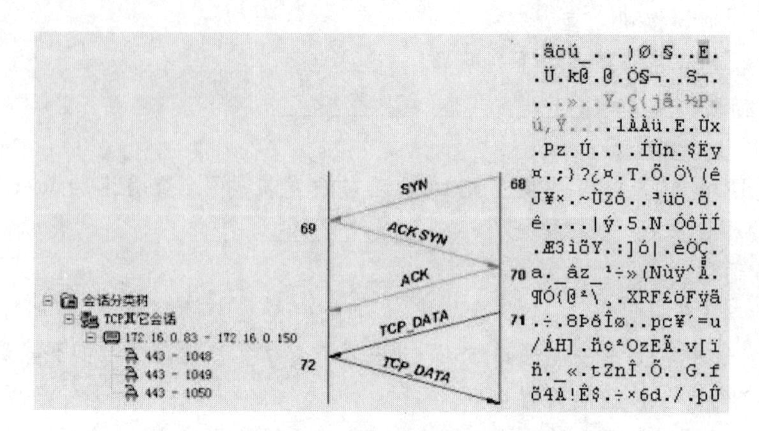

图 2-6-5　客户端与服务器间信息加密通信

时弹出“安全警报”对话框，提示“即将通过安全链接查看网页”，单击“确定”，又弹出“安全警报”对话框询问“是否继续?”，单击“是”，出现“选择数字证书”对话框，但是没有数字证书可供选择，单击“确定”，页面出现提示“该页要求客户证书”。

（3）客户端（主机 C）证书申请。

【说明】客户端向 CA 进行证书申请时，要确保在当前时间 CA 已经成功拥有了自身的角色。

①登录 CA 服务主页面。

客户端在确认 CA 已经启动了“证书颁发机构”服务后，通过 IE 浏览器访问“http：//CA 的 IP/certsrv/”，可以看到 CA 证书服务的主页面。

②客户端提交证书申请。

在主页面“选择一个任务”中单击“申请一个证书”，进入下一个页面。

在证书类型页面中选择“Web 浏览器证书”，进入下一个页面。

在“Web 浏览器证书—识别信息”页面中按信息项目填写自己的相关信息，表 2-6-2是一个填写实例。

表 2-6-2　识别信息表

信息	填写内容
姓名	userGX，其中 G 为组编号（1~32），X 为主机编号（A~F），如第 2 组主机 F，其使用的用户名为 user2F
电子邮件	userGX@ CServer. Netlab
公司	Netlab
部门	PKI
市/县	Changchun
省	Jilin
国家（地址）	CN

上述信息填写完毕后，单击“提交”按钮提交识别信息，当页面显示“证书挂起”信息时，说明CA已经收到用户的证书申请，但是用户必须等待管理员颁发证书。

单击页面右上角的“主页”回到证书服务主页面。在“选择一个任务”中单击“查看挂起的证书申请的状态”进入下一个页面，会看到“Web浏览器证书（提交申请时间）”。单击自己的证书申请，这时会看到证书的状态依然是挂起状态。

③CA为客户端颁发证书。

通告客户端查看证书。

④客户端下载、安装证书链。

客户端重新访问CA证书服务主页面，单击“查看挂起的证书申请的状态”，然后单击自己的证书申请。此时页面显示“证书已颁发”，单击“安装此证书”，对于弹出的“安全性警告”对话框选择“是”，这时页面显示信息“您的新证书已经成功安装”。

（4）客户端查看颁发证书。

客户端单击IE浏览器的“工具”｜“Internet选项”｜“内容”｜“证书”，会在“个人”页签中看到同组主机CA颁发给自己的证书，如图2-6-6所示。

颁发给	颁发者	截止日期	好记的名称
dudu	user32A	2008-12-25	<无>

图2-6-6　IE浏览器证书

（5）客户端再次通过https访问服务器。

客户端重新运行IE浏览器并在地址栏中输入“https：//服务器IP/bbs”并确认，访问服务器的Web服务。此时出现“安全警报”对话框提示“即将通过安全链接查看网页”，单击“确定”，又出现“安全警报”对话框询问“是否继续?”，单击“是”，出现“选择数字证书”对话框，选择相应的数字证书，单击“确定”，出现“安全信息”提示“是否显示不安全的内容”，单击“否”。此时，客户端即可以访问服务器的Web服务。

练习二　安全电子邮件

实验角色说明如表2-6-3所示。

表2-6-3　实验角色表

实验主机	实验角色
主机A、D	CA（证书颁发机构）
主机B、E	邮件用户1
主机C、F	邮件用户2

1. 主机B、C创建邮件账户。

利用Outlook Express创建邮件账户。

通过单击“发送和接收”按钮或Ctrl+M快捷键，测试邮件账户是否创建成功。

2. 邮件用户（主机B、C）申请电子邮件保护证书。

（1）邮件用户在IE浏览器地址栏中输入“http：//CA的IP/certsrv/”并确认，访问CA的证书申请页面。

（2）邮件用户通过“申请一个证书”｜“高级证书申请”｜“创建并向此CA提交一个申请”，申请一张电子邮件保护证书。

在“识别信息”中填入相关信息。填写识别信息时，姓名填写“userGX”，其中G表示所属实验组号（1~32），X表示主机编号（A~F），如第2组主机D，姓名为user2D；电子邮件地址必须是本机Outlook Express使用的邮件地址userGX@CServer. Netlab。

在“需要的证书类型”中选择“电子邮件保护证书”。

在“密钥选项”中选中“标记密钥为可导出”，其他选项保持默认设置，然后提交信息。

（3）CA为邮件用户颁发电子邮件保护证书。

（4）邮件用户通过CA“证书服务主页”｜“查看挂起的证书申请的状态”｜“安装证书”将数字证书安装好。

3. 邮件用户设置Outlook Express。

依次单击“开始”｜“程序”｜“Outlook Express”，通过OutlookExpress“工具”｜“账户”｜“邮件”｜“属性”，打开“属性”选项卡，单击“安全”页签，在“签署证书”中单击“选择”按钮，出现“选择默认账户数字ID”对话框，选择安装好的数字证书，单击“确定”｜“确定”｜“关闭”使设置生效。

4. 发送签名电子邮件（未加密）。

（1）邮件用户创建新邮件。

单击Outlook Express中的“创建邮件”，在“收件人”栏写入对方（另外一个邮件用户）的邮件地址、主题和任意内容，先不要发送。

（2）使用数字证书为邮件签名。

单击新邮件的“工具”｜“数字签名”为邮件签名，此时会在收件人后面出现一个签名的小标志。

（3）发送邮件。

单击新邮件的“发送”按钮将邮件发出。

（4）邮件用户接收对方（另外一个邮件用户）的邮件并查看签名。

单击Outlook Express的“发送/接收”按钮，接收对方发来的邮件。

当打开对方发来的邮件时，可看到邮件有数字签名的标识和提示信息。单击“继续”按钮即可阅读到邮件的内容。

5. 发送加密电子邮件。

（1）邮件用户使用包含对方数字签名的邮件获得对方的数字证书。

邮件用户打开收到的有对方签名的电子邮件。单击此邮件的“文件”｜“属性”｜“安全”｜“查看证书”按钮将数字标识添加到通讯簿中，此时对方的数字证书即被添加到自己的通讯簿中。

打开IE浏览器，在“工具”｜“Internet选项”｜“内容”｜“证书”｜“其他人”中，查看刚添加的数字证书（确定证书存在）。

（2）邮件用户创建新邮件并加密。

邮件用户单击 Outlook Express 中的“创建邮件”按钮，在“收件人”栏中写入对方的邮件地址、主题和任意内容；单击新邮件的“工具”|“加密”为邮件加密，此时会在收件人后面出现一个加密的小标志，单击“发送”按钮发送邮件。

（3）接收对方的加密邮件并阅读该邮件。

单击 Outlook Express 的“发送/接收”按钮，接收对方发来的邮件。打开收到的加密邮件时，会看到“安全警告”的提示信息，单击“继续”即可阅读到此邮件的内容。

6. 邮件用户验证邮件的加密作用。

（1）导出证书。

邮件用户单击 IE 浏览器的“工具”|“Internet 选项”|“内容”|“证书”，确认在“个人”页签中存在 CA 颁发给自己的证书。

在“个人”页签中选中 CA 颁发给自己的证书，单击“导出”，此时出现“证书导出向导”，单击“下一步”。

在“导出私钥”中选择“是，导出私钥”，单击“下一步”。

“导出文件格式”选择默认设置，单击“下一步”。

输入密码并确认密码，单击“下一步”。

在“要导出的文件”中为导出的证书指定文件名和路径，单击“下一步”，直到“完成”，此时“证书导出向导”提示“导出成功”，单击“确定”。此时可以在指定的位置上看到指定文件名为“. pfx”格式的证书备份文件。

（2）删除证书后查看加密邮件。

主机 B、C 向对方发送加密邮件。

主机 B、C 单击 Outlook Express 的“发送/接收”按钮确认接收到对方的加密邮件后，不打开邮件阅读，而是在 IE 浏览器的“工具”|“Internet 选项”|“内容”|“证书”选项卡的“个人”页签中选中刚备份的证书，单击“删除”出现提示信息“不能解密用证书加密的数据，要删除证书吗?”，单击“是”，将此证书删除。

主机 B、C 到 Outlook Express 中阅读对方发来的加密邮件，会看到信息“对邮件加密时出错”而无法阅读邮件。

（3）导入证书后查看加密邮件。

邮件用户到指定位置找到证书的备份文件，双击备份文件，出现“证书导入向导”，单击“下一步”。

在“要导入的文件”中指定要导入的备份文件，单击“下一步”。

输入密码，单击“下一步”。

在“证书存储”中，选择“将所有证书放入下列存储”，单击“浏览”，选择“个人”，单击“确定”|“下一步”，直到“完成”。

“证书导入向导”提示“导入成功”，此时又可以在 IE 浏览器的“工具”|“Internet 选项”|“内容”|“证书”的“个人”页签中看到 CA 颁发给自己的证书。

主机 B、C 到 Outlook Express 中阅读刚才无法阅读的加密邮件，当打开加密邮件时，会看到“安全警告”的提示信息，单击“继续”后，即可阅读此邮件的内容。

思考与探究

1. 如果用户将根证书删除，用户证书是否还会被信任?
2. 对比两次协议分析器捕获的会话，有什么差异?
3. 向对方发送加密邮件时应使用谁的密钥?是密钥对中的公钥还是私钥?

实验（二） 证书管理

【实验目的】

1. 掌握CA通过自定义方式查看申请信息的方法。
2. 掌握备份和还原CA的方法。
3. 掌握吊销证书和发布CRL的方法。

【实验人数】

每组2人。

【系统环境】

Windows。

【网络环境】

交换网络结构。

【实验类型】

验证型。

【实验原理】

一、标准证书文件格式

可以用以下格式导入和导出证书。

(一) 个人信息交换

“个人信息交换”格式（PFX，也称为PKCS#12）允许证书及其相关私钥从一台计算机传输到另一台计算机或可移动媒体。PKCS#12是业界格式，适用于证书及其相关私钥的传输、备份和还原。该操作可以在相同或不同的供应商的产品之间进行。要使用PKCS#12格式，加密服务提供程序（CSP）必须将证书和密钥识别为可以导出。如果证书是由

Windows Server 2003 或 Windows 2000 证书颁发机构颁发的，则在满足下列条件之一时该证书的私钥为可导出的。

（1）该证书用于加密文件系统（EFS）或 EFS 恢复。

（2）在“高级证书申请”栏中进行设置。

因为导出私钥可能使私钥暴露给无关方，所以，PKCS#12 格式是 Windows Server 2003 家族中支持的导出证书及其相关私钥的唯一格式。

（二）加密消息语法标准（PKCS#7）

PKCS#7 格式允许将证书及证书路径中的所有证书从一台计算机传输到另一台计算机或可移动媒体。PKCS#7 文件通常使用“. p7b”扩展名且与国际电信联盟制定的 ITU - TX. 509 标准兼容。

PKCS#7 允许一些属性（如反签名）与签名相关，还有一些属性（如签名时间）可与消息内容一起验证。

（三）DER 编码的二进制 X. 509

ITU - TRecommendation X. 509 中定义的 ASN. 1DER（区别编码规则）与 ITU - TRecommendationX. 209 中定义的备用 ASN. 1BER（基本编码规则）相比，是一个限制更严格的编码标准，它构成了 DER 的基础。BER 和 DER 都提供了独立于平台的编码对象（如证书和消息）的方法，以便于其在设备和应用程序之间的传输。

在证书编码期间，多数应用程序都使用 DER，因为证书的一部分（Certification Request的 Certification Request Info）必须使用 DER 编码才能对其进行签名。

不在运行 Windows Server 2003 计算机上的证书颁发机构也可能使用该格式，因此它支持互操作性。DER 证书文件使用“. cer”扩展名。

（四）Base64 编码的 X. 509

这种编码方式主要是为使用“安全/多用途 Internet 邮件扩展（S/MIME）”而开发的，S/MIME 是一种通过 Internet 传输二进制附件的标准方法。Base64 将文件编码为 ASCII 文本格式，这样可以减小传送的文件在通过 Internet 网关时被损坏的概率。同时，S/MIME 可以为电子邮件发送应用程序提供一些加密安全服务，包括通过数字签名来证明原件，通过加密、身份验证和消息完整性来保证隐私和数据安全。

MIME（多用途 Internet 邮件扩展）规范、定义了为传送电子邮件而进行任意二进制信息编码的一种机制。

由于所有符合 MIME 标准的客户端都可以对 Base64 文件进行解码，不在 Windows Server 2003 计算机上运行的证书颁发机构也可以使用该格式，所以它支持互操作性。Base64 证书文件使用“. cer”扩展名。

【实验步骤】

本练习主机 A、B 为一组，主机 C、D 为一组，主机 E、F 为一组。实验角色说明如表2－6－4所示。

表2－6－4 实验角色表

实验主机	实验角色
主机A、C、E	CA（证书颁发机构）、服务器
主机B、D、F	客户端

下面以主机A、B为例，说明实验步骤。

首先使用“快照X”恢复Windows系统环境。

练习一 安装证书服务

主机A安装证书服务在启动“证书颁发机构”服务后，主机A便拥有了CA的角色。

练习二 CA操作

1. CA自动颁发证书。

（1）CA通过“开始”｜“程序”｜“管理工具”｜“证书颁发机构”打开“证书颁发机构”。

（2）在“证书颁发机构”的左侧树状结构中右键单击“CA的名称”｜“属性”，打开“属性”选项卡，单击“策略模块”｜“属性”。在“请求处理”页签中选择“如果可以的话，按照证书模板的设置。否则，将自动颁发证书”。单击“应用”按钮，出现重启证书服务提示信息，单击“确定”，直到完成设置，重启证书服务。

2. 客户端以高级方式申请证书。

【说明】客户端向CA进行证书申请时，要确保在当前时间CA已经成功拥有了自身的角色。

（1）客户端通过IE浏览器访问“http：//CA的IP/certsrv/”，通过“申请一个证书”｜“高级证书申请”｜“创建并向此CA提交一个申请”进入证书申请页面。

在“识别信息”中填入相关信息。

在“需要的证书类型”中选择“客户端身份验证证书”。

在“密钥选项”中选中“标记密钥为可导出”，其他项保持默认设置。

单击“提交”按钮提交信息。由于CA已经设置“自动颁发证书”策略，所以申请被立刻批准，此时页面显示“证书已颁发”，客户端单击“安装此证书”，这时出现对话框“潜在的脚本冲突”，单击“是”，这时页面显示信息“证书已安装”。

（2）CA查看“颁发的证书”，操作“添加/删除列”。

在“颁发的证书”目录中，双击信息条目即可以查看证书。

如果要查看证书的单独项，右键单击“信息条目”，选择“所有任务”｜“导出二进制数据”，弹出“导出二进制数据”对话框，在其中选择相应的项。如果不能显示，则应该在“添加/删除列”中选择相应的列。

在“证书颁发机构”的左侧树状结构中右键单击“颁发的证书”｜“查看”｜“添加/删除列”来自定义要显示的项目。其他几个目录如“挂起的申请”等也可以进行这项操作。

3. CA的备份和还原。

(1) CA在“证书颁发机构”的左侧树状结构中右键单击“CA的名称” | “所有任务” | “备份CA”，此时出现“证书颁发机构备份向导”，单击“下一步”。

在“选择要备份的项目”中选中两个选项。

在“备份到这个位置中”选择一个新建的空目录，单击“下一步”。

输入密码并确认密码，单击“下一步”，直到“完成”。

在“颁发的证书”目录中，选择一个证书右键单击此证书，选择“所有任务” | “吊销的证书”（即证书废止列表），弹出对话框要求指定“理由码”，选择任意“理由码”单击“确定”。此时选择的证书已经转移到“吊销的证书”目录中。右键单击此证书选择“所有任务” | “解除吊销证书”，此时出现提示信息“取消吊销命令失败...”，单击“确定”。

(2) CA在“证书颁发机构”的左侧树状结构中右键单击“CA的名称” | “所有任务” | “还原CA”，此时出现“证书颁发机构还原向导”，提示要立即关闭证书服务，单击“确定”。

出现“证书颁发机构还原向导”，单击“下一步”。

在“选择要还原的项目”中选中两个选项，“从这个位置还原”选择CA备份的目录，单击“下一步”。

输入密码，单击“下一步”，直到“完成”。

“证书颁发机构还原向导”提示要启动证书服务，单击“是”，启动证书服务。

此时检查刚才被吊销的证书，已经从“吊销的证书”目录中还原回“颁发的证书”目录中。

4. 证书吊销。

(1) 主机A申请服务器证书。

请根据练习一中服务器证书申请的实验步骤，为主机A生成服务器证书请求，并安装服务器证书和证书链。

(2) 主机A在IIS中设置SSL，要求安全通道和客户端证书。

(3) 客户端访问服务器。

客户端在IE浏览器地址栏中输入“https://服务器IP”并确认，此时出现“安全警报”对话框，提示“即将通过安全链接查看网页”，单击“确定”，又出现“安全警报”对话框，询问“是否继续?”，单击“是”，出现“选择数字证书”对话框，选择相应的数字证书，单击“确定”即可以访问服务器的Web服务。

(4) CA将客户端证书吊销，并发布CRL。

CA在“颁发的证书”中找到客户端使用的Web浏览器证书，右键单击此证书“所有任务” | “吊销证书”，选择任意“理由码”，单击“确定”，此时证书即转移到“吊销的证书”目录中。在左侧树状结构中右键单击“吊销的证书” | “所有任务” | “发布”，出现对话框“发布CRL”，单击“确定”。在左侧树状结构中右键单击“吊销的证书” | “属性”弹出“吊销的证书的属性”对话框，单击“查看CRL”页签，单击“吊销列表”按钮，可以查看刚发布的CRL。

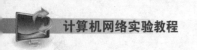

（5）客户端访问服务器。

重新访问服务器的证书服务，此时发现不能访问服务器，页面显示“该页要求有效的SSL客户证书”。说明此时客户端证书已经不被信任。

实验（三） 信任模型

【实验目的】

了解PKI常见的信任模型。

【实验人数】

每组3人。

【系统环境】

Windows。

【网络环境】

交换网络结构。

【实验类型】

验证型。

【实验原理】

信任模型提供了建立和管理信任关系的框架。信任模型的作用是管理信任关系，目的是想确保一个认证机构签发的证书能够被另一个认证机构的依赖方所信任，即一个CA签发的证书能被另一个CA信任以及CA的依赖方之间信任。

一、名词解释

（一）信任

2000年版X.509是这样定义信任的：如果一个实体假定另一个实体会准确地像它期望的那样表现，那么就说它信任那个实体。这里定义的信任概念包含一种期望，基于对其以前的行为的了解，认为它以前一直这么做，以后还会这么做。

为了对这些假设或者期望加以描述，我们将信任量化，用信任水平和信任度来表示。

信任水平与双方位置有直接关系，位置即是双方认证路径的长度。如果一方对另一方很了解并且对它的期望是建立在过去的经验基础之上的，那么对方就会在它建立的信任中

拥有一个较高的信任水平。如果双方都了解对方过去的行为，双方对对方的信任度就会很高。如果双方对对方过去的行为都了解得很少，对对方的信任度就低，这时如果慢慢地开始了解对方，时间成本会很高，不能马上解决问题，因此，双方要依靠第三方来迅速地建立信任。简单地说，即CA信任其用户，你信任CA，于是你就信任其用户了。

（二）信任域

如果群体中所有个体都遵守同样的规则，则称群体在单信任域中运作。遵循同样规则（操作要求）进行操作的群体称为信任域。

在一个企业中，可以按照组织和地理界限来划分信任域。因为不同的组织和地区遵循不同的策略。

一个组织中可能存在多个信任域，有的信任域会发生重叠。一个群体可能同时使用多个策略，而一个策略又可能包含多组策略，这样就使不同的信任域联合起来。

不同组织的不同目标、期望及文化决定了很难建立起具有高度信任水平的信任关系。

（三）信任锚

在任何信任模型中，证书用户必须使用某种标准来决定什么时候可以信任一个身份。当可以确定一个身份或者有一个可信的身份签发者（CA）证明其身份时，才能够做出信任那个身份的决定，这个可信的实体称为信任锚，即用于对其他实体做出信任决定的可信实体称为信任锚。信任锚即是证书验证路径的起始点。

例如，当被识别的个体不在你直接交往的熟人中，但你的熟人中有人认识他，可以采取信任传递的形式，根据你对熟人的信任和该熟人与该个体已经建立的信任关系，可以信任该个体。这里的信任锚就是熟人，他证明了待识别个体的身份，也证明了你的身份。

二、信任关系

要使证书用户找到一条从证书颁发者到信任锚的路径可能需要建立一系列的信任关系。

当两个认证机构之间给对方的公钥颁发证书时，两者间就建立了信任关系。除了证实认证机构的身份外，证明过程涉及认证机构建立信任路径方面的内容。用户在验证一个实体身份时，可以根据这条路径追溯它的信任关系的信任锚（起始点）。

信任关系分为双向和单向。多数情况下信任关系是双向的，即“你信任某人，他也信任你”。

维持各个参与方之间较短的距离会更有利于在信任关系中形成较高的信任水平。

在大量人群中建立信任关系的必要性与建立信任关系时保持较少的中间人的要求之间产生了矛盾（中间人越少，信任水平就越高）。要完成身份验证，持证人到信任锚间信任路径上的中间人的数目必须较少。为了解决这个矛盾，必须能够构造出信任模型，而这些模型可以划分用户群，允许验证建立信任关系时的那些明确规则，这些规则使得建立的信任验证路径最短。

（一）通用层次组织

首先，考虑对大量用户划分一个通用模型。在此模型中考虑两类认证机构：一类是子CA向最终实体（用户、网络服务器、应用程序代码段等）颁发证书；另一类是中介CA对子CA或其他中介CA颁发证书。

通用层次结构是一种组织关系的方法，用于为用户分区或身份空间分区。

（二）信任模型

信任模型描述了如何建立信任关系，寻找和遍历信任路径的规则。常用的信任模型主要有以下3种：下属层次信任模型、对等信任模型、互联的网状信任模型。

混合信任模型是兼具各常见模型部分特征的一种模型。

（1）下属层次信任模型。

通用层次信任模型允许双向信任关系，证书用户可以选择自己觉得合适的信任锚。下属层次信任模型是通用层次模型的一个子集，它增加了一些限制。

在下属层次信任模型中，根CA有了特殊意义，被任命为所有最终用户的公共信任锚。在此种结构中，根CA被定义为最可信的证书权威，所有其他信任关系都起源于它。它单向证明了下一层下属CA。只有上级CA可以给下级CA发证，而下级CA不能证明上级CA。

（2）对等信任模型。

对等信任模型假设建立信任的两个认证机构不能认为其中一个从属于另一个，而认为两者是对等的。两个CA可能是一个公司或信任域的一部分，但是他们属于不同公司或信任域的情况更常见。

在本模型中，没有作为信任锚的根CA。证书用户通常依赖自己的局部颁发权威，并将其作为信任锚。

要建立双方的信任关系，两个CA就常常要证明对方的公钥，这个过程称为交叉认证。

X. 509规范定义交叉认证如下：一个认证机构可以是另一个认证机构颁发的证书的主体。这时，证书称为交叉证书。

如果限制自己只允许直接的信任关系，那么这个对等交叉认证模型可扩展性差的缺点就抵消了其简单的优点，这种限制的结果是每个CA必须直接证明它想包含于信任模型中的其他所有CA。如果想要一组完全相连的信任关系，那么要建立的信任关系数就接近认证机构个数的平方。在要求建立双向信任关系的地方，每个链接都要求颁发两份证书。

对等模型和层次模型不同，单信任锚不能被所有证书用户共享。相反，每个证书用户都必须为其局部CA获取CA证书，这使得分发CA证书的工作更复杂。现有的分发模型常常在Web浏览器或其他应用程序中提供了一个可信的CA证书列表。

（3）互联的网状信任模型。

对等交叉认证很有用，但当问题仅限于两个认证机构之间的直接交叉认证时，其用处就有限了。然而同一技术却可以更广泛地用于建立复杂的信任模型。当一个证书路径中可以有两个或以上 CA 证书时，可以建立部分或完全互联的网状信任模型。

长证书路径也使得验证开销十分显著，因此路径应该尽可能短。当两个最终实体间的信任链需要频繁使用时，就应该为他们建立直接信任关系。当直接信任关系建立以后，在信任链中就可以维持更高的信任水平了。路径较短时，完成验证所需的处理就越少，资源占用也就越少，因此验证过程就越快。其缺点是每个 CA 的关系数目开始增长。假设路径长度的缩减是经过深思熟虑的，那么缩减会是一件好事，但在一个高度互联的电子商务世界中，链接太多会陷入可扩展性问题。

（4）混合信任模型。

混合信任模型结构，即桥形结构，它是信任结构中常见的结构，是综合了层次、网状、信任列表等不同信任模型的一种整合结构，它具有很多优势，应用比较普遍。

网状信任结构是一种基于交叉认证信任中介点的桥接结构，是通过建立一个交换中心 CA，由它来与各个不同形式的信任域进行交叉认证，并且作为与其他 PKI/CA 建立信任的桥梁。交换中心 CA 作为一个独立的 CA 中心，与每一个 CA 信任域，包括独立的 CA、网状、层次或其结构的 CA 域，进行对等的交叉认证，建立对等的信任关系，允许用户保留他们自己的原始信任锚。

中心交换 CA 作为信任传递的中介点和汇聚点，使得任何结构类型的 PKI 结构都可以通过这个中心结构连接在一起，实现彼此之间的信任，并将每个单独的信任域通过交换中心的交叉 CA 扩展到整个 PKI 体系中。中心交换 CA 作为信任的中介机构，它不同于一个根 CA，它不是整个信任关系的起止点，也不是整个桥接域中的信任锚，而各个 CA 信任域仍保留着他们原有的信任源。

桥 CA 中心作为各个不同的信任域进行信任互通的桥梁和担保者，承担着第三方的角色，这种中立与监督的地位将有利于维护整个信任体系的可信基础和严肃性。交换中心 CA 的建立将确立一整套关于 CA 实现互信的资源、方式、策略和规范等规则文章，用以对不同的 CA 信任域进行审计和监督，从而保证整个信任链的可靠。PKI 体系结构比较复杂，其中包括层次结构、网状结构以及信任列表结构，这样就形成了多种不同 PKI 结构连接的特点，从而形成了寻找证书路径复杂及证书验证复杂等问题。

【实验步骤】

本练习主机 A、B、C 为一组，主机 D、E、F 为一组。实验角色说明如表 2－6－5 所示。

表 2－6－5　实验角色表

实验主机	实验角色
主机 A、D	根 CA（证书颁发机构）
主机 B、E	独立从属 CA
主机 C、F	客户端

下面以主机 A、B、C 为例，说明实验步骤。

首先使用“快照X”恢复Windows系统环境。

练习一　安装证书服务（根CA）

主机A安装证书服务。

在启动“证书颁发机构”服务后，主机A便拥有了CA的角色。

练习二　安装证书服务（独立从属CA）

主机B安装独立从属CA，并在安装过程中生成证书请求，安装过程如下。

1. 主机B通过“开始”|“设置”|“控制面板”|“添加或删除程序”|“添加/删除Windows组件”，选中组件中的“证书服务”，此时出现“Microsoft证书服务”提示信息，单击“是”，然后单击“下一步”。

选择CA类型为“独立从属CA”，单击“下一步”。

在“CA识别信息”中，填写“此CA的公用名称”，即给CA取一个名字，单击“下一步”。

在“证书数据库设置”中选择默认位置，单击“下一步”。

在“CA证书申请”中选择“将申请保存到一个文件”，单击“下一步”（默认保存到“C:\CAConfig\”目录下）。此时提示要暂停Internet信息服务，单击“是”，系统开始进行组件安装。

在随后弹出的“所需文件”通用对话框中指定“文件复制来源”为“D:\ExpNIC\CrypApp\Tools\WindowsCA\i386”，单击“确定”继续安装。若出现提示信息“证书安装不完全...”，单击“确定”继续安装。

2. 完成安装后可以在“管理工具”中运行“证书颁发机构”服务。此时证书服务还没有从根CA处获得证书，所以证书服务不能工作，但主机B已经拥有了独立从属CA的角色。

练习三　根CA为独立从属CA颁发证书

【说明】从属CA向根CA进行证书申请时，要确保在当前时间根CA已经成功拥有了自身的角色。

1. 独立从属CA在IE浏览器地址栏中输入“http://CA的IP/certsrv/”并确认，访问CA的证书申请页面。

2. 通过“申请一个证书”|“高级证书申请”|“使用base64编码...提交一个申请”进入提交证书申请页面。

3. 使用记事本打开从属CA的请求文件（默认在“C:\CAConfig\”目录下，扩展名为“.req”的文件），将其内容全部复制并粘贴到提交证书申请页面的“保存的申请”的输入框中，然后单击“提交”，等待CA颁发证书。

4. CA查看“证书颁发机构”中“挂起的申请”目录，可以看到刚提交的申请，右键单击此申请的“所有任务”|“颁发”颁发证书。

5. 独立从属CA通过“证书服务主页”|“查看挂起的证书申请的状态”|“保存的申请证书”|“DER编码”|“下载证书链”将以“.p7b”结尾的文件下载到本地计算机的指定位置，例如本机的“C:\CAConfig\”目录。

6. 独立从属CA运行“证书颁发机构”，在左侧树状结构中右键单击“CA的名称”|“所有任务”|“安装CA证书”，在本机的“C:\CAConfig\”文件夹中选择以“.p7b”结尾的证书链文件安装证书。在“证书颁发机构”的左侧树状结构中右键单击“CA的名称”|“所有任务”|“启动服务”，显示提示信息“正在启动证书服务”，然后证书服务即可运行。

练习四　客户端向独立从属CA申请证书

【说明】客户端向从属CA进行证书申请时，要确保在当前时间从属CA已经成功拥有了自身的角色。

1. 客户端通过IE浏览器访问“http://独立从属CA的IP/certsrv”，可以看到独立从属CA证书服务主页面，申请一张Web浏览器证书。

2. 独立从属CA为客户端颁发证书。

3. 客户端安装此证书，并通过单击IE浏览器的“工具”|“Internet选项”|“内容”|“证书”，会在“个人”页签中看到CA颁发给自己的证书。

4. 客户端在证书的“证书路径”页签中，看到包含根CA、独立从属CA及用户证书的证书链。

实验（四）　PKI应用

【实验目的】

加深理解PKI体系。

【实验人数】

每组3人。

【系统环境】

Windows。

【网络环境】

交换网络结构。

【实验工具】

密码工具。

【实验类型】

设计型。

【实验原理】

一、PKI 工具使用方法

（一）使用 PKI 工具生成 CA 根证书及私钥

打开密码工具，单击“视图” | “PKI 工具”，此时会出现向导栏，单击向导栏中的“根证书”图标，在页签中填写如下信息：

“CA 密码”：用于保护 CA 私钥的密码。

“CA 私钥”：CA 私钥文件名称，其扩展名为“. key”。

“CA 证书”：CA 证书文件名称，其扩展名为“. crt”。

“私钥长度”：私钥的位数。范围 384 ~ 4096，可选。

“有效日期”：CA 证书的有效日期。

“工作路径”：生成的 CA 证书文件和私钥文件的存储位置。单击文件夹图标可选择位置。

“基本信息”：CA 的相关信息，建议用英文填写。

将上述参数和信息填好后，单击“生成”按钮即可生成 CA 证书及私钥文件并存储在指定位置。

（二）使用 PKI 工具生成待签名的客户端证书请求文件

单击向导栏中的“请求文件”图标，在页签中填写如下相关信息：

“密码”：用于保护客户端证书私钥的密码。

“私钥文件”：客户端证书私钥文件名称。

“请求文件”：客户端证书请求文件名称，其扩展名为“. txt”。

“私钥长度”：私钥的位数。范围为 384 ~ 4096，可选。

“附加密码”：随证书请求一起发送的额外信息。范围为 4 ~ 20。

“工作路径”：生成的客户端证书文件和私钥文件的存储位置。单击文件夹图标可选择位置。

“基本信息”：客户端证书的相关信息，建议用英文填写。

将上述参数和信息填好后，单击“生成”按钮即可生成客户端证书及私钥文件并存储在指定位置。

（三）CA 对请求文件签名

（1）为客户端证书请求签名。

单击向导栏中的“CA 签名”图标，在页签中填写如下相关信息：

“CA 密码”：用于保护 CA 私钥的密码。

“CA 私钥”：CA 私钥文件名称。

“CA 证书”：CA 证书文件名称。

“签名源文件”：客户端证书请求文件名称。

“签名后证书”：CA 对客户端请求签名后生成的客户端证书的名称。

“工作路径”：客户端证书请求文件的存储位置，也是生成的客户端证书文件的存储位置。单击文件夹图标可选择位置。

将上述参数填好后，单击“签名”按钮即可为客户端证书请求签名生成客户端证书文件并存储在指定位置。

（2）为服务器证书请求文件签名。

参考证书应用实验生成服务器证书请求过程，生成服务器证书请求文件“certreq. txt”。

将服务器证书请求文件名“certreq. txt”，填入“签名源文件”，在“签名后文件”中填写生成文件名，如“serv. crt”。

将服务器证书请求文件复制到指定的工作目录中，单击“签名”按钮即可为服务器证书请求签名生成服务器证书文件并存储在指定的位置。

（四）使用 PKI 工具生成 PKCS#12 文件

单击向导栏中的“PKCS#12 文件”图标，在页签中填写相关信息：

“源证书文件”：用于生成 PKCS#12 文件的客户端证书文件名称。

“私钥文件”：用于生成 PKCS#12 文件的客户端证书的私钥。

“密码”：用于保护客户端证书私钥文件的密码。

“PKCS#12 文件”：生成的 PKCS#12 文件的名称，其扩展名为“. pfx”。

“PKCS#12 密码”：用于保护生成 PKCS#12 文件的密码。

“工作路径”：客户端证书文件的存储位置，也是生成的 PKCS#12 文件的存储位置。单击文件夹图标可选择位置。

将上述参数填好后，单击“生成”按钮即可为客户端证书生成 PKCS#12 文件并存储在指定位置。

（五）使用 PKI 工具生成证书吊销列表

单击向导栏中的“证书吊销”图标，在页签中填写相关信息：

“CA 密码”：用于保护 CA 私钥的密码。

“CA 证书”：CA 证书文件名称。

“CA 私钥”：CA 私钥文件名称。

“源证书”：要吊销的证书文件名称。

“吊销列表”：要生成的吊销列表的名称，其扩展名为“. crl”。

“更新日期”：证书吊销列表的发布周期。

“工作路径”：要吊销的证书文件的存储位置，也是生成的吊销列表文件的存储位置。单击文件夹图标可选择位置。

将上述参数填好后，单击“吊销”按钮即可生成吊销列表文件并存储在指定位置。

【实验步骤】

本练习主机A、B、C为一组，主机D、E、F为一组。实验角色说明如表2-6-6所示。

表2-6-6　实验角色表

实验主机	实验角色
主机A、D	根CA（证书颁发机构）
主机B、E	服务器
主机C、F	客户端

下面以主机A、B、C为例，说明实验步骤。

首先使用“快照X”恢复Windows系统环境。

练习　使用PKI工具实现安全通信

1. 主机A生成CA根证书，建立CA。

单击桌面右下角工具栏中“PKI应用”模块|“密码工具”，参照图2-6-7进入PKI界面。

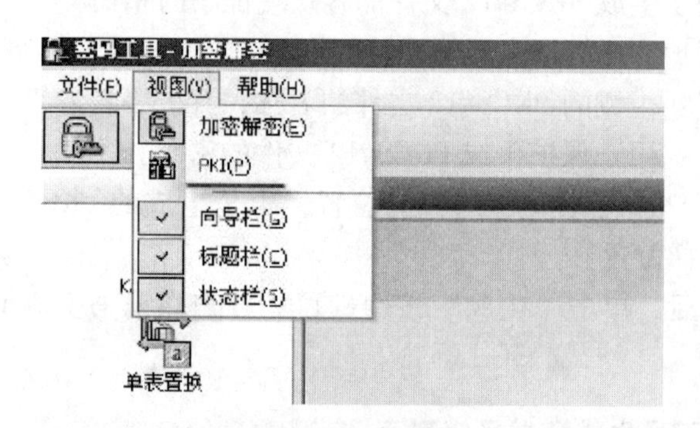

图2-6-7　密码工具

在PKI界面中点击“根证书”，并且参照图2-6-8填写相关信息，生成CA。

参照上图添加完信息后，点击“生成”按钮，在“C:\”下就会生成文件“ca.key”和“ca.crt”。

2. 主机B通过IIS管理器生成Web服务器证书请求文件，并通过共享文件夹提交给主机A（CA）。具体操作步骤如下：

主机B在“开始”|“程序”|“管理工具”中打开“Internet信息服务（IIS）管理器”，通过左侧树状结构中的“Internet信息服务”|“计算机名（本地计算机）”|“网站”|“默认网站”打开默认网站，然后右键单击“默认网站”，单击“属性”。在“默认网站属性”的“目录安全性”页签中单击“安全通信”中的“服务器证书”，此时出现“Web服务器证书向导”，单击“下一步”。

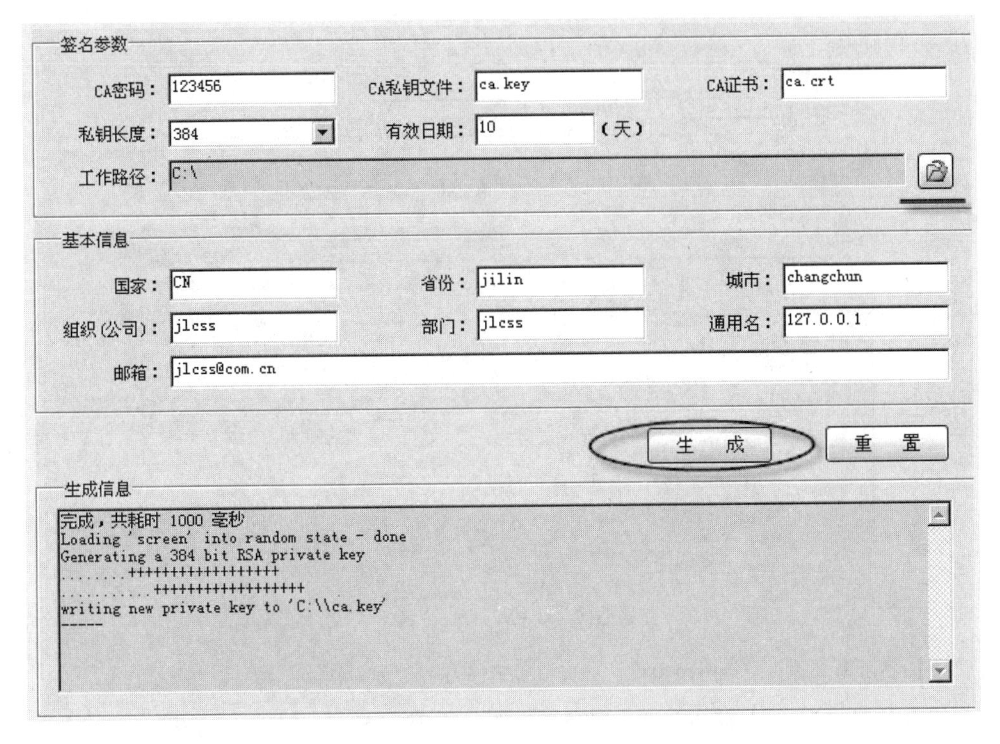

图 2－6－8　生成 CA

在“选择此网站使用的方法”中，选择“新建证书”，单击“下一步”。

选择“现在准备证书请求，但稍后发送”，单击“下一步”。

填入有关证书申请的相关信息，单击“下一步”。

在“证书请求文件名”中，指定证书请求文件的文件名和存储的位置（默认“C:\certreq.txt”），单击“下一步”，直到“完成”。

3. 主机 A 对主机 B 的 Web 服务器证书请求文件签名颁发证书。

主机 B 首先在“开始”｜“运行”中输入“\\ 主机 A 的 IP 地址 \ Work”，进入主机 A 的共享目录，把自己的“C:\ certreq.txt”文件拷贝进去。主机 A 再把主机 B 的请求文件拷贝到与自己的 CA 证书、秘钥文件相同的目录下，以便为主机 B 颁发证书。在“CA 签名”页面进行操作，如图 2－6－9 所示。

4. 主机 B 通过共享文件夹获取主机 A 颁发的 Web 服务器证书并安装。

主机 A 为主机 B 颁发完证书后，再把证书拷贝到自己的“D:\ Work”共享目录下，主机 B 再通过共享目录把自己的证书拷贝到“C:\”下。

主机 B 在“默认网站”｜“属性”“目录安全性”页签中单击“服务器证书”按钮，此时出现“Web 服务器证书向导”，单击“下一步”。

选择“处理挂起的请求并安装证书”，单击“下一步”。

在“路径和文件名”中选择存储到本地计算机的证书文件“srv.crt”，单击“下一步”。

签名参数

CA密码：123456　CA证书：ca.crt　CA私钥文件：ca.key

签名源文件：certreq.txt　签名后证书：srv.crt

工作路径：C:\

签　名　重　置

签名信息

```
完成，共耗时 1140 毫秒
Using configuration from D:\ExpNIC\CrypApp\Tools\CryptTool\openssl\openssl.cnf
Loading 'screen' into random state - done
Check that the request matches the signature
Signature ok
Certificate Details:
        Serial Number: 1 (0x1)
        Validity
            Not Before: Sep  7 01:35:45 2012 GMT
            Not After : Sep  5 01:35:45 2022 GMT
        Subject:
            countryName               = CN
            stateOrProvinceName       = jilin
            organizationName          = jlcss
            organizationalUnitName    = jlcss
            commonName                = host1a
        X509v3 extensions:
            X509v3 Basic Constraints:
                CA:FALSE
            Netscape Comment:
                OpenSSL Generated Certificate
```

图 2-6-9　CA 签名

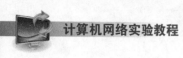

【说明】签名源文件为“certreq.txt”，签发后证书名称为“srv.crt”。

在“SSL 端口”文本框中填入“443”，单击“下一步”，直到“完成”。

5. 主机 B 通过共享文件夹获取主机 A 生成的 CA 根证书。

导入 CA 证书到本地计算机中，在“默认网站属性”的“目录安全性”页签中单击“安全通信”中的“编辑”，选择“要求安全通道”和“要求客户端证书”。

主机 A 把 CA 根证书即“ca.crt”文件拷贝到自己的“D:\ Work”共享目录下，主机 B 再通过共享目录把 CA 根证书拷贝到“C:\”下。

主机 B 右键单击“ca.crt”证书文件，在弹出菜单中选择“安装证书”，进入“证书导入向导”页面，单击“下一步”按钮，在“证书存储”中选择“将所有的证书放入下列存储”，浏览选择“受信任的根证书颁发机构”|“本地计算机”，如图 2-6-10 所示。

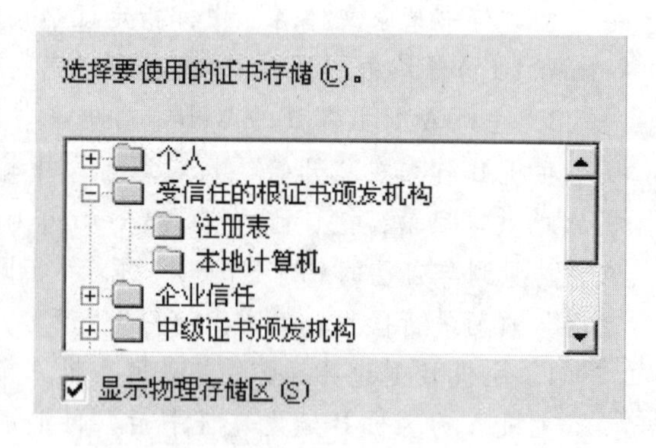

图 2-6-10　证书存储

单击“下一步”按钮，直到完成。

6. 主机 C 生成客户端证书请求文件提交给根（CA），在“请求文件”页签中进入如图 2-6-11 所示的操作。

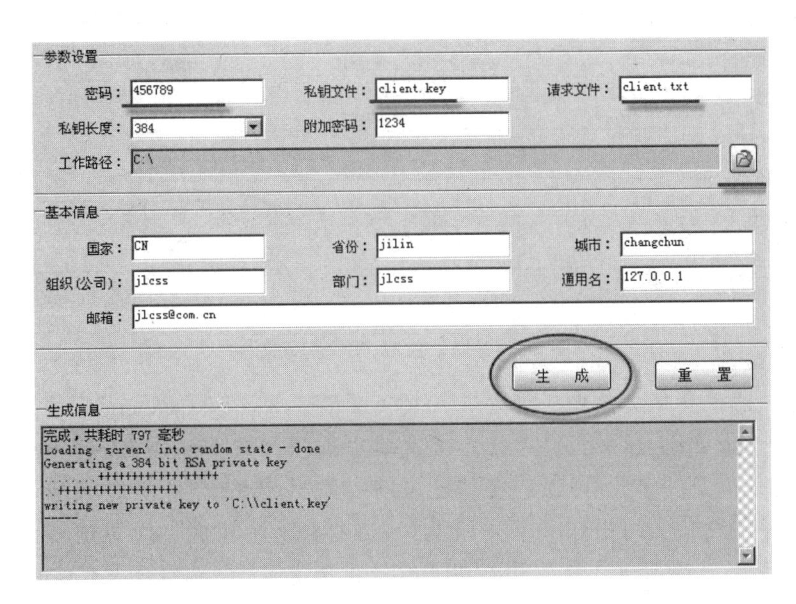

图 2-6-11　请求文件

【注意】私钥文件为“client.key”，源文件为“client.txt”。

7．主机 A 对主机 C 的客户端证书请求文件签名颁发证书。

主机 A 把主机 C 的请求文件拷贝到自己的“C:\”下，参照图 2-6-12 在“CA 签名”页面进行操作，完成对主机 C 的证书颁发工作。

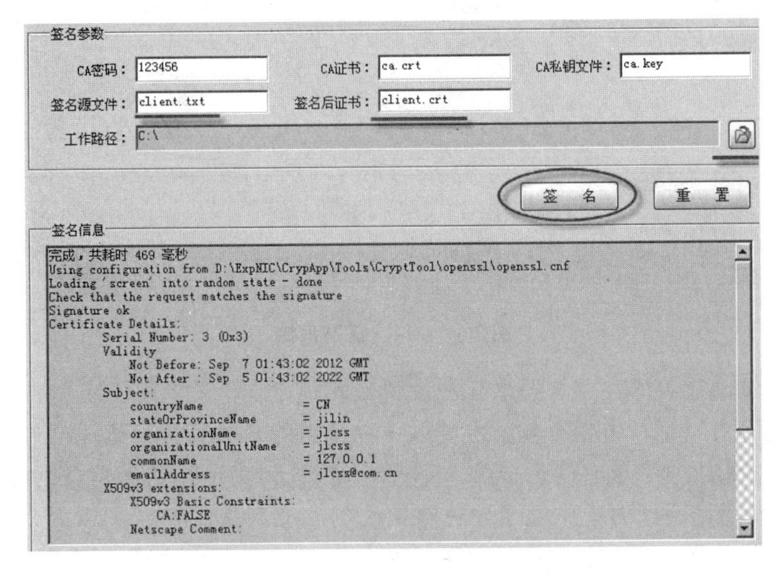

图 2-6-12　为客户端签名

8．主机 C 通过共享文件夹获取主机 A 颁发的客户端证书并生成 PKCS#12 文件。主机 C 在生成 PKCS#12 文件页面进行操作。客户端参照图 2-6-13 生成 PKCS#12 文件。

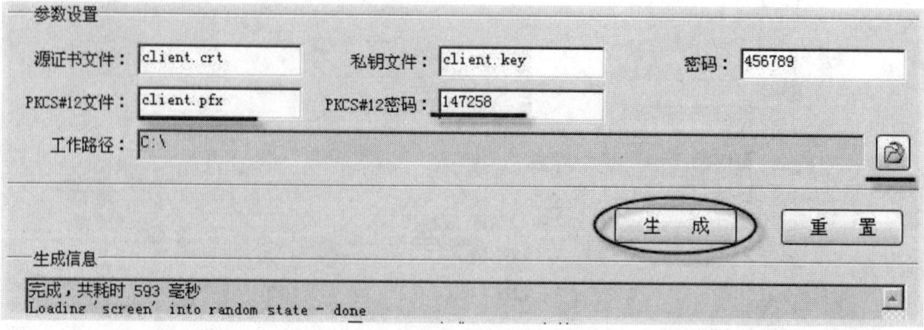

图 2-6-13　生成 PKCS#12 文件

9. 主机 C 通过共享文件夹获取主机 A 的 CA 根证书，即“ca. crt”，导入本地计算机中。右键单击“ca. crt”证书文件，在弹出菜单中选择“安装证书”，进入“证书导入向导”页面，单击“下一步”按钮，在“证书存储”中选择“将所有的证书放入下列存储”，浏览选择“受信任的根证书颁发机构”|“本地计算机”（勾选“显示物理存储区”），然后安装客户端证书（导入 PKCS#12 格式客户端证书，选择证书存储为“个人”）。

10. 主机 C 访问主机 B 主页。

11. 如图 2-6-14 所示，主机 A 在“证书吊销”页面进行操作，生成证书吊销列表，吊销主机 C 的客户端证书。

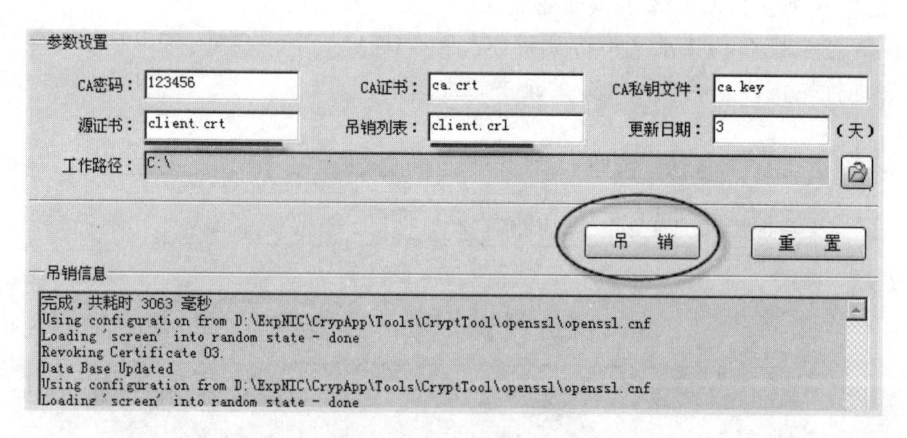

图 2-6-14　证书吊销

12. 主机 B 通过共享文件夹获取证书吊销列表。

13. 主机 B 安装证书吊销列表。右键单击欲吊销的证书文件，选择“安装 CRL”，在“证书存储”中选择“将所有的证书放入下列存储”，浏览选择“受信任的根证书颁发机构”|“本地计算机”（勾选“显示物理存储区”），直到完成。

14. 等待约 3 分钟后，主机 C 访问主机 B 主页（访问不成功）。

思考与探究

PKI 在电子商务安全方面起着重要的应用，请进一步讨论其安全性及相关问题。

实验（五）　PMI 应用

【实验目的】

1. 掌握密码工具 PMI 的使用过程。
2. 掌握 PMI 系统框架。
3. 理解 PMI 与 PKI 的关系。

【实验人数】

每组 1 人。

【系统环境】

Windows。

【网络环境】

交换网络结构。

【实验工具】

密码工具。

【实验类型】

验证型。

【实验原理】

一、PMI 基本概念

授权管理基础设施（PMI）是在 PKI 提出并解决了信任和统一的安全认证问题后提出的，其目的是解决统一的授权管理和访问控制问题。

PMI 的基本思想是，将授权管理和访问控制决策机制从具体的应用系统中剥离出来，在通过安全认证确定用户真实身份的基础上，由可信的权威机构对用户进行统一的授权，并提供统一的访问控制决策服务。

PMI 实现的机制有多种，如 Kerberos 机制一种网络认证协议，其设计目标是通过密钥系统为客户机或服务器应用程序提供认证服务、集中的访问控制列表（ACL）机制和基于属性证书（Attribute Certificate，AC）的机制等。基于 Kerberos 机制和集中的访问控制列表（ACL）机制的 PMI 通常是集中式的，无法满足跨地域、分布式环境下的应用需求，缺乏良好的可伸缩性。

基于属性证书的 PMI 通过属性证书的签发、发布、撤销等，在确保授权策略、授权信息、访问控制决策信息安全及可信的基础上，实现了 PMI 的跨地域、分布式应用。

二、PMI 系统框架

PMI 在体系上可以分为三级，分别是信任源点（SOA 中心）、属性权威机构（AA 中心）和 AA 代理点。在实际应用中，这种分级体系可以根据需要进行灵活配置，可以是三级、二级或一级。授权管理系统的总体架构如图 2－6－15 所示。

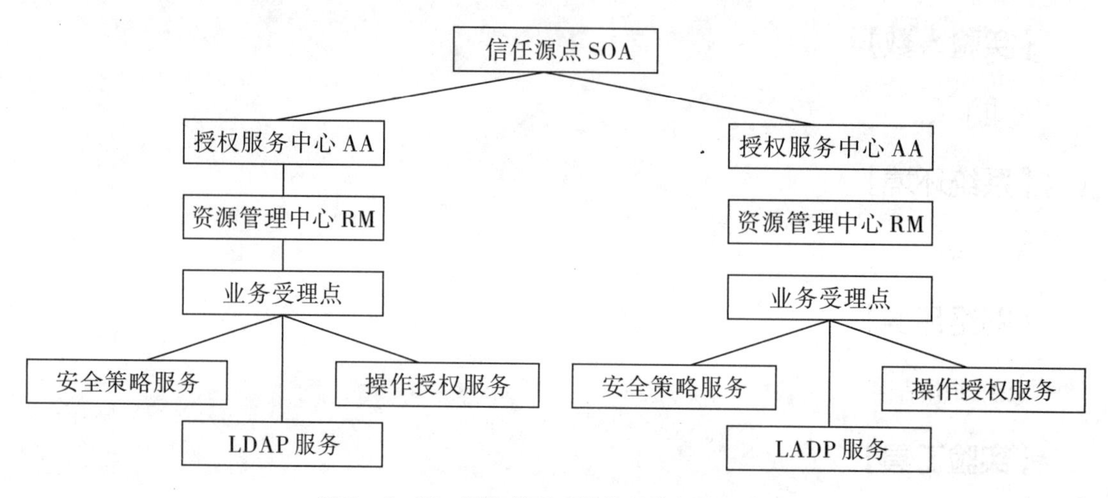

图 2－6－15　授权管理系统的总体架构示意图

（一）SOA 中心

SOA 中心是整个授权管理体系的中心业务节点，也是整个授权管理基础设施 PMI 的最终信任源和最高管理机构。

SOA 中心的职责主要包括：授权管理策略的管理、应用授权受理、AA 中心的设立审核及管理和授权管理体系业务的规范化等。

（二）授权服务中心 AA

AA 中心是 PMI 的核心服务节点，是对应于具体应用系统的授权管理分系统，由具有设立 AA 中心业务需求的各应用单位负责建设，并与 SOA 中心通过业务协议达成相互的信任关系。

AA 中心的职责主要包括：应用授权受理、属性证书的发放和管理，以及 AA 代理点的设立审核和管理等。AA 中心需要为其所发放的所有属性证书维持一个历史记录和更新记录。

（三）授权服务代理点

AA代理点是PMI的用户代理节点，也称为资源管理中心，是与具体应用用户的接口，是对应AA中心的附属机构，接受AA中心的直接管理，由各AA中心负责建设，报经主管的SOA中心同意，并签发相应的证书。AA代理点的设立和数目由各AA中心根据自身的业务发展需求而定。

AA代理点的职责主要包括应用授权服务代理和应用授权审核代理等，负责对具体的用户应用资源进行授权审核，并将属性证书的操作请求提交到授权服务中心进行处理。

（四）访问控制执行者

访问控制执行者是指用户应用系统中具体对授权验证服务的调用模块，因此，实际上并不属于PMI部分，却是授权管理体系的重要组成部分。

访问控制执行者的主要职责是：将最终用户针对特定的操作授权所提交的授权信息（属性证书）连同对应的身份验证信息（公钥证书）一起提交到授权服务代理点，并根据授权服务中心返回的授权结果，进行具体的应用授权处理。

三、PMI与PKI的关系

PKI和PMI都是重要的安全基础设施，它们是针对不同的安全需求和安全应用目标设计的，PKI主要进行身份鉴别，证明用户身份，即“你是谁”；PMI主要进行授权管理和访问控制决策，证明这个用户有什么权限，即“你能干什么”。因此，它们实现的功能是不同的。

尽管如此，PKI和PMI两者又具有密切的关系。基于属性证书的PMI是建立在PKI基础之上的。一方面，对用户的授权要基于用户的真实身份，即用户的公钥数字证书，并采用公钥技术对属性证书进行数字签名；另一方面，访问控制决策是建立在对用户身份认证的基础上的，只有在确定了用户的真实身份后，才能确定用户能干什么。此外，PKI和PMI还具有相似的层次化结构、相同的证书与信息绑定机制和许多相似的概念，如属性证书和公钥证书，授权管理机构和证书认证机构等，表2-6-7给出了PKI与PMI中的概念和实体的对照关系。

表2-6-7　PKI与PMI中的概念与实体的对照

概念	PKI实体	PMI实体
证书	公钥证书（PKC）	属性证书（AC）
证书签发者	证书认证机构（CA）	授权管理机构（SOA/AA）
证书用户	主体	持有者
证书绑定	主体名和公钥绑定	持有者名和策略、权限或角色等属性的绑定

续上表

概念	PKI 实体	PMI 实体
撤销	证书撤销列表（CRL）	属性证书撤销列表（ACRL）
信任的根	根 CA（RCA）/信任锚	授权源机构（SOA）
从属机构	子 CA	授权管理机构（AA）

PKI 是一种遵循既定标准的密钥管理平台，它能够为所有网络应用提供加密和数字签名等密码服务及所必需的密钥和证书管理体系，简单来说，PKI 就是利用公钥理论和技术建立的提供安全服务的基础设施。PKI 技术已成为在异构环境中为分布式信息系统的各类业务提供统一的安全支撑的重要技术。

PMI 实际提出了一个新的信息保护基础设施，能够与 PKI 和目录服务紧密地集成，并系统地建立起对认可用户的特定授权，对权限管理进行了系统的定义和描述，完整地提供了授权服务所需的过程。建立在 PKI 基础上的 PMI 技术为分布式信息系统的各类业务提供了统一的授权管理和访问控制策略与机制。

【实验步骤】

本练习单人为一组。

首先使用“快照 X”恢复 Windows 系统环境。

练习一　生成公钥证书

1. 生成根证书。

单击“密码工具”按钮打开密码工具，选择“视图”｜“PKI（P）”｜“根证书”界面，在签名参数及基本信息处填入信息，如图 2－6－16 所示。

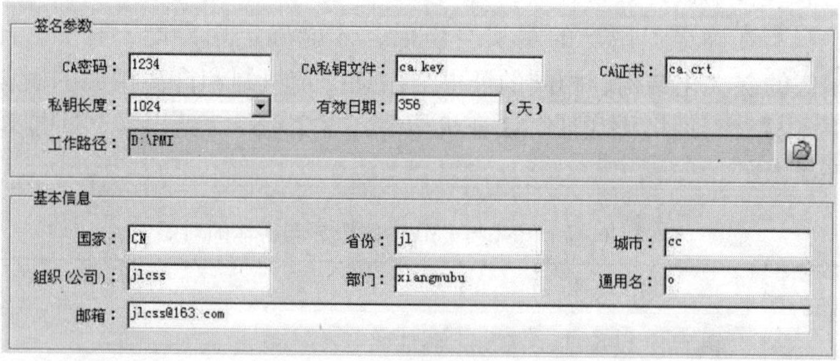

图 2－6－16　根证书页面

【注意】CA 私钥文件名的格式为“××. key”，CA 证书的格式为“××. crt”，有效日期可设较大些。工作路径为生成证书存放的位置（先在 D 盘下创建 PMI 文件夹），其中基本信息为证书颁发机构信息（信息可任意填写）。

点击“生成”按钮时会看到如图 2－6－17 所示的信息。

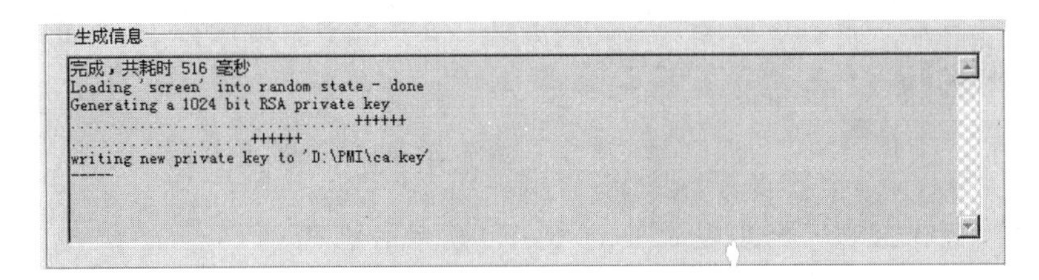

图 2-6-17 根证书生成信息

2. 生成 PKCS#12 文件。

点击“PKCS#12 文件”在“参数设置”中，填写信息，如图 2-6-18 所示。

图 2-6-18 PKCS#12 文件参数

点击“生成”按钮后查看生成信息。

练习二 证书申请

1. 使用“密码工具”进入“视图”|“PMI（M）”|“证书申请”，在参数及基本信息处填入信息。填写属性信息时，先选中“Group”，在属性值处填入“×××”，然后点击“添加”按钮，完成属性信息的输入过程，如图 2-6-19 所示。

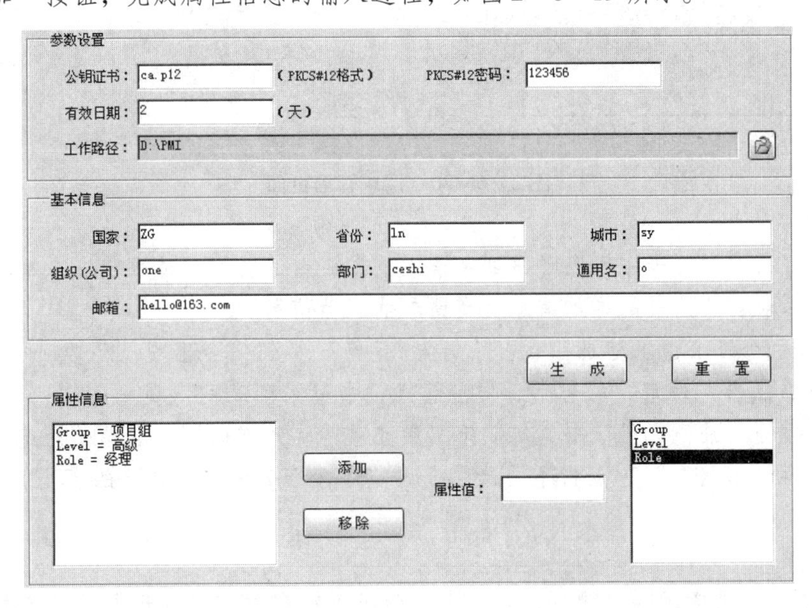

图 2-6-19 证书申请页面

【注意】基本信息是证书申请者的信息。同学们可以任意填写证书申请者的信息，但在基本信息处的内容请不要与根证书的信息一致。

2. 添加完成后点击“生成”按钮，会出现“属性证书申请成功”，点击“确定”，完成证书申请过程。

练习三　请求管理

1. 点击“请求管理”会出现如图 2-6-20 所示的信息。

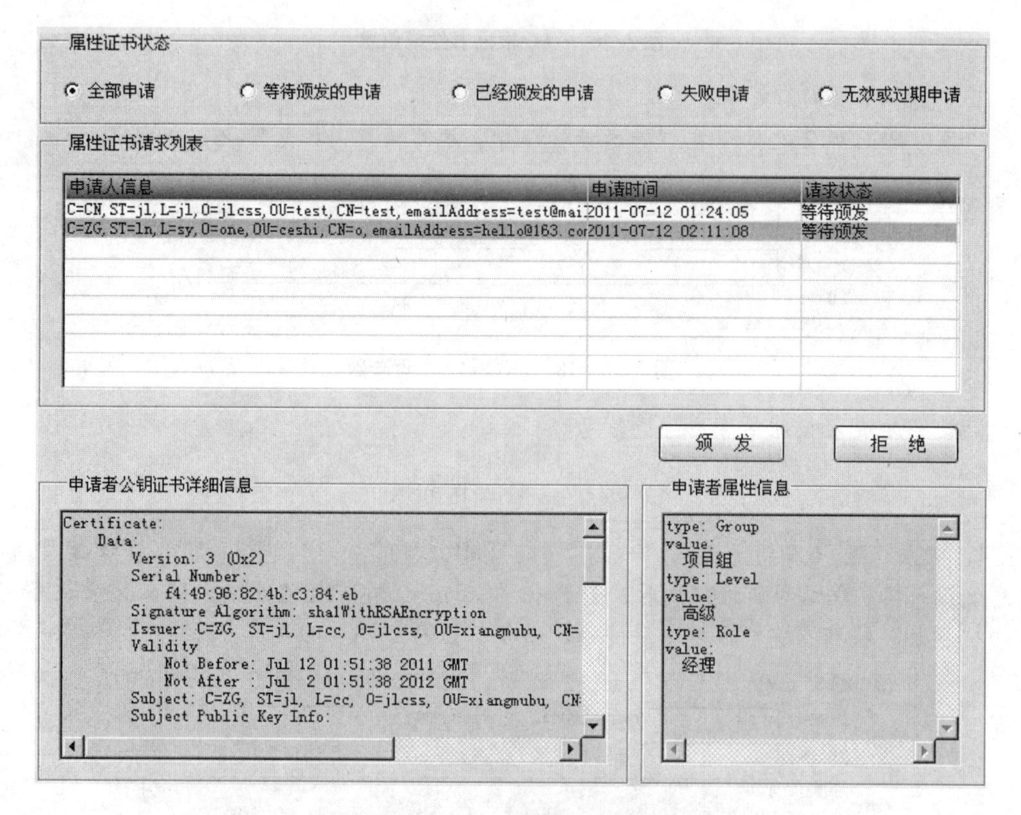

图 2-6-20　请求管理页面

在属性证书请求列表中可以观察到申请人信息、申请时间、请求状态，每条证书请求都对应着申请者公钥证书的详细信息及申请者的属性信息。

2. 选择一个证书请求信息，点击“颁发/拒绝”按钮，会出现“颁发成功/拒绝颁发成功”信息，点击“确定”按钮后，发现属性证书请求列表中出现一条“已通过/申请失败”的请求状态。注意属性证书请求状态只要出现等待颁发时可以选择“拒绝”。

在“属性证书状态”中点击不同选项查看“属性证书请求列表”的变化。

练习四　证书管理

1. 点击“证书管理”并选择一个证书，此时可观察到“属性证书详细信息”的相关内容。选择一个请求状态为“已通过”的证书，点击“验证”按钮，填入如图 2-6-21 所示的信息。

图 2-6-21　验证页面

点击“确定”按钮后会出现提示“验证成功”，点击“确定”按钮，完成验证过程。

2. 点击“导出证书”，选择保存路径后，点击“保存”，会出现“导出属性证书成功”的提示，点击“确定”按钮，完成导出证书过程。

3. 点击“导入证书”，选择属性证书及公钥证书后，输入 PKCS#12 密码，点击“确定”按钮。

4. 点击“撤销证书”后，属性证书会在请求列表中消失。

【注意】撤销证书后，如果想导入证书，在导入证书之后，需要点击“请求管理”进行颁发，再点击“证书管理”进行验证。

练习五　属性管理

点击“属性管理”，选择已通过的证书，修改属性。在“Group”属性值中填入“one”。然后点击“添加”，再次添加属性值“two”。点击“更新属性”按钮，出现“更新属性成功”的提示，点击“确定”。点击“证书管理”，在属性证书详细信息中会发现新添加的“Group”属性值“one”“two”，也可在“属性管理”中点击移除，然后到“证书管理”属性证书详细信息中进行观察。

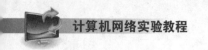

实验七

信息隐藏

多媒体信息安全中传统的加密和解密系统并不能很好地解决版本保护问题。原因是，虽然经过加密后只有被授权持有解密密钥的人才可以存取数据，但是这样就无法向更多的人展示自己的作品，而且数据一旦被解开，就完全置于解密人的控制之下，原创作者没有办法追踪作品的复制和二次传播。

实验（一）　信息隐藏位图法

【实验目的】

1. 了解信息隐藏的基本知识。
2. 理解 BMP 图像格式的编码方式。
3. 学会使用位图法在 BMP 图片中嵌入和提取信息。

【实验人数】

每组 2 人。

【系统环境】

Windows。

【网络环境】

交换网络结构。

【实验工具】

1. ASCII 码表。
2. UltraEdit -32。
3. Unicode 编码表。

【实验类型】

设计型。

【实验原理】

一、BMP 图像简介

BMP 是 Bitmap 的缩写形式。Bitmap，顾名思义，就是位图，也即 Windows 位图。它一般由 4 部分组成：文件头信息块、图像描述信息块、颜色表（在真彩色模式无颜色表）和图像数据区。在系统中以“.BMP”为扩展名保存。

BMP 图像文件格式是微软公司为 Windows 环境设置的标准图像格式，并且内含了一套图像处理的 API 函数。随着 Windows 在世界范围内的普及，BMP 文件格式越来越多地被各种应用软件所支持。打开 Windows 的画图程序，在保存图像时，可以看到以下选项：2 色位图（黑白）、16 色位图、256 色位图和 24 位位图，这是最普通的生成位图的方法。

BMP 文件由以下 4 部分组成，其中前两部分合称为 BMP 文件头，储存了 BMP 图像的一些基本信息；后两部分则用于放置图像的数据信息。作为 BMP 图像中的一种，24 位 BMP 图像文件的结构特点如下：

（1）每个文件只能非压缩地存放一幅彩色图像。

（2）文件头通常由 54 个字节的数据段组成，包含下文介绍的图像文件头和图像信息头两部分，其中有该图像文件的类型、大小、图像尺寸及打印格式等信息。

（3）从第 55 个字节开始，是该文件的图像数据部分，数据的排列顺序以图像的左下角为起点，每连续 3 个字节便描述图像一个像素点的颜色信息，这 3 个字节分别代表蓝、绿、红 3 基色在此像素中的亮度，若某连续 3 个字节为：00H，00H，FFH，则表示该像素的颜色为纯红色。

二、信息隐藏

信息隐藏是将需保密的信息隐藏到另外一个可以公开的媒体之中，具体来说，就是把指定的信息隐藏于数字化的图像、声音或文本中，充分利用人们“所见即所得”的心理，来迷惑恶意的攻击者。通常，我们称这个媒体为掩护媒体（Cover-media），隐藏的动作称为嵌入（Embedding），掩护媒体经嵌入信息后变成一个伪装媒体（Stego-media）。近年来，随着计算机和 Internet 的迅速发展，信息隐藏问题越来越引起人们的关注。信息隐藏与信息加密是不完全相同的，信息加密是隐藏信息的内容，而信息隐藏是隐藏信息的存在性，信息隐藏比信息加密更安全，因为它不容易引起攻击者的注意。

图像信息隐藏是近年信息隐藏技术中新兴的研究课题，它以数字图像为掩护媒体，将需要保密的信息按照某种算法嵌入数字图像中，并且有以下两个要求：

（1）嵌入信息后的图像与原始图像相比，在人的视觉上没有区别。

（2）数据隐藏不改变掩护媒体的数据量，即直接对媒体数据的某些部分进行修改，而不增加掩护媒体的数据。

三、位图法

（一）信息的嵌入

信息嵌入是指把待隐藏信息加入掩护媒体中。

一幅24位的BMP图像，由54字节的文件头和图像数据部分组成，其中文件头不能隐藏信息，第55字节之后为图像数据部分，可以隐藏信息。图像数据部分是由一系列的8位二进制数组成，由于每个8位二进制数中“1”的个数或为奇数或为偶数，则约定：若一个字节中“1”的个数为奇数，则称该字节为奇性字节，用“1”表示；若一个字节中“1”的个数为偶数，则称该字节为偶性字节，用“0”表示。我们用每个字节的奇偶性来表示隐藏的信息。例如：

设一段24位BMP文件的数据为：01100110，00111100，10001111，00011010，00000000，10101011，00111110，10110000，则其字节的奇偶排序为：0，0，1，1，0，1，1，1。现在需要隐藏16进制信息4F，由于4F转化为8位二进制为01001111，将其与上述字节的奇偶排序数列相比较，发现第2、第3、第4、第5位不一致，于是对这段24位BMP文件数据的某些字节的奇偶性进行调制，使其与4F转化的8位二进制相一致：

第2位：将00111100变为00111101，则该字节由偶变为奇；

第3位：将10001111变为10001110，则该字节由奇变为偶；

第4位：将00011010变为00011011，则该字节由奇变为偶；

第5位：将00000000变为00000001，则该字节由偶变为奇。

经过这样的调制，上述24位BMP文件数据段字节的奇偶性便与4F转化的8位二进制数完全相同，这样，8个字节便隐藏了一个字节的信息。

综上所述，将信息嵌入BMP文件的步骤为：

（1）将待隐藏信息转化为二进制数据码流。

（2）将BMP文件图像数据部分的每个字节的奇偶性与上述二进制数码流进行比较。

（3）通过调整字节最低位的“0”或“1”，改变字节的奇偶性，使之与上述二进制数据流一致，即将信息嵌入24位BMP图像中。

（二）信息提取

（1）判断BMP文件图像数据部分每个字节的奇偶性，若字节中“1”的个数为偶数，则输出“0”；若字节中“1”的个数为奇数，则输出“1”。

（2）每判断8位输出数，便将其组成一个二进制数（先输出的为高位）。

（3）经过上述处理，得到一系列8位二进制数，便是隐藏信息的代码，将代码转换成文本、图像或声音，就是隐藏的信息。

（三）结论

（1）由于原始24位BMP图像文件隐藏信息后，其字节数值最多变化1（通常是在字

节的最低位加“1”或减“1”），该字节代表的颜色浓度最多只变化了1/256，所以，已隐藏信息的BMP图像与未隐藏信息的BMP图像，用肉眼是看不出差别的。

（2）将信息直接嵌入像素RGB值的优点是嵌入信息的容量与所选取的掩护图像的大小成正比，而不再仅仅局限于调色板的大小。

（3）使用这种方法，一个大小为32 KB的24位BMP图像文件，可以隐藏的信息大小约为32 KB/8 =4 KB（忽略文件头不能隐藏数据的54个字节），该方法具有较高的信息隐藏率。

（4）由于信息都被隐藏在最低位，所以攻击者可以轻易地将隐藏的信息去除掉。因此，这种方法只有在第三方未知的情况下隐藏信息才有效，也就只能作为一种信息隐藏方法。因为它不具有鲁棒性也就不能称为水印。

四、位图法说明

虽然现在已经不常使用位图法了，但它作为一种非常基础的信息隐藏方法，具有操作简单、信息量大的特点，仍然有很高的实验价值。由于受传输限制，必须将所要传输的明文转变为二进制代码。对于汉字，按照汉字Unicode编码表转化为十六进制编码，再转为二进制代码；对于英文字母和符号，按照ASCII码对照表转化为十六进制编码，再转化为二进制代码。这样才能将数据嵌入图像中传输出去。

在具体实验中还需要在所传输的实验数据之前添加两个标识符：第一个用来标识所传输文字的类型，称为“文字标识符”，占用1个字节。如果是英文，则置为00；如果是中文，则置为01。第二个用来标识传输的明文数据长度，称为“数据标识符”，在做实验时这个标识符选择1个字节来进行存储，也就是说要传输的明文最多可以有99个（采用十进制）汉字或英文字母、符号。在提取信息时，如果传输的是汉字，数据标识符的值“×4×4”为后面传输的二进制代码位数；如果传输的是英文和符号，则数据标识符的值“×2×4”为后面传输的二进制代码位数。

例如，如果要传输中文“你好”，查得对应的Unicode码是4F60597D。因为是中文，所以文字标识符取为01；因为只有2个汉字，所以数据标识符取为02。那么后面传输的二进制数据代码有2×4×4=32（位）。所以要传输的数据是01024F60597D，变为二进制就是000000010000001001001111011000000101100101111101，将它按照位图法的方法嵌入图像中即可。

五、BMP文件举例讲解

BMP是一种与硬件设备无关的图像文件格式，使用非常广泛。它采用位映射存储格式，除了图像深度可选以外，不采用其他任何压缩，因此，BMP文件所占用的空间很大。BMP文件的图像深度可选1 bit、4 bit、8 bit及24 bit。BMP文件存储数据时，图像的扫描方式是按从左到右、从下到上的顺序。

由于BMP文件格式是Windows环境中交换与图有关的数据的一种标准，因此，在Windows环境中运行的图形、图像软件都支持BMP图像格式。下面以一具体数据举例。

如某BMP文件开头如下：

424D4690000000000000004600000 * 2800000080000000900000000100100003000000000900

000A00F0000A00F000000000000000000000 * 00F80000E00700001F0000000000000 * 02F184F104F184F184F106F284F106F204F286F206F286F286F2…

BMP 文件可分为 4 个部分：图像文件头、图像信息头、彩色板、图像数据区。上述 BMP 文件已用“ * ”分隔。下面依次分析各模块的代码所代表的含义。

（一）图像文件头

（1）0000 ~ 0001：文件标识。424Dh = “BM”，表示是 Windows 支持的 BMP 格式。

（2）0002 ~ 0005：整个文件的大小。上述 BMP 文件中 46900000 为 00009046h = 36934。

（3）0006 ~ 0009：保留，必须设置为 0。

（4）000A ~ 000D：从文件开始到图像数据之间的偏移量。上述 BMP 文件中 46000000 为 00000046h = 70，也就是说图像数据区从第 71 个字节开始。

（二）图像信息头

（1）000E ~ 0011：图像信息头长度，一般都为 28h。

（2）0012 ~ 0015：图像宽度，以像素为单位。80000000 为 00000080h = 128。

（3）0016 ~ 0019：图像高度，以像素为单位。90000000 为 00000090h = 144。

（4）001A ~ 001B：图像的位面数，该值总是 1。

（5）001C ~ 001D：每个像素的位数。取值可以为 1（单色），4（16 色），8（256 色），16（64K 色，高彩色），24（16M 色，真彩色），32（4096M 色，增强型真彩色）。上述 BMP 文件中 0010h = 16。

（6）001E ~ 0021：压缩说明。取值可以为 0（不压缩），1（RLE8，位 RLE 压缩），2（RLE4，4 位 RLE 压缩），3（Bitfields，位域存放）。RLE，简单地说，是采用像素数 + 像素值的方式进行压缩。T408 采用的是位域存放方式，用两个字节表示一个像素，位域分配为 r5b6g5。上述 BMP 文件中 03000000 为 00000003h = 3。

（7）0022 ~ 0025：用字节数表示的图像数据的大小，该数必须是 4 的倍数，数值上等于图像宽度 × 图像高度 × 每个像素位数。上述 BMP 文件中 00009000h = 80 × 90 × (16/8) = 36864。

（8）0026 ~ 0029：用像素/米表示的水平分辨率。上述 BMP 文件中 A00F0000 为 00000FA0h = 4000。

（9）002A ~ 002D：用像素/米表示的垂直分辨率。上述 BMP 文件中 A00F0000 为 00000FA0h = 4000。

（10）002E ~ 0031：图像使用的颜色索引数。若设为 0，则说明使用所有调色板项。

（11）0032 ~ 0035：对图像显示有重要影响的颜色索引的数目。如果是 0，表示都重要。

（三）彩色板（非必有）

0036 ~ 0069：彩色板规范。对于调色板中的每个表项，用下述方法来描述 RGB 的值：1 字节用于蓝色分量，1 字节用于绿色分量，1 字节用于红色分量，1 字节用于填充符（设置为 0）。

对于 24 位真彩色图像就不使用彩色板，因为图像中的 RGB 值代表了每个像素的颜色。如，彩色板为 00F80000E00700001F00000000000000，其中：00F80000 为 F800h = 1111100000000000（二进制），是红色分量的掩码；E0070000 为 07E0h = 0000011111100000（二进制），是绿色分量的掩码；1F000000 为 001Fh = 0000000000011111（二进制），是蓝色分量的掩码；00000000 为填充符，总设置为 0。

将掩码跟像素值进行“与”运算，再进行移位操作就可以得到各色分量值。从掩码可以明白，事实上在每个像素值的 2 个字节 16 位中，按从高到低取 5、6、5 位分别就是 *r*、*g*、*b* 分量值。取出分量值后把 *r*、*g*、*b* 值分别乘以 8、4、8，就可以将每个分量补齐为一个字节，再把这 3 个字节按 *rgb* 组合，放入存储器（同样要反序），就可以转换为 24 位标准 BMP 格式。

（四）图像数据区

0070 至最后：上述 BMP 文件开头是一张 16 位位图，所以每两个字节表示一个像素。在 24 位位图中，则由 3 个字节表示一个像素。阵列中的第一个字节表示图像左下角的像素，而最后一个字节表示图像右上角的像素。

【实验步骤】

本练习主机 A、B 为一组，主机 C、D 为一组，主机 E、F 为一组。

首先使用“快照 X”恢复 Windows 系统环境。

练习一　分析 BMP 图像文件头和信息头

1. 单击工具栏“UE”按钮，打开“D：\ ExpNIC \ CrypApp \ Tools \ BMP”目录下的“pic1. bmp”文件。

2. 首先根据表 2 – 7 – 1 找到图像文件头和图像信息模块，填写表 2 – 7 – 2 内容。

表 2 – 7 – 1　BMP 图像文件头和图像信息表

图像文件头	图像文件头字节	图像文件字节代表意义
BMP 文件头（14 字节）	0000 ~ 0001（2 字节）	文件标识，为字母 ASCII 码“BM”
	0002 ~ 0005（4 字节）	文件大小，高位高字节
	0006 ~ 0009（4 字节）	保留字，每字节以“00”填写
	000A ~ 000D（4 字节）	记录图像数据区的起始位置，为 36H
图像信息头（共 40 字节）	000E ~ 0011（4 字节）	图像描述信息块大小，常为 28H
	0012 ~ 0015（4 字节）	图像宽度
	0016 ~ 0019（4 字节）	图像高度
	001A ~ 001B（2 字节）	图像的位面数，该值总为 1

续上表

图像文件头	图像文件头字节	图像文件字节代表意义
图像信息头（共40字节）	001C～001D（2字节）	记录像素的位数，图像的颜色数由该值决定
	001E～0021（4字节）	数据压缩方式（0：不压缩；1：8位压缩；2：4位压缩）
	0022～0025（4字节）	用字节数表示的图像数据的大小，该数必须是4的倍数，数值上等于图像宽度×图像高度×每个像素位数
	0026～0029（4字节）	水平每米有多少像素，在设备无关位图（.DIB）中，每字节以00H填写
	002A～002D（4字节）	垂直每米有多少像素，在设备无关位置（.DIB）中，每字节以00H填写
	002E～0031（4字节）	图像所用的颜色数
	0032～0035（4字节）	对图像显示有重要影响的颜色索引的数目。如果是0，表示都很重要
颜色表（非必有）	颜色表的大小根据所使用的颜色模式而定：2色图像为8字节；16色图像为64字节；256色图像为1024字节；24位真彩色图像则没有颜色表这一块。其中，每4字节表示一种颜色，并以B（蓝色）、G（绿色）、R（红色）、Alpha（32位位图的透明度值，一般不需要），即首先4字节表示颜色号1的颜色，接下来表示颜色号2的颜色，依此类推	颜色表（非必有）
图像数据区	颜色表之后为位图文件的图像数据区，在此部分记录着每点像素对应的颜色号，其记录方式也随颜色模式而定，即2色图像每点占1位（8位为1字节）；16色图像每点占4位（半字节）；256色图像每点占8位（1字节）；真彩色图像每点占24位（3字节）。所以，整个数据区的大小也会随之变化。究其规律而言，可得出如下计算公式：图像数据信息大小=（图像宽度×图像高度×记录像素的位数）÷8	

表2-7-2　实验结果表

整个文件的大小	
从文件开始到图像数据区之间的偏移量	
每个像素的位数	
图像数据的大小	

练习二　位图法隐藏和传递信息

1. 本机首先将要隐藏和传递的原始信息记录下来：______________________________。

2. 对原始信息进行编码转换，要求：如果要传输中文，打开汉字Unicode编码表，按照对应规则将它们转换为十六进制代码，再转换为二进制代码；如果要传输英文，打开ASCII码对照表，按照对应规则将它们转换为十六进制代码，再转换为二进制代码。

【说明】因为中英文对照表不同，所以隐藏明文不能中英文混合。

请记录转换完成的信息代码（二进制代码）：______________________________。

原始信息长度是________个字符，这个长度的二进制值是________。

原始信息文字类型（即文件标识符）________，其二进制值是________。

3. 将原始信息长度代码和文字类型代码追加至原始信息中，然后利用位图法修改BMP图像对应的位，完成信息嵌入工作，具体操作如下：

使用UltraEdit打开图片pic1～pic5中的任意一张，找到图像数据区的开始位置。利用位图法修改BMP图像，将转换后的信息长度代码和信息代码嵌入BMP图片中，并观察图像视觉上是否有变化，然后将该图片发送到同组主机“D：\Work\Picture”共享目录下。

4. 同组主机收到图片后，使用UltraEdit打开该图片，首先找到图像数据区的开始位置，读出文字类型________和传输信息的长度________。利用位图法提取隐藏在图片中的数据信息，请记录提取出来的二进制代码：______________________________。

5. 根据隐藏信息的文字类型，将提取出来的二进制代码反向翻译成明文信息，并记录明文信息：______________________________。

6. 确定提取出的最终明文信息与原文一致。

思考与探究

1. 如何通过文件头区分一张BMP图像是多少位的位图？
2. 简述位图法的基本方法，说说它的优点和缺点。

实验（二）　LSB水印算法

【实验目的】

1. 了解数字水印。
2. 熟悉LSB算法基本原理。
3. 学会使用LSB水印工具对图像进行水印嵌入和提取工作。
4. 通过对LSB算法源码的剖析，加深对LSB算法的理解。

【实验人数】

每组2人。

【系统环境】

Windows。

【网络环境】

交换网络结构。

【实验工具】

1. LSB。
2. UltraEdit－32。
3. VC ++ 6.0。
4. 密码工具。

【实验类型】

设计型。

【实验原理】

一、数字水印

数字水印（Digtal Watermarking，或称 Steganography）技术是指用信号处理的方法在数字化的多媒体数据中嵌入隐蔽的标记，这种标记通常是不可见的，只有通过专用的检测器或阅读器才能提取。数字水印是信息隐藏技术的一个重要研究方向。

数字水印技术源于在开放的网络环境下保护多媒体版权的新型技术，它可验证数字产品的版权拥有者，识别销售商、购买者，或提供关于数字产品内容的其他附加信息，并将这些信息以人眼不可见的形式嵌入数字图像或视频序列中，用于确认数字产品的所有权和跟踪侵权行为。除此之外，它在证据篡改鉴定，数字的分级访问，数据产品的跟踪和检测，商业视频广播和互联网数字媒体的服务付费，电子商务的认证鉴定，商务活动中的杜撰防伪等方面也具有十分广阔的应用前景。自 1993 年以来，数字水印技术引起工业界的浓厚兴趣，已成为国际上非常活跃的研究领域。图 2－7－1 是数字水印嵌入的一个例子。

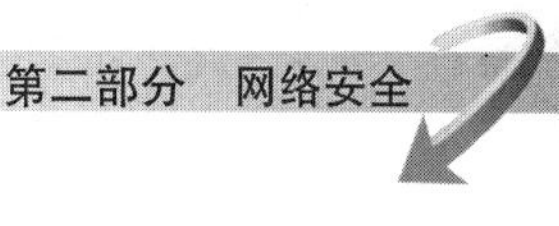

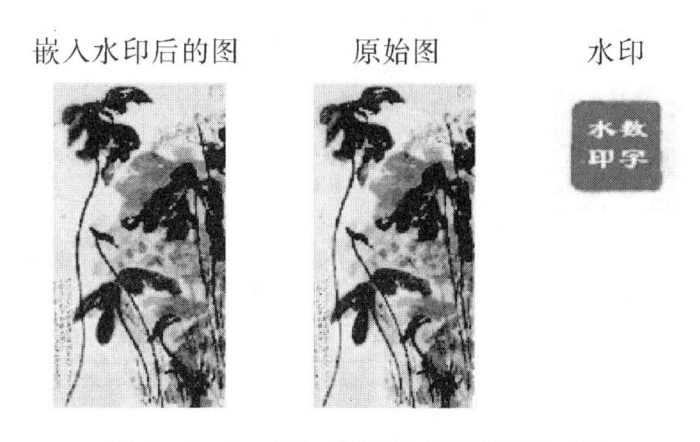

图 2－7－1　嵌入水印前后图像视觉对比

二、典型数字水印系统模型

图 2－7－2 描述了水印信号嵌入模型，其功能是完成将水印信号加入原始数据。

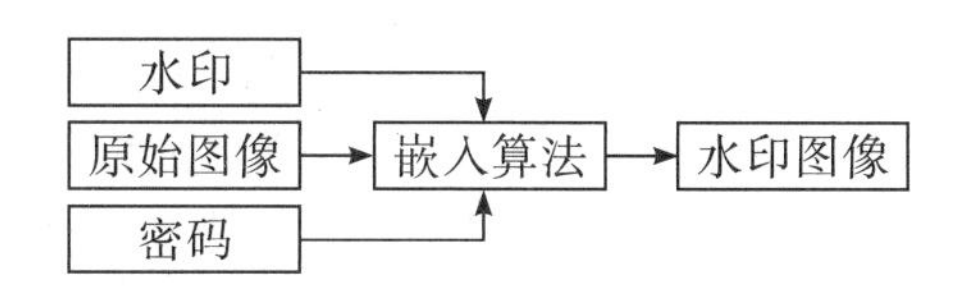

图 2－7－2　水印信号嵌入模型

图 2－7－3 为水印信号检测模型，用以判断某一数据中是否含有指定的水印信号。

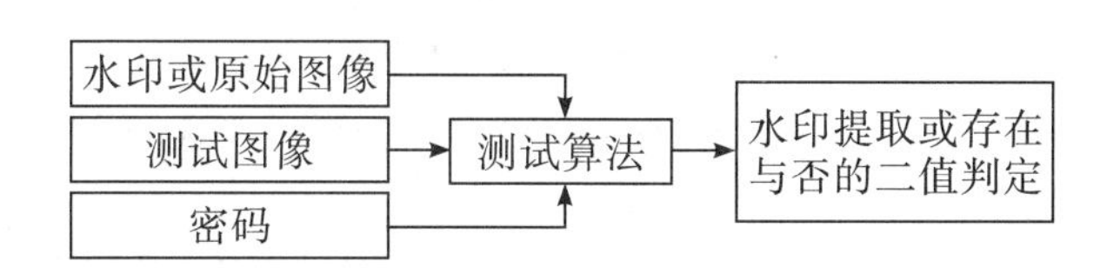

图 2－7－3　水印信号检测模型

在水印的嵌入和检测模型中，密码不是必须包含的部分，但增加密码可以大大提高水印的鲁棒性。

三、数字水印的基本特性

（1）隐蔽性。在数字作品中嵌入数字水印不会引起明显的降质，并且不易被察觉。

（2）隐藏位置的安全性。水印信息隐藏于数据而非文件头中，文件格式的变换不会导致水印数据的丢失。

（3）鲁棒性。鲁棒性是指在经历多种无意或有意的信号处理过程后，数字水印仍能保持完整性或仍能被准确鉴别。常见的信号处理过程包括信道噪声、滤波、数/模与模/数转换、重采样、剪切、位移、尺度变化以及有损压缩编码等。

在数字水印技术中，水印的数据量和鲁棒性构成了一对基本矛盾。从主观上讲，理想的水印算法应该既能隐藏大量数据，又可以抗各种信道噪声和信号变形，但在实际中，这两个指标往往不能同时实现，不过这并不影响数字水印技术的应用，因为实际应用一般只偏重其中的一个方面。如果是为了隐蔽通信，数据量显然是最重要的。由于通信方式极为隐蔽，遭遇敌方篡改攻击的可能性很小，因而对鲁棒性要求不高。然而对保证数据安全来说，情况恰恰相反，各种保密的数据随时面临着被盗取和篡改的危险，所以鲁棒性是十分重要的，此时，隐藏数据量的要求居于次要地位。

数字水印主要应用在版权保护、加指纹、标题与注释、篡改提示和使用控制等领域。

四、水印的典型算法分类

近年来，数字水印技术研究取得了很大的进步，水印的典型算法包括空域算法、变换域算法、压缩域算法、NEC 算法等。

五、LSB 算法简介

LSB（最低有效位）算法是在位图法的基础上将输入的信号打乱，并按照一定的分配规则使嵌入的信息能够散布于图像的所有像素点上，增加破坏和修改水印的难度。由于水印隐藏在最低位，相当于叠加了一个能量微弱的信号，因此，在视觉和听觉上很难察觉。LSB 水印的检测是通过待测图像与水印图像的相关运算和统计决策实现的。

LSB 算法拥有与位图法同样的致命缺点，即虽然可以隐藏较多的信息，但隐藏的信息可以被轻易移去，无法满足数字水印的鲁棒性要求，不过，作为一种大数据量的信息隐藏方法，LSB 在隐藏通信中仍占据着相当重要的地位。

在常用的 LSB 算法工具中，有些工具会使用一些加密算法将原数据加密，而本实验则通过一些位操作，把原来的信息变为看似毫不相关的数据。在提取时，使用上述方法的逆变换，就可以恢复原数据。

而在信息嵌入点的选择上，本实验通过一种画线算法来把嵌入点打散，从而增加水印识别的难度。在提取水印时，通过逆变换，就可以找到这些数据点。

【实验步骤】

本练习主机 A、B 为一组，主机 C、D 为一组，主机 E、F 为一组。

首先使用“快照 X”恢复 Windows 系统环境。

练习一　嵌入并提取水印

1. 所有主机进入实验平台，单击工具栏“LSB”按钮，进入 LSB 工作目录，可输入命令“lsb – h”查看 LSB“帮助”，对部分参数使用说明见表 2 – 7 – 3。

表2-7-3

类别	参数	说明
空	<bmpfile> <watermarkfile>	在BMP图片中嵌入信息，信息可以是BMP图片，也可是文本文件
-i	<bmpfile>	查看一张BMP图片的基本信息及其嵌入数据容量
-x	<bmpfile> <destinationfile>	从BMP图片中提取水印信息

使用LSB工具查看“picture”目录中的“pic1.bmp”文件的大小是________字节，其最多可以嵌入________字节数据。

启动密码工具，进入“加密解密”|“MD5哈希函数”|“生成摘要”页签，计算图像文件“picture/watermark.bmp”的文件摘要，结果是：____________________________。

2. 备份图片“pic1.bmp”，重命名为“pic1_bak.bmp”。

3. 将“watermark.bmp”嵌入图像文件“pic1.bmp”中，在成功完成嵌入操作后，再次查看“pic1.bmp”文件的大小是________字节，对比嵌入前后图像大小变化情况：________。浏览“pic1_bak.bmp”和嵌入水印后的“pic1.bmp”图像，视觉上对比图像变化。

用UltraEdit同时打开两张图片，选择“文件”|“比较文件”，在弹出的比较文件对话框中选择“二进制”，单选“比较”按钮，打开文件比较页面，UltraEdit会用特殊颜色标出两张图片数据的不同之处。

4. 通过发送邮件（Outlook Express）将“pic1.bmp”发送给同组的另一位同学。

5. 接收同组主机发送的“pic1.bmp”文件，重命名为“pic1_mark.bmp”，保存到本地“D:\ExpNIC\CrypApp\Tools\LSB\picture”目录中，然后从“pic1_mark.bmp”文件中提取出水印文件（不要覆盖原始“watermark.bmp”文件），命名为“mark.bmp”。然后计算提取的水印文件摘要：____，对比水印文件摘要内容与“watermark.bmp”文件摘要，结果________一致。

练习二　LSB水印算法

LSB程序的工作流程主要可以分为3部分：图片信息查询、水印的嵌入和水印的提取。工作流程如图2-7-4、图2-7-5和图2-7-6所示。

图片信息查询主要是读取BMP图片头文件的代码，获取其中关于图片的各种信息，包含位图的具体格式信息、位图的像素、位图的大小、位图可嵌入数据大小等各种信息。其中除位图可嵌入数据大小这一项以外，其他都可以直接从图像文件头和信息头中获取。

水印的嵌入不是一次把所有的数据信息全部都嵌入图片中去，而是把图片按大小划分成block（block是图片BMP文件的三行），同时水印数据也被划分成同样多的块，这样图像的每部分所嵌入的数据是相同的，增加了提取的难度。嵌入水印时，要先检查图像（即载体）是否能够负载要嵌入的数据，如果不能会直接提示出错并退出。如果是对第一个块进行操作，则先要为负载数据进行长度编码，这种方式类似于位图法中的长度编码。编码完成后，长度编码会经过置乱，嵌入图像中。

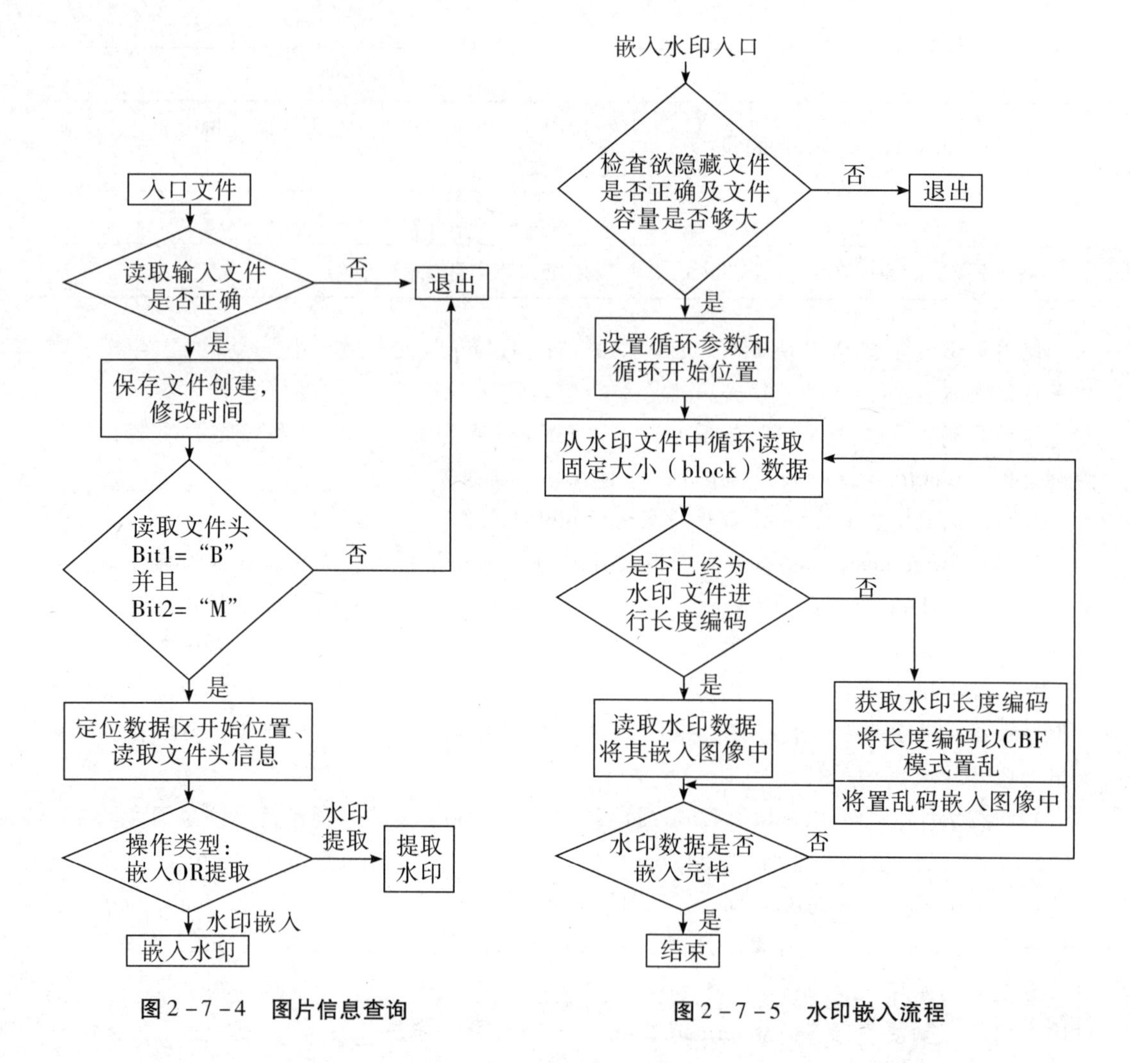

图 2－7－4　图片信息查询　　　**图 2－7－5　水印嵌入流程**

注意无论是长度编码，还是后面的负载数据，在嵌入过程中，都遵循一种画线算法，它会在数据块中按照画线规则选取一定的数据点。

长度编码完成后，程序就会读取水印数据，继续按照画线算法向图片中嵌入经过置乱的数据，当一个数据块嵌入完成后，程序会循环到下一个数据块继续嵌入数据，直到所有的数据都被嵌入完成。

水印的提取过程是嵌入过程的逆过程，它使用画线算法的逆算法从图片每个数据块中提取数据，恢复被置乱的数据并把它们组合，读取长度编码，确定水印数据的长度，然后恢复水印的本来面目。

下面我们来熟悉和掌握 LSB 算法。

1. 打开 LSB 工程。

单击工具栏“LSB 工程”按钮，源文件包括“bmp. c”“lsb. c”“scramble. c”和“utils. c”，头文件包括“lsb. h”“scramble. h”“stdafx. h”和“utils. h”，如图 2－7－7 所示。

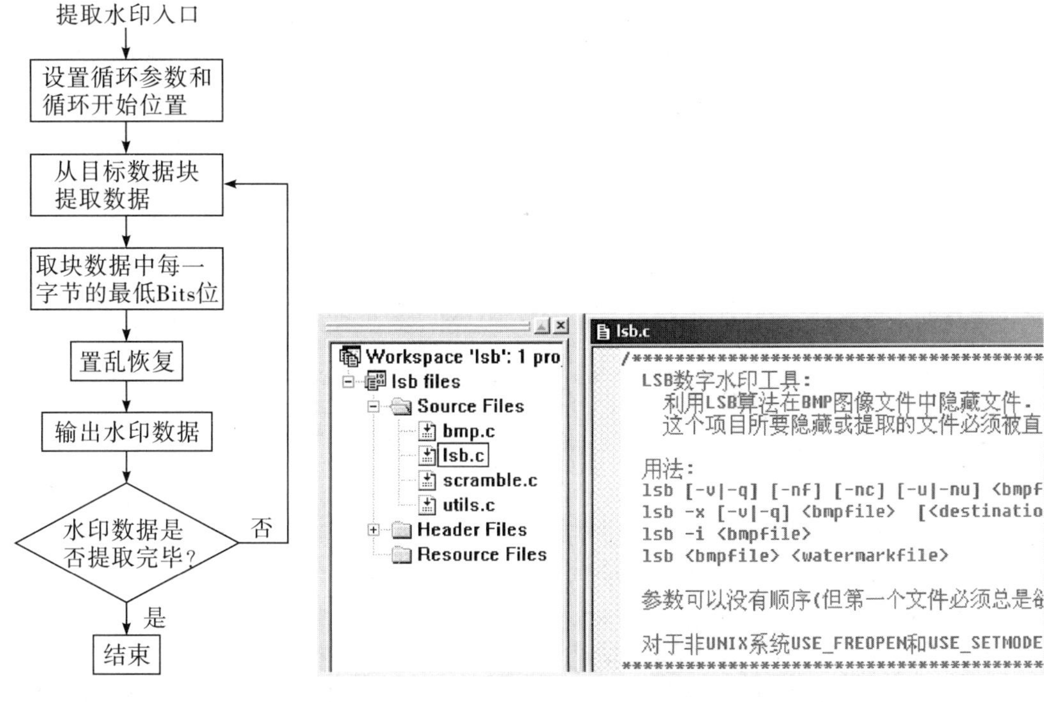

图 2-7-6 水印提取流程

图 2-7-7 LSB 工程源文件

在下面的步骤 2 和步骤 3 中，“lsb. c” 中的主循环和其后面的判断条件的一段代码已经被注释掉，但是在进行步骤 4 和步骤 5 之前，需要学生手动找到注释位置，将注释符去掉，才能保证实验继续进行。

2. “bmp. c” 下的 CheckIfBmp 函数。

(1) 请填写 “bmp. c” 源文件中 CheckIfBmp 函数里的一段判断输出的代码（应填入的位置已经使用文字标识出来）。

(2) 这段代码的作用是取出图像头文件中 4 字节数据，这 4 字节里的数据可以标识整个图像文件的实际字节大小，也可以为 0。如果不为 0 时，就输出如下形式文字：“位图的实际大小是：××字节”。

(3) 使用函数。取出 4 字节数据使用 GetStegLong 函数；在终端输出信息使用 Fprintf 函数。

(4) 代码填写完毕后，对源码进行 Debug 版本编译（Rebuild All），若报告错误请修正错误。成功编译后会在 Debug 目录下生成文件 “lsb. exe”。

(5) 打开命令行，进入 Debug 目录，输入命令：lsb -i D:\ExpNIC\CryApp\Tools\LSB\picture\pic1. bmp，查看程序是否读取出图片文件信息。

3. “lsb. c” 下的 main 函数。

(1) 请填写该文件中 Main 函数里的一段判断输出代码（应填入的位置已经使用文字标志出来）。

(2) 这段代码的作用是输出图像文件可以嵌入的最多的字节数，关键是已知图像宽度

（以字节为单位）、每字节最多可嵌入的比特数，算出这个图像最多可以嵌入多少字节数据。

【注意】这里的数据指的是水印文件实际的数据，要排除掉标识嵌入数据长度的长度码。欲求长度码，首先要求得可嵌入数据的最大长度，它等于（图像宽度×每字节最多可嵌入的比特数）÷8。其次，使用 BytesForLength（）函数求这些数据的长度码。

（3）使用函数：在终端输出信息使用 Fprintf 函数。

（4）代码填写完毕后，对源码进行 Debug 版本编译，若报告错误请修正错误。

（5）进入 Debug 目录，输入命令：lsb -i D:\ExpNIC\CrypApp\Tools\LSB\picture\pic1. bmp。将输出的结果与嵌入并提取水印的实验结果进行比较，验证代码正确性。

4. “utils. c”下的 Next Bits 函数。

（1）请填入“utils. c”里“NextBits”函数的一段代码。应填入的位置已经使用文字标志出来。

（2）首先，这个函数的作用是从静态偏移量（ShiftReg）中读出所需的字节。其次，将这个字节的数据从低位到高位依次读出。所要填入的这段代码的作用是每次从 ShiftReg 里提取最低的 HowMany 位数据，并将它赋值给 r。赋值完成后将 ShiftReg 右移 HowMany 位，并从 TopBit 中减去 HowMany，结果赋给 TopBit。

（3）使用函数：无。

（4）代码填写完毕后，对源码进行 Debug 版本编译，若报告错误请修正错误。

（5）将 Debug 目录下生成的执行文件复制到“D:\ExpNIC\CrypApp\Tools\LSB\picture\”目录中，执行命令：ls bpic2. bmp watermark. bmp，确定水印操作完成。

单击工具栏“LSB”按钮，进入 LSB 工作目录。利用原始工具从该图片中提取水印，如果提取成功，就说明填入的代码无误，否则返回修改错误。

5. “utils. c”下的“GetBitsFromByte（int Bits）”。

（1）请填入“utils. c”里 GetBitsFromByte 函数的一段代码（应填入的位置已经使用文字标志出来）。

（2）这个函数的作用是从已经提取出来的图像的一个字节中，选择最低的 Bits 位返回。它的参数是要提取的最低有效位的位数。函数声明文件如下：

unsigned int GetBitsFromByte（int Bits）

其中 Bits 代表 LSB 算法中所要取的最低几位。取目标文件的一个字节数据可调用 GetStegBytes函数，要做的主要是把最低 Bits 位从该字节取出来返回。

（3）使用函数：GetStegBytes（）。

（4）代码填写完毕后，对源码进行 Debug 版本编译，若报告错误请修正错误。

（5）进入 LSB 工作目录，运行“lsb. exe”将“picture\watermark. bmp”嵌入到“pic3. bmp”文件中。回到 LSB 工程目录（Debug 目录），输入命令：lsb -x D:\ExpNIC\CrypApp\Tools\LSB\picture\pic3. bmp watermark. bmp，提取水印。如果提取正确，说明填入的代码无误。

思考与探究

1. 根据 LSB 水印嵌入和提取时的流程图，说明水印嵌入和提取时的主要流程。

2. 在“bmp. c”文件里有一些函数是专门用来处理 256 色 BMP 文件的，逐一将注释符去掉，调试程序。尝试通过查看相关代码，分析程序是怎样处理调色板来实现水印嵌入的。

实验（三）　DCT 水印算法

【实验目的】

1. 了解 DCT 图像变换的基本步骤。
2. 了解 DCT 水印算法的基本原理。

【实验人数】

每组 1 人。

【系统环境】

Windows。

【网络环境】

交换网络结构。

【实验工具】

1. Puff。
2. UltraEdit－32。
3. 密码工具。

【实验类型】

验证型。

【实验原理】

一、变换域算法

基于变换域的技术可以嵌入大量比特数据而不会导致可察觉的缺陷，往往采用类似扩频图像的技术来隐藏数字水印信息。这类技术一般基于常用的图像变换，是局部或是全部的变换，这些变换包括离散余弦变换（DCT）、小波变换（WT）、傅氏变换（FT 或 FFT）以及哈达马变换（Hadamard transform）等。DCT 变换域数字水印是目前研究最多的一种数字水印，它具有鲁棒性强、隐蔽性好的特点，其主要思想是在图像的 DCT 变换域上选择中低频系数叠加水印信息。之所以选择中低频系数，是因为人眼的感觉主要集中在这一频段，攻击者在破坏水印的过程中，不可避免地会引起图像质量的严重下降，一般的图像处理过程也不会改变这部分数据。

由于 JPEG、MPEG 等压缩算法的核心是在 DCT 变换域上进行数据量化，所以通过巧妙地整合水印过程与量化过程，就可以使水印抵御有损压缩。此外，DCT 变换域系数的统计分布有比较好的数学模型，可以从理论上估计水印的信息量。

DCT 变换域算法是这一类算法的总称，具体算法会有一些不同。下面介绍一种基于模运算的数字水印算法。该方法将水印作为二值图像（每一像元只有两种可能的数值或者灰度等级状态的图像）进行处理，依据图像在 DCT 变换后系数的统计来选取适当的阈值，通过模处理加入水印。该算法的特点是在水印检测时不需要原始图像。

DCT 水印算法的基本思想是先将原始图像分成 8×8 的子块，并分别对每一子块进行离散余弦变换，转换为 64 位 DCT 系数。根据一定原理选取待嵌入的 DCT 变换系数的位置，再利用一些运算进行水印信息的嵌入，然后将嵌入水印信息的 DCT 系数的子块进行逆 DCT 变换，最后合成为嵌入水印图像。提取算法与嵌入算法相似，且不需要原始图像。

DCT 水印算法的主要优点是它被应用于整个图像，因此，对于图像的改变也遍布于整个图像，这使得它难以被发现。另一方面，当图像并不是完全准确的力量 2（power of 2），这时出现了一个小问题。如果我们为产生一个鲁棒性较强的水印而使用较大数量的 DCT 系数（比如 100），当 DCT 反变换时，它所使用的数据块的长度就会变得比较明显。因此，D 值需要在水印鲁棒性和图像失真度之间寻找固态。较大的 D 值产生鲁棒性较强的水印，但也使图像质量较差；较小的 D 值会使图像质量变化较小，但对于攻击却比较脆弱。

二、Puff 水印嵌入与提取过程

Puff 是一款比较强大的免费数字水印工具，它可以对图像（BMP，JPG，PCX，PNG，TGA 格式）和声音（AIFF，MP3，NEXT/SUN，WAV 格式）进行水印嵌入和提取操作。由于它是基于 Windows 的图形界面开发的，所以操作比较简单。Puff 是意大利人科西莫·奥里博里开发的，所以它的帮助文档包含了英语和意大利语两份。

Puff 针对 BMP 图像的水印嵌入算法是基于最低有效位的，但是针对 JPG 图像的水印嵌入算法则是基于 DCT 变换的，所以选择它来作为这一部分的实验工具。它的水印嵌入过程有如下几步：

（1）添加所有需要隐藏的文件，其中对于文件数量和大小都有一些限制。

（2）输入并确认密码，密码最少为 16 位，最多为 32 位，然后选择数据压缩程度，包括高、中、低多档。

（3）对隐藏文件进行压缩和加密，如果是多个文件，则先要把它们加入到同一个数据流中。

（4）选择负载数据的文件，这里对文件也有一定要求，即该文件要能足够容下负载。

（5）选择输出文件所存放的目录，如果放在原目录，会将原文件覆盖。

（6）水印操作过程报告会显示密码、水印压缩等级和承载文件（嵌入水印后的原始文件）信息。

【实验步骤】

本练习单人为一组。

首先使用“快照 X”恢复 Windows 系统环境。

练习一　嵌入并提取 DCT 水印

1. 进入 DCT 工作目录“D: \ ExpNIC \ CrypApp \ Tools \ Puff”，首先对水印文件“picture \ watermark. jpg”进行文件摘要计算。启动密码工具，进入“加密解密” | “MD5Hash 函数” | “生成摘要”页签，导入文件“watermark. jpg”，生成摘要____。

2. 单击工具栏“Puff”按钮，打开 Puff 水印工具。单击水印嵌入按钮水印嵌入按钮开始水印嵌入。在 Hiding Step 1 页中单击“Add Files”按钮，选中水印文件“watermark. jpg”，单击“Next”按钮，输入并确认密码，注意这里要求密码至少是 16 字节。然后选择对于水印的压缩等级，默认 Medium 即可，也可以选择其他等级。单击“Next”按钮，添加载体图片，单击“Add Carriers”按钮，添加文件“picture \ picX. jpg”（其中 X 表示文件序号），单击“Next”按钮，选择嵌入水印后的图片保存，至 D 盘根目录。若以上操作均成功，Puff 会显示类似图 2 -7 -8 所示信息。

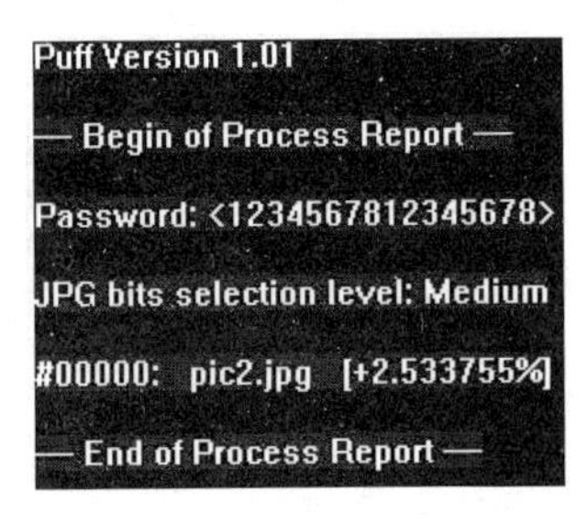

图 2 -7 -8　水印嵌入报告

3. 水印嵌入完成后，打开嵌入前后的两张图片，比较它们在视觉上是否有差异。用 UltraEdit 同时打开这两张图片，选择“文件” | “比较文件”，在弹出的比较文件对话框中选择“二进制”，单击“比较”按钮，打开文件比较页面。UltraEdit 会用特殊颜色标出两张图片数据的不同之处。

4. 单击 Puff 工具的 H 按钮，按照提示分别添加已嵌入水印的图片，输入和确认密码，选择“Extract All”提取水印文件到 D 盘根目录。计算提取的水印文件的文件摘要：____。

5. 使用 UltraEdit 同时打开两个水印文件（原始和提出），查看它们的二进制是否有所不同。

思考与探究

1. 简述 DCT 系数是如何获得的。

2. 数据水印技术对于版权保护有哪些利用价值?

实验（四）　主动水印攻击

【实验目的】

1. 了解水印攻击原理。
2. 学会使用一些简单的攻击方法。

【实验人数】

每组 3 人。

【系统环境】

Windows。

【网络环境】

交换网络结构。

【实验工具】

1. LSB。
2. Puff。
3. StirMark。
4. UltraEdit－32。

【实验类型】

设计型。

【实验原理】

一、水印攻击原理

水印攻击包括主动攻击和被动攻击。主动攻击的目的并不是破解数字水印，而是篡改或破坏水印，使合法用户也不能读取水印。被动攻击则试图破解数字水印算法。相比之下，被动攻击的难度要大得多，但一旦成功，则所有经该水印算法加密的数据全都丧失了安全性。受到主动攻击的危害虽然不如被动攻击的危害大，但其攻击方法往往十分简单，易于广泛传播。无论是密码学还是数字水印，受到主动攻击都是一个令人头疼的问题。对于数字水印来说，绝大多数攻击属于主动攻击。

二、水印的鲁棒性

数字水印算法的鲁棒性反映水印算法经受各种攻击的能力。鲁棒性直接依赖于嵌入强度，而嵌入强度与图像退化（即原始图像的显著性降质）相关。一个好的数字水印系统，理论上应该使得加入水印后的原始图像具有较强的鲁棒性和最小的视觉失真。由于攻击的目的是改变数据，使嵌入其中的水印标记无法辨认，即降低检测水印的可能性，故有效的水印算法必须具有鲁棒性，即数字水印必须很难被清除。从理论上讲，只要具有足够的信息，任何水印都可以去掉，但是如果只能得到部分信息，如水印在图像中的精确位置未知，那么任何企图破坏水印的操作都将导致图像质量的严重下降。一个实用的水印算法应该对信号处理、通常的几何变形（图像或视频数据）以及恶意攻击具有稳健性。

三、水印攻击分类

目前数字水印的研究一般集中在两个方面：水印嵌入算法设计和攻击算法设计。这两个方面的研究是互相依存、互相促进的。好的攻击方案能促进人们设计出更好的水印嵌入算法，而好的水印嵌入算法出现，也促使人们考虑对其攻击以测评其稳健性和安全性。一个实用的水印嵌入算法应该能够抵抗各种无意或有意的攻击，并且能够对抗各种攻击算法的鲁棒性评估。公认的软件是 StirMark。纵观现有的一些攻击方法，我们可以把它分成 4 类：移去攻击、几何攻击、密码攻击、协议攻击，如图 2 –7 –9 所示。

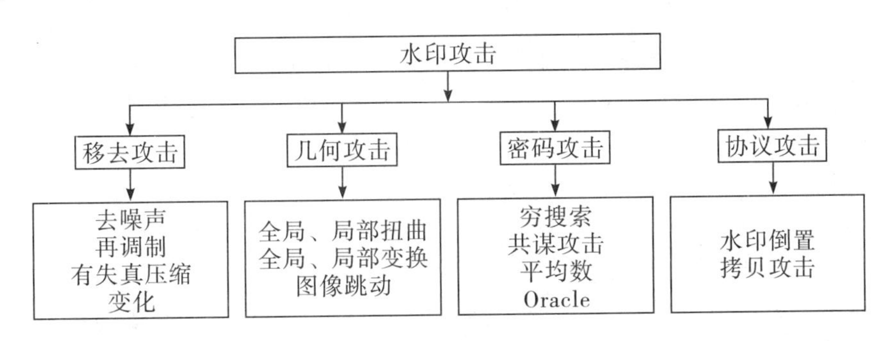

图 2 –7 –9 水印攻击分类

（一）移去攻击

移去攻击的目的是从截获的图像中完全去除加载的水印，这类攻击方法一般把水印信号看作具有一定统计特性的噪声，并且一般要估计出原始图像数据。

（二）几何攻击

与移去攻击相比，几何攻击的目的不是移去水印，而是在空间或时间上改变含水印图像的数据。这种攻击算法往往会破坏检测器的同步特性，这样即使水印存在也无法检测到。目前用得最多的两种攻击工具是 StirMark 与 Unzign，StirMark 除了可以对图像做全局几何变换外，还引入了局部的扭曲，到目前为止，似乎还没有一种水印算法能够抵抗它的攻击；Unzign 则引入了图像的局部像素抖动。

（三）密码攻击

密码攻击有些类似于密码学中的密码破译。由于许多水印算法都利用了密钥作为水印信号产生的前提，若密钥长度不够长，则利用穷搜索算法就可以找到正确的密钥，从而破坏水印。

（四）协议攻击

协议攻击的目的不是破坏水印信号，也不是通过全局或局部的数据处理使得水印信号无法被检测，而是设法将一幅图像中的水印“拷贝”到另一幅图像中，从而使版权保护中标识身份的水印失效。

总之，水印的攻击方式是多种多样的，在实际的应用中，专业攻击者不会仅使用一种攻击方法，往往是结合两种甚至更多的攻击方法进行攻击。这使得水印算法的设计也相应地复杂化。

四、主动水印攻击

破解数字水印算法十分困难，在实际应用中，水印主要面临的是主动攻击。图2－7－10显示了主动攻击后的水印图标与原图像的对比。

原图像

加了水印的图像

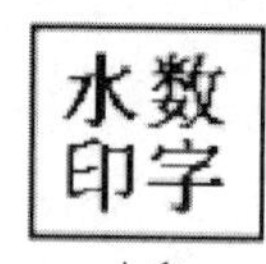

水印

经过攻击后的水印

图2－7－10　主动水印攻击后的水印

典型的主动水印攻击方法包括以下6种。

（一）图像压缩攻击

由于数字图像的信息量巨大，因此，在传输过程中要对数字图像进行压缩，图像压缩分为无损压缩和有损压缩。无损压缩的压缩过程是可逆的，对水印图像没有任何影响；而有损压缩是不可逆的，即从压缩后的图像中无法完全恢复原图像，像素信息有一定丢失，

对数字水印有明显的影响。这就需要合理设计水印算法，使水印算法能抵御有损压缩。有损压缩中最常用的是 JPEG 压缩，所以抵御有损压缩就是抵御 JPEG 压缩。数字水印能否抵御 JPEG 压缩就成为衡量数字水印稳健性高低的指标。

（二）二次或多次水印攻击

攻击者使用自己的算法在数字作品中加入水印，即使这种操作不能破坏真正的水印，也会造成水印标识的混乱，从而给司法鉴定带来困难，尤其是对于没有原始数据作证的盲水印系统，一般很难判断哪一个水印操作在前，哪一个在后。

（三）多拷贝平均攻击

通常一幅图像作品在发布时，会同时发行几个版本。也就是说，如果有水印，虽然它们的算法相同，但嵌入水印位置可能不同。对这些发行版本进行数值比对和平均，利用水印的随机性就可以去除水印。

（四）拼接攻击

拼接攻击是将含有水印的数字作品分割成若干小块，形成若干独立的文件，再在网页上拼接起来。由于各种数字水印算法都有一定的解码空间，只靠少量的数据无法读取水印，所以很难抵御拼接攻击。

（五）几何变形攻击

几何变形的目的只是改变图像的外观，并不降低图像的质量，却可能使水印变得不可检测，故水印对几何运算的鲁棒性也就非常重要。

（六）图像量化与图像增强

图像量化与图像增强属于常规的图像操作，如图像在不同灰度级上的量化、亮度与对比度的变化、直方图修正与均衡，不应对水印的提取和检测有严重影响。

除上述攻击手段外，主动水印攻击还有线性、非线性滤波攻击，噪声攻击等手段。

五、实验水印攻击手段

（一）手动攻击

手动攻击指的是我们手工修改图像的源码，在不造成图像显示效果有明显变化的情况下，破坏嵌入在图像中的水印，使得利用原算法无法提取水印或提取的水印不完整。由于在图像中嵌入水印的嵌入点的选取是随机的，也就是说，当我们不同时掌握嵌入算法和用户密钥的时候，就无法得知嵌入点的位置。所以当我们随机修改一小段图像代码时，如果恰好修改的是嵌入点，那么水印就可能提取不出来；而如果不是嵌入点，水印就能够提取出来。

由于 JPG 图像的编码原因，对图像编码的改动可能会造成显示效果的变动较大，而无法提取出水印文件。BMP 图像采用的是三原色编码，修改其源代码，只会更改若干个像素点的颜色，而不会造成整张图片无法显示，水印也就有可能提取出来。所以手动攻击只针对 BMP 图片，即 LSB 算法。

（二）多次水印攻击

多次水印攻击是一种较为简单的水印攻击方法，它主要是通过在一张已经有水印存在的图片上继续添加水印，达到打乱图像内水印数据的目的，使得利用原算法无法提取水印或提取的水印不完整。

在本实验的具体应用中，对于 LSB 或 DCT 算法，都可以进行多次水印攻击。一位同学先在一张 BMP 或 JPG 图片中嵌入水印，然后传送给第二位同学。这里第二位同学充当水印攻击者，他根据图片格式选择一种水印工具再在这张图片中嵌入一个水印，然后将图片传给第三位同学。第三位同学接到图片后，将水印提取出来，结果可能是无法看到第一位同学所嵌入的水印。

在实际应用中，对于一张图片，即使它已经嵌入了水印，也很难得知它所使用的是哪一种具体算法。因为即使是 LSB 或 DCT 算法，它们所代表的也都是一大类算法的总称，具体算法会有所不同，所以多次水印攻击对于不同的情况，效果可能也会不同。

（三）图像压缩攻击

图像压缩对于许多非压缩图像水印算法是一种行之有效的主动攻击方法，特别是对于普通 LSB 算法，有损压缩几乎是致命的。这是因为 LSB 算法的基本原理就是将数据隐藏在像素数据的最低有效位上，而有损压缩最先去掉的就是这些低位，所以经有损压缩处理过的图片即使将格式转换回来，水印文件也很难恢复了。

图像压缩攻击实验的攻击者（即第二位同学）可以将图像转换一种格式，再转换回来。这种格式转换既可以是有损的，也可以是无损的，最后由第三位同学根据提取水印的情况分析攻击的成功与否。

（四）几何变形攻击

几何变形攻击是另外一种较为常见的主动攻击方法。由于水印主动攻击一般是为盗版者所用，而盗版者对于图像的质量要求并不像原作者或正版用户要求的那么高，因此，他们就可以通过对图像的微调来攻击水印算法。具体的几何变形有很多种，比如将图像稍微倾斜一点，将图像稍微缩小一点等。当然，我们在做几何变形时，还是要在视觉上尽量与原图一致。

（五）图像量化与图像增强

图像量化与图像增强通过修改图像的一些相关属性来实现攻击，这些属性包括：颜色效果、色调和饱和度、亮度和对比度。对于某些属性的修改，往往视觉变化很不明显。这些操作方法也都属于较为常见的图像操作，通过修改这些属性，一些像素点也会随之被修改。但由于这些属性往往不会变化很大，像素值的改变也是比较有限，也就不应对水印的提取和检测有严重影响。

（六）其他方法

目前，数字水印这一技术还有待进一步研究、深化。虽然目前所有的水印算法都自称有一定的鲁棒性，但是缺乏统一的衡量标准。一般来说，这些算法都可以抵抗一些类型的攻击，但对于另外一些攻击却无可奈何。

所以，无论水印嵌入算法设计还是攻击算法设计，都还有很大的发展空间。

【实验步骤】

本练习主机A、B、C为一组，主机D、E、F为一组。实验角色说明如表2－7－4所示。

表2－7－4　实验角色表

实验主机	实验角色
主机A、D	信息发送者
主机B、E	水印攻击者
主机C、F	信息接收者

下面以主机A、B、C为例，说明实验步骤。

首先使用“快照X”恢复Windows系统环境。

练习一　手动攻击

【说明】这里的手动攻击是一种模拟攻击方法，在实际应用中可能并不会采用，其方法是在水印图片中随意修改一小段代码，不会导致影响图片的视觉效果，然后检测算法的鲁棒性。

1. 每台主机使用LSB工具，在BMP图片中嵌入水印。
2. 使用UltraEdit打开嵌入水印后的图片，任意修改其中的若干行代码，然后保存。
3. 再次使用LSB工具提取水印，将提取结果填入表2－7－5中。
4. 使用UltraEdit工具打开原始水印文件，与提取出的水印文件进行对比，查看对比结果。

练习二　多水印攻击

【说明】多水印攻击是一种较为简单的水印攻击方法，它主要是通过在一张已经有水印存在的图片上继续添加水印，达到打乱图像内水印数据的目的，使得利用原算法无法提取水印或提取的水印不完整。

1. 主机A、主机B和主机C 3位同学协商使用LSB或Puff两种工具中的一种做实验。
2. 主机A按照练习二或练习三的方法，在一张BMP或JPG图片中嵌入水印，然后传送给主机B。
3. 主机B充当水印攻击者，根据图片格式选择对应的水印工具，再在这张图片中嵌入一个水印，然后将图片传给主机C。
4. 主机C接到图片后，将水印提取出来，将结果填入表2－7－5。

表 2 – 7 – 5

方法	攻击对象（算法工具）	攻击结果
手动攻击	LSB	
多水印攻击	LSB	
多水印攻击	Puff	

练习三　自选攻击

1. 需要每名同学从实验原理中介绍的实验水印攻击手段中自选 3 种，分别检测它们对于 LSB 或 Puff 中一种算法的攻击效果。

2. 检测完成后，按要求填写表 2 – 7 – 5 的内容。

练习四　Stirmark 自动攻击

1. 进入 StirMark 工作目录“D: \ ExpNIC \ CrypApp \ Tools \ StirMark”，把水印图片放入，“Media \ Input \ Images \ Set1”“Media \ Input \ Images \ Set2”“Media \ Input \ Images \ Set3”任意一个目录中。

2. 进入“Bin \ Benchmark”目录下运行“StirMark. exe”程序，StirMark 就开始自动对水印图片进行多种形式的攻击。

3. StirMark 攻击完成后会在 Benchmark 目录下生成一个最新的日志文件，通过查看它，就可以了解图像信息的隐藏度，也可以据此评估一个算法的优劣。

4. StirMark 攻击完成后会在“Media \ Output \ Images \ ”目录对应的“Set ×”下产生经过攻击的各个图像。任选其中几个，尝试提取水印，然后总结这一水印算法的鲁棒性。

思考与探究

有没有鲁棒性更强的算法？自己查找一下，或者打开 Photoshop 里的 Digimarc 控件，用它来嵌入水印，并进行水印攻击，试试它的鲁棒性。